好玩的数学

（修订版）

国家科学技术进步奖二等奖获奖丛书

总署“向全国青少年推荐的百种优秀图书”

科学时报杯“科学普及与科学文化最佳丛书奖”

张景中 主编

进位制与数学游戏

李友耕 著

科学出版社

北京

内 容 简 介

本书在较系统、全面论述进位制知识的基础上，分别介绍了涂色游戏、猜测游戏、演变游戏、火柴游戏、配对游戏、戥秤称珠游戏、天平称珠游戏以及砝码·链条·链环等游戏的玩法及进位制知识在其中的应用原理。本书集趣味性、知识性与科学性于一体，奇妙严密，通而不俗，充分展示数学思维之美妙与深刻。

本书读者主要为数学研究人员、数学专业的大学生、爱好数学的中学生以及对数学感兴趣的大众读者。

图书在版编目（CIP）数据

进位制与数学游戏/李友耕著．—修订本．—北京：科学出版社，2015.4

（好玩的数学/张景中主编）

ISBN 978-7-03-043572-9

Ⅰ.①进…　Ⅱ.①李…　Ⅲ.①数学—普及读物　Ⅳ.①O1-49

中国版本图书馆 CIP 数据核字（2015）第 044249 号

责任编辑：胡升华　田慧莹 / 责任校对：钟　洋

责任印制：赵　博/ 整体设计：黄华斌

科学出版社 出版

北京东黄城根北街 16 号

邮政编码：100717

http://www.sciencep.com

北京厚诚则铭印刷科技有限公司印刷

科学出版社发行　各地新华书店经销

*

2015 年 4 月第　三　版　开本：720×1000　1/16

2025 年 8 月第十三次印刷　印张：16

字数：254 000

定价：68.00 元

（如有印装质量问题，我社负责调换）

丛书修订版前言

“好玩的数学”丛书自2004年10月出版以来，受到广大读者欢迎和社会各界的广泛好评，各分册先后重印10余次，平均发行量近45000套，被认为是一套叫好又叫座的科普图书。丛书致力于多个角度展示了数学的“好玩”，将现代数学和经典数学中许多看似古怪、实则富有深刻哲理的内容最大限度地通俗化，努力使读者“知其然”并“知其所以然”；尽可能地把数学的好玩提升到了更为高雅的层次，让一般读者也能领略数学的博大精深。

丛书于2004年获科学时报杯“科学普及与科学文化最佳丛书奖”，2006年又被国家新闻出版总署列为“向全国青少年推荐的百种优秀图书”之一，2009年荣获“国家科学技术进步奖二等奖”。但对于作者和编者来说，最高的奖励莫过于广大读者的喜爱关心。十年来，收到不少热心读者提出的意见和修改建议，数学研究领域和科普领域也都有了新的发展，大家感到有必要对书中的内容进行更新和补充。要感谢各位在耄耋之年仍俯首案牍、献身科普事业的作者，他们热心负责地对自己的作品进一步加工，在“好玩的数学（普及版）”的基础上进行了修订和完善。出版社借此机会将丛书改为B5开本，以方便读者阅读。

感谢多年来关心本套丛书的广大读者和各界人士，欢迎大家提出批评建议，共同促进科普事业繁荣发展。

编　者

2015年3月

第一版总序

2002年8月在北京举行国际数学家大会（ICM2002）期间，91岁高龄的数学大师陈省身先生为少年儿童题词，写下了“数学好玩”4个大字。

数学真的好玩吗？不同的人可能有不同的看法。

有人会说，陈省身先生认为数学好玩，因为他是数学大师，他懂数学的奥妙。对于我们凡夫俗子来说，数学枯燥，数学难懂，数学一点也不好玩。

其实，陈省身从十几岁就觉得数学好玩。正因为觉得数学好玩，才兴致勃勃地玩个不停，才玩成了数学大师。并不是成了大师才说好玩。

所以，小孩子也可能觉得数学好玩。

当然，中学生或小学生能够体会到的数学好玩，和数学家所感受到的数学好玩，是有所不同的。好比象棋，刚入门的棋手觉得有趣，国手大师也觉得有趣，但对于具体一步棋的奥妙和其中的趣味，理解的程度却大不相同。

世界上好玩的事物，很多要有了感受体验才能食髓知味。有酒仙之称的诗人李白写道：“但得此中味，勿为醒者传。”不喝酒的人是很难理解酒中乐趣的。

但数学与酒不同。数学无所不在。每个人或多或少地要用到数学，要接触数学，或多或少地能理解一些数学。

早在2000多年前，人们就认识到数的重要。中国古代哲学家老子在《道德经》中说：“道生一，一生二，二生三，三生万物。”古希腊毕达哥拉斯学派的思想家菲洛劳斯说得更加确定有力：“庞大、万能和完美无缺是数字的力量所在，它是人类生活的开始和主宰者，是一切事物的参与者。没有数字，一切都是混乱和黑暗的。”

既然数是一切事物的参与者，数学当然就无所不在了。

在很多有趣的活动中，数学是幕后的策划者，是游戏规则的制定者。

玩七巧板，玩九连环，玩华容道，不少人玩起来乐而不倦。玩的人不一定知道，所玩的其实是数学。这套丛书里，吴鹤龄先生编著的《七巧板、九连环和华容道——中国古典智力游戏三绝》一书，讲了这些智力游戏中蕴含的数学问题和数学道理，说古论今，引人入胜。丛书编者应读者要求，还收入了吴先生的另一本备受大家欢迎的《幻方及其他——娱乐数学经典名题》，该书题材广泛、内容有趣，能使人在游戏中启迪思想、开阔视野，锻炼思维能力。丛书的其他各册，内容也时有涉及数学游戏。游戏就是玩。把数学游戏作为丛书的重要部分，是“好玩的数学”题中应有之义。

数学的好玩之处，并不限于数学游戏。数学中有些极具实用意义的内容，包含了深刻的奥妙，发人深思，使人惊讶。比如，以数学家欧拉命名的一个公式

$$e^{2\pi i}=1$$

这里指数中用到的π，就是大家熟悉的圆周率，即圆的周长和直径的比值，它是数学中最重要的一个常数。数学中第2个重要的常数，就是上面等式中左端出现的e，它也是一个无理数，是自然对数的底，近似值为2.718281828459…。指数中用到的另一个数i，就是虚数单位，它的平方等于－1。谁能想到，这3个出身大不相同的数，能被这样一个简洁的等式联系在一起呢？丛书中，陈仁政老师编著的《说不尽的π》和《不可思议的e》(此二书尚无普及版——编者注)，分别详尽地说明了这两个奇妙的数的来历、有关的轶事趣谈和人类认识它们的漫长的过程。其材料的丰富详尽，论述的清

楚确切，在我所知的中外有关书籍中，无出其右者。

如果你对上面等式中的虚数 i 的来历有兴趣，不妨翻一翻王树和教授为本丛书所写的《数学演义》的“第十五回 三次方程闹剧获得公式解　神医卡丹内疚难舍诡辩量”。这本章回体的数学史读物，可谓通而不俗、深入浅出。王树和教授把数学史上的大事趣事憾事，像说评书一样，向我们娓娓道来，使我们时而惊讶、时而叹息、时而感奋，引来无穷怀念遐想。数学好玩，人类探索数学的曲折故事何尝不好玩呢？光看看这本书的对联形式的四十回的标题，就够过把瘾了。王教授还为丛书写了一本《数学聊斋》(此次普及版出版时，王教授对原《数学聊斋》一书进行了仔细修订后，将其拆分为《数学聊斋》与《数学志异》二书——编者注)，把现代数学和经典数学中许多看似古怪而实则富有思想哲理的内容，像《聊斋》讲鬼说狐一样最大限度地大众化，努力使读者不但“知其然”而且“知其所以然”。在这里，数学的好玩，已经到了相当高雅的层次了。

谈祥柏先生是几代数学爱好者都熟悉的老科普作家，大量的数学科普作品早已脍炙人口。他为丛书所写的《乐在其中的数学》，很可能是他的封笔之作。此书吸取了美国著名数学科普大师伽德纳 25 年中作品的精华，结合中国国情精心改编，内容新颖、风格多变、雅俗共赏。相信读者看了必能乐在其中。

易南轩老师所写的《数学美拾趣》一书，自 2002 年初版以来，获得读者广泛好评。该书以流畅的文笔，围绕一些有趣的数学内容进行了纵横知识面的联系与扩展，足以开阔眼界、拓广思维。读者群中有理科和文科的师生，不但有数学爱好者，也有文学艺术的爱好者。该书出版不久即脱销，有一些读者索书而未能如愿。这次作者在原书基础上进行了较大的修订和补充，列入丛书，希望能满足这些读者的心愿。

世界上有些事物的变化，有确定的因果关系。但也有着大量的随机现象。一局象棋的胜负得失，一步一步地分析起来，因果关系是清楚的。一盘麻将的输赢，却包含了很多难以预料的偶然因素，即随机性。有趣的是，数学不但长于表达处理确定的因果关系，而且也能表达处理被偶然因素支配的随机现象，从偶然中发现规律。孙荣恒先生的《趣味随机问题》一书，向我们展示出概率论、数理统计、随机过程这些数学分支中许多好玩的、有用的和新颖的问题。其中既有经典趣题，如赌徒输光定理，也有近年来发展的新的方法。

中国古代数学，体现出算法化的优秀数学思想，曾一度辉煌。回顾一下中国古算中的名题趣事，有助于了解历史文化，振奋民族精神，学习逻辑分析方法，发展空间想像能力。郁祖权先生为丛书所著的《中国古算解趣》，诗、词、书、画、数五术俱有，以通俗艺术的形式介绍韩信点兵、苏武牧羊、李白沽酒等40余个中国古算名题；以题说法，讲解我国古代很有影响的一些数学方法；以法传知，叙述这些算法的历史背景和实际应用，并对相关的中算典籍、著名数学家的生平及其贡献做了简要介绍，的确是青少年的好读物。

读一读《好玩的数学》，玩一玩数学，是消闲娱乐，又是学习思考。有些看来已经解决的小问题，再多想想，往往有“柳暗花明又一村”的感觉。

举两个例子：

《中国古算解趣》第37节，讲了一个“三翁垂钓”的题目。与此题类似，有个“五猴分桃”的趣题在世界上广泛流传。著名物理学家、诺贝尔奖获得者李政道教授访问中国科学技术大学时，曾用此题考问中国科学技术大学少年班的学生，无人能答。这个问题，据说是由大物理学家狄拉克提出的，许多人尝试着做过，包括狄拉克本人在内都没有找到很简便的解法。李政道教授说，著名数理逻辑学家和哲学家怀德海曾用高阶差分方程理论中通解和特解的关系，给出一个巧妙的解法。其实，仔细想想，有一个十分简单有趣的解法，小学生都不难理解。

原题是这样的：5只猴子一起摘了1堆桃子，因为太累了，它们商量决定，先睡一觉再分。

过了不知多久，来了1只猴子，它见别的猴子没来，便将这1堆桃子平均分成5份，结果多了1个，就将多的这个吃了，拿走其中的1堆。又过了不知多久，第2只猴子来了，它不知道有1个同伴已经来过，还以为自己是第1个到的呢，于是将地上的桃子堆起来，平均分成5份，发现也多了1个，同样吃了这1个，拿走其中的1堆。第3只、第4只、第5只猴子都是这样……问这5只猴子至少摘了多少个桃子？第5个猴子走后还剩多少个桃子？

思路和解法：题目难在每次分都多1个桃子，实际上可以理解为少4个，先借给它们4个再分。

好玩的是，桃子尽管多了4个，每个猴子得到的桃子并不会增多，当然也不会减少。这样，每次都刚好均分成5堆，就容易算了。

想得快的一下就看出，桃子增加4个以后，能够被5的5次方整除，所以至少是3125个。把借的4个桃子还了，可知5只猴子至少摘了3121个桃子。

容易算出，最后剩下至少1024－4＝1020个桃子。

细细地算，就是：

设这1堆桃子至少有x个，借给它们4个，成为$x+4$个。

5个猴子分别拿了a，b，c，d，e个桃子（其中包括吃掉的一个），则可得

$$a=(x+4)/5$$

$$b=4(x+4)/25$$

$$c=16\ (x+4)/125$$

$$d=64\ (x+4)/625$$

$$e=256\ (x+4)/3125$$

e 应为整数，而 256 不能被 5 整除，所以 $x+4$ 应是 3125 的倍数，所以

$$x+4=3125k\ (k\ \text{取自然数})$$

当 $k=1$ 时，$x=3121$

答案是，这 5 个猴子至少摘了 3121 个桃子。

这种解法，其实就是动力系统研究中常用的相似变换法，也是数学方法论研究中特别看重的“映射 - 反演”法。小中见大，也是数学好玩之处。

在《说不尽的 π》的 5.3 节，谈到了祖冲之的密率 355/113。这个密率的妙处，在于它的分母不大而精确度很高。在所有分母不超过 113 的分数当中，和 π 最接近的就是 355/113。不但如此，华罗庚在《数论导引》中用丢番图理论证明，在所有分母不超过 336 的分数当中，和 π 最接近的还是 355/113。后来，在夏道行教授所著《π 和 e》一书中，用连分数的方法证明，在所有分母不超过 8000 的分数当中，和 π 最接近的仍然是 355/113，大大改进了 336 这个界限。有趣的是，只用初中里学的不等式的知识，竟能把 8000 这个界限提高到 16500 以上！

根据 $\pi=3.1415926535897\cdots$，可得 $|355/113-\pi|<0.0000026677$，如果有个分数 q/p 比 355/113 更接近 π，一定会有

$$|355/113-q/p|<2\times 0.0000026677$$

也就是

$$|355p-113q|/113p<2\times 0.0000026677$$

因为 q/p 不等于 355/113，所以 $|355p-113q|$ 不是 0。

但它是正整数，大于或等于1，所以

$$1/113p<2\times 0.0000026677$$

由此推出

$$p>1/(113\times 2\times 0.0000026677)>16586$$

这表明，如果有个分数 q/p 比 355/113 更接近 π，其分母 p 一定大于 16586。

如此简单初等的推理得到这样好的成绩，可谓鸡刀宰牛。

数学问题的解决，常有“出乎意料之外，在乎情理之中”的情形。

在《数学美拾趣》的 22 章，提到了“生锈圆规”作图问题，也就是用半径固定的圆规作图的问题。这个问题出现得很早，历史上著名的画家达·芬奇也研究过这个问题。直到 20 世纪，一些基本的作图，例如已知线段的两端点求作中点的问题（线段可没有给出来），都没有答案。有些人认为用生锈圆规作中点是不可能的。到了 20 世纪 80 年代，在规尺作图问题上从来没有过贡献的中国人，不但解决了中点问题和另一个未解决问题，还意外地证明了从 2 点出发作图时生锈圆规的能力和普通规尺是等价的。那么，从 3 点出发作图时生锈圆规的能力又如何呢？这是尚未解决的问题。

开始提到，数学的好玩有不同的层次和境界。数学大师看到的好玩之处和小学生看到的好玩之处会有所不同。就这套丛书而言，不同的读者也会从其中得到不同的乐趣和益处。可以当做休闲娱乐小品随便翻翻，有助于排遣工作疲劳、俗事烦恼；可以作为教师参考资料，有助于活跃课堂气氛、启迪学生心智；可以作为学生课外读物，有助于开阔眼界、增长知识、锻炼逻辑思维能力。即使对于数学修养比较高的大学生、研究生甚至数学研究工作者，也会开卷有益。数学大师华罗庚提倡“小敌不侮”，上面提到的两个小题目都有名家做过。丛书中这类好玩的小问题比比皆是，说不定有心人还能从中挖出宝矿，有所斩获呢。

啰嗦不少了，打住吧。谨以此序祝《好玩的数学》丛书成功。

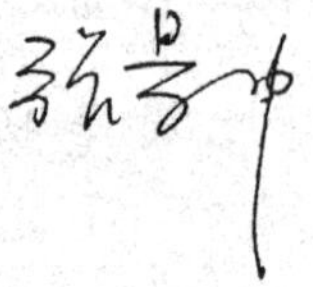

2004 年 9 月 9 日

前 言

数学枯燥，游戏有趣，数学游戏可以化枯燥为有趣，在有趣中提高思维能力。

——题记

进位制是人们既熟悉而又有待进一步探索的知识，从进位制中展现、挖掘出数学游戏，既饶有趣味，又富于思考，特别有助于青少年学生激发兴趣、开发智力、增长知识，进行形象思维与逻辑思维的训练，有助于素质教育、创新教育的实施。笔者在42年的教学生涯中，一向对饱含数学要素的游戏深感兴趣，认为数学与游戏是存在着默契的。为此，笔者有意收集，不断构思，写成了这本数学读物。

本书在介绍进位制知识的基础上，通过与进位制有关的一些典型事例，向读者展现数学游戏的某些侧面。数学游戏不同于一般游戏。一般游戏主要是通过某种活动，唤起人们情感的愉悦和共鸣，而数学游戏则主要是通过抽象和深思，给予人们以理智的满足和神往。当你对数学游戏所揭示的规律浮想联翩时，当你对复杂深奥的数学问题豁然开朗时，当你对数学本身的简洁和谐回味无穷时，当你对中华民族的聪明智慧赞叹不已时，你的内心会有说不出的惊奇、喜悦和陶醉，你也就领悟到了数学游戏乃至数学本身的魅力。

人类在运用分析推理的同时，便开始运用自身的智慧，构造出形形色色的智力游戏，以磨炼自己或后代的思维。这些游戏大致可以分为两类：一类是以“巧”取胜，一类是以“迷”见长。以“巧”取胜者，巧中见智，智中含趣，集智巧和趣味于一体。例如，古老的过河问题，经历了漫漫历史长河的大浪淘沙，至今依然不乏诱人的魅力。又如，我国民间源远流长的“九连环”“七叠环”，构思奇妙，解法隽永，特性迥异，足以令人拍案叫绝。以“迷”见长的游戏，源自古代，发于近代。再如，火柴游戏、戥秤称珠游戏、天平称珠游戏等，这类游戏，往往富有哲理内涵，让人“为伊消得人憔悴”，而“衣带渐宽终不悔”。这类游戏，为人们（特别是青少年学生）提供了一个“看得见、摸得着”的形象，使他们觉得既十分直观、容易理解，又饶有情趣、耐人寻味。这类游戏，因素繁多，信息量大，关系错综复杂，扑朔迷离，因而需要清晰的思路、精细的分析、严密的推理，有时会因一念之差，铸成谬误，以致陷于迷津，然而，进行这类游戏，却可以找到若干规律，苦中得乐，对于启迪青少年学生创新思维大有益处。

数学游戏是一种趣味性浓而思考性强的活动，适合于不同年龄、不同性别和不同社会阶层的人们，因而具有广泛的基础。本书在编写上，注意了知识性、趣味性、探索性的结合；在编排上，注意了由浅入深、先易后难。为了使有趣的游戏附于事理情节，本书的故事内容，有的取材于真实的资料，有的借助于古今中外的趣事传说，还有的根据现实生活创作而成。读者在使用本书时，可以循序阅读，也可以根据自己的情况，选读有关的内容，或者越过某些部分，往后阅读。

本书在编写的过程中，吸取和采用了有关书刊上的资料，特别是得到了不少同志的支持和指教，在此一并表示衷心的感谢。

由于笔者水平所限，疏漏之处在所难免。希望能够给广大读者以有益启迪，同时恳请大家批评指正。

李友耕

2007年12月1日于福州

目　录

01 进位制的知识

1.1　形形色色的进位制

在日常生活和生产劳动中，人们几乎时刻都在跟数打交道，其中接触最多的是自然数。自然数有无穷多个。我们知道，读数要有名称，写数要有记号。对于每一个自然数，如果都用一个独立的名称和记号来表示它，那是办不到的，也是不便记忆和应用的。那么，该怎么办呢?

人类经过长期的实践，创造了用少量的名称和记号来表示任何一个自然数的记数办法。这个记数办法就是根据位值原则，用一定数量的数字来表示众多的自然数。所谓位值原则，就是把数字排成横列来表示一个自然数时，每一个数字除了表示本身的值以外，还有一个所在的位置赋予的值(即位置值)。位值原则又叫做数字和数位相结合的原则。这样，即使是同一个数字，由于它在所表示的自然数里有着不同的位置，也就表示着不同的数值。

不要小看位值原则，以为它平常得很。在历史上，位值原则是杰出而重要的思想，是人类文明的重要里程碑之一，也是数学史上无与伦比的一个光辉成就。当时发明这样一种方法的困难之大，正如数学家拉普拉斯(Laplace，1749～1827)所指出的那样，可从如下事实中推断出来：甚至像阿基米德(Archimedes，公元前 287～前 212)和阿波罗尼(Apollonius，约公元前 260～前 170)这两位古代最伟大的天才也未能注意到它。现在看来，罗马数字未能采用位值原则也说明了这一论断。位值原则是千百年人类智慧的结晶，它给予记数的简化与计算的便当，为人们提供了极为有利的条件。对此，马克思曾经高度地评价过位值原则的出现，称赞它是“最美妙的数学发明”。

由于人类经常用双手来接触事物，也就经常用双手的 10 个指头来进行计数。成语“屈指可数”正说明了这一点。一边数，一边扳手指；10个手指扳满了，就在地上放一块石头(或者别的东西)，用来代表“十”；然后再数，满了10个，再放一块石头；积满了10块石头，再换一个其他的东西，用来代表“一百”……这样，从计数的实践中就逐渐地形成了记数的办法：用10个数字(数码)——0，1，2，3，4，5，6，7，8，9——按照位值原则来表示任意一个自然数。这个办法——计数和记数的制度，称为十进位制，简称十进制。这里，“十”叫做十进制的底数(或进率)。“满十进一”是它的一个特点。这就是说，在每相邻的两个数位之间，10个低级单位便可组成一个高级单位。我们把计数和记数时“满几进一”的制度，统称为数的进位制。十进制是人类用得最经常、最广泛、最熟悉的一种进位制①。在小学数学里开始学习和研究的，也就是这种十进制的数，简称十进数。

但是，人类也用到非十进制。例如，二进制、五进制、八进制、十二进制、十六进制、二十进制、六十进制等。在人类的记数史上，十进制与各种非十进制都显示过身手。即使是现代，也绝不是十进制的一统天下，其他各种非十进制都还在起着各自的作用。

二进制对于理论的研究很有价值。它在电子计算机上有着重要的应用。另外，为了克服用二进制来表示一个数往往书写较长的缺点，有的电子计算机也用到八进制(或十六进制)。

五进制比十进制出现得更早。这是由于在一般情况下伸出一只手比伸出一双手更自然的缘故。五进制曾经普遍使用于美洲大陆、西伯利亚北部与非洲的许多民族。从现在尚在使用的罗马数码每增加五就创立一个新的符号中仍可见到五进制的遗迹。时至今日，波利尼西亚群岛和美拉尼西亚群岛上的居民还在使用五进制。我国的“五行”也可以说是以金、木、水、火、土往复循环的五进制。

十二进制是使用较方便的一种进位制，因为12能够被1，2，3，4，6，12所整除。进行除法运算的时候，十二进制不像十进制那样经常会出现分数的商。世界上许多国家都曾经采用过十二进制。例如，一个钟面

---

① 1920年前后，科学家易勒斯（W. C. Eels）调查了美国亚美利亚各族的307种原始的记数方法中，发现有146种是十进制的。

有12个小时，一年有12个月以及西方国家有1英尺=12英寸，1先令=12便士等。在英语、德语中，1到12的数词，其词根都不相同，而大于12的数词其词根就出现循环重复的现象，从中也可看出采用过十二进制的痕迹。另外，古代罗马人曾经用过十二进制。每12个为一个单位，叫做一打仁(Do，简称打)，12打仁叫做1格鲁斯(Gro，简称萝)，12格鲁斯叫做1马斯(Mo)。现在，还经常把12作为一"打"来计算物体的件数，并且在商业方面有时也用到"萝"。由于12比10有更多的因数，瑞典国王查理十二世就曾经大力推行过十二进制，而在美国至今仍有一个"美国十二进制协会"公开声明致力于十二进制的推广普及工作。

十六进制，东西方国家都曾经采用过。例如，我国的旧秤，1斤=16两；在欧洲，1磅=16盎司，1俄尺=16俄寸等。

二十进制，它使人们想起人类的赤脚时代，因为对于不穿鞋的部落来说，利用脚趾是很自然的事情。这种进位制曾经被美洲印第安人所普遍采用，并以其用于高度发达的玛雅(Maya)数系中而称著。欧洲一些国家的文字，也留下了使用二十进制的痕迹。例如，法语表示80用单词quatre-vingts(四倍的二十)，而90则用单词quatre-vingt-dix(四倍的二十与十)。又如英语three-score and seven years ago(67年以前)，原意是"六十又七年以前"。

六十进制的使用起源于古巴比伦人(居住在现今的伊拉克和叙利亚)。现在时间以及度量角或弧的单位里，还保留着60秒为1分、60分为1小时，或60分为1度的规定。这就是古巴比伦人留给我们的遗产。

我国"干支"中的"天干"(甲、乙、丙、丁、戊、己、庚、辛、壬、癸)是十进制，"地支"(子、丑、寅、卯、辰、巳、午、未、申、酉、戌、亥)则是十二进制。将10个"天干"与12个"地支"循环相配形成：甲子、乙丑、丙寅、丁卯、戊辰、己巳、庚午、辛未、壬申、癸酉、甲戌、乙亥等60组，俗称"六十花甲子"，则是六十进制。我国古代曾用"六十花甲子""干支"表示年、月、日和时的次序，周而复始，循环使用。现在农历的纪年上，仍有用到。

另外，还有一季度有3个月、一个月有3旬的三进制，一年有四季、一小时有4刻钟的四进制，一星期有7天的七进制，一天有24小时的二十四进制，一个月有30天的三十进制等。最为古怪的是新西兰采用过十一进制。

一般人出自使用的习惯，可能认为十进制是最好的进位制。其实用什么样的进位制，还要根据生产实践的需要来确定。例如，从天文、历法以及数学上度量角或弧的研究来考虑，用六十进制就比较好，因为60有着较多的因数：1，2，3，4，5，6，10，12，15，20，30，60，用六十进制来算$\frac{1}{2}$、$\frac{1}{3}$、$\frac{1}{4}$、$\frac{1}{5}$、$\frac{1}{6}$小时（或度）等于多少分，就比人们用惯了的十进制方便。因此，不同的进位制有着不同的长处和短处，不能笼统地说哪种进位制最好。

显然，不应有一进制。不然的话，满一进一，满一进一……便会陷入无止境的进位之中。这怎么能用来表示一个自然数呢？因此，除了“1”以外，任何正整数k（$k \geqslant 2$）都可以作为进位制的底数。于是就有了形形色色的进位制以及用k进制所表示的数（简称k进数）。

1.2 *k* 进数的表示法

我们知道，十进制使用了10个不同的数字符号，它的底数是10，它的特点是满十进一。这样，10个“一”便构成1个“十”，10个“十”便构成1个“百”，10个“百”便构成1个“千”，10个“千”便构成1个“万”……也就是说，按照位值原则，从右边起，第一位上的一个单位是“一”，第二位上的一个单位是“一”的10倍，第三位上的一个单位是“一”的10^2倍，第四位上的一个单位是“一”的10^3倍，第五位上的一个单位是“一”的10^4倍……因此，底数10的各次幂恰好是十进制的各个计数单位①。

例如，53862就是

5	3	8	6	2
第五位	第四位	第三位	第二位	第一位
10^4位（万）	10^3位（千）	10^2位（百）	10^1位（十）	10^0位（个）

这样，任何一个十进数都可以写成各个数位上的数与它所在的计数单位（10的幂）之积的和（一般采用从左到右的降幂排列）的形式。例如，

① 第一位上的计数单位“一”，是底数10的0次幂。这种情况，对k进制也适用，因为任一正整数k的0次幂都等于1。

$$53862=5\times10^4+3\times10^3+8\times10^2+6\times10+2$$

我们掌握了十进数的表示法，就不难理解二进数的表示法了。类似地，二进制使用了两个不同的数字符号：0，1。它的底数是 2，它的特点是满二进一。

为了区别起见，除了常用的十进数外，对于其他进位制的数，常在数的右下角注明进位制的底数。例如，二进数 1011 就写成 $1011_{(2)}$，读为二进数一、〇、一、一。在不发生混淆的情况下，有时也可以把右下角的底数省去不写。

与十进制相类似，二进制也是按照位值原则来记数的。从二进数的右边起，第一位上的“1”是“一”，第二位上的“1”是“一”的 2 倍，第三位上的“1”是“一”的 2^2 倍，第四位上的“1”是“一”的 2^3 倍……底数 2 的各（自然数）次幂也恰好是二进制的各个计数单位。

例如，$1011_{(2)}$就是

1	0	1	1
第四位	第三位	第二位	第一位
2^3 位	2^2 位	2^1 位	2^0 位

这样，任何一个二进数都可以写成各个数位上的数与它所在的计数单位（2 的幂）之积的和（一般采用从左到右的降幂排列）的形式。例如，

$$1011_{(2)}=1\times2^3+0\times2^2+1\times2+1\times2^0$$

一般地，k 进制（k 为正整数，且 $k\geqslant2$）将使用 k 个不同的数字符号：0，1，…，$k-1$。它的底数是 k，它的特点是满 k 进一。按照位值原则，用

$$\overline{a_na_{n-1}\cdots a_1a_0}_{(k)}$$

表示 k 进数$\overline{a_na_{n-1}\cdots a_1a_0}$，其中，$a_n$，$a_{n-1}$，…，$a_1$，$a_0$ 均表示 0～($k-1$) 这 k 个数中的某一个数。但 $a_n\neq0$（下标 n，$n-1$，…，1，0 均为十进数）。$\overline{a_na_{n-1}\cdots a_1a_0}_{(k)}$读做 k 进数 a_n，a_{n-1}，…，a_1，a_0（从左到右，依次读出各个数位上的数的名称）。它的各个计数单位①是

① 十进制有它的小数，其计数单位是 $10^{-1}=0.1$（十分位），$10^{-2}=0.01$（百分位）…。类似地，k 进制也有它的小数，其计数单位是 k^{-1}，k^{-2}，…。本书只在非负整数范围内讨论问题，不介绍 k 进制的小数等方面的知识。

a_n	a_{n-1}	…	a_1	a_0
第 $n+1$ 位	第 n 位	…	第二位	第一位
k^n 位	k^{n-1} 位	…	k^1 位	k^0 位

这里，底数 k 的各（自然数）次幂就是 k 进制的各个计数单位。任何一个 k 进数都可以写成各个数位上的数与它所在的计数单位（k 的幂）之积的和（一般采用从左到右的降幂排列）的形式。

$$\overline{a_n a_{n-1} \cdots a_1 a_0}_{(k)} = a_n k^n + a_{n-1} k^{n-1} + \cdots + a_1 k^1 + a_0 k^0$$

对于 k 进数 $a_n a_{n-1} \cdots a_1 a_0$，为研究方便，一般称 a_n 为它的最高位上的数，称 a_{n-1} 为它的次高位上的数……并且根据其位数的多少称它为几位 k 进数。

对于 k 进制，当 k 大于 10 时，现有十进制的 10 个数字符号已不够使用。为了表示 k 进数就要对数字符号作一些增加。例如，十二进制可增加符号“0′”（有的书上用“$\bar{0}$”）代表“十”，十二进制可再增加符号“1′”（有的书上用“$\bar{1}$”）代表“十一”等。

现在，把十进制与二、三、五、八、十二进制的前面几个非负整数列表对照如表 1-1 所示。

表 1-1

十进制	二进制	三进制	五进制	八进制	十二进制
0	0	0	0	0	0
1	1	1	1	1	1
2	10	2	2	2	2
3	11	10	3	3	3
4	100	11	4	4	4
5	101	12	10	5	5
6	110	20	11	6	6
7	111	21	12	7	7
8	1000	22	13	10	8
9	1001	100	14	11	9
10	1010	101	20	12	0′
11	1011	102	21	13	1′
12	1100	110	22	14	10
13	1101	111	23	15	11

十进制有 3 个特点：有 10 个数码；满十进一；任何一个十进数都可以写成各个数位上的数与它所在的计数单位之积的和的形式。

k 进制也有 3 个特点：有 k 个数码；满 k 进一；任何一个 k 进数都可以写成各个数位上的数与它所在的计数单位之积的和的形式。

1.3 非十进数与十进数的互化

我们知道，电子计算机在进行计算时，要先把十进数化为二进数输入到机器中去。计算之后，再把二进数化为十进数输出。因此，要研究非十进数与十进数的互化，特别是十进数与二进数的互化。

例 1 把十进数 99 化成二进数。

根据二进数“满二进一”的特点，可以用底数 2 去连除 99.

$99\div2=49$（余 1）……余数 1 就是所求的第一位上的数，
把商 49 进到第二位；

$49\div2=24$（余 1）……余数 1 就是所求的第二位上的数，
把商 24 进到第三位；

$24\div2=12$（余 0）……余数 0 就是所求的第三位上的数，
把商 12 进到第四位；

$12\div2=6$（余 0）…… 余数 0 就是所求的第四位上的数，
把商 6 进到第五位；

$6\div2=3$（余 0）…… 余数 0 就是所求的第五位上的数，
把商 3 进到第六位；

$3\div2=1$（余 1）…… 余数 1 就是所求的第六位上的数，
把商 1 进到第七位；

$1\div2=0$（余 1）…… 余数 1 就是所求的第七位上的数。

所以 $99=1100011_{(2)}$

也可以用竖式来计算。

2	99	余数		
2	49	……	1	（第一位上的数）
2	24	……	1	（第二位上的数）
2	12	……	0	（第三位上的数）
2	6	……	0	（第四位上的数）
2	3	……	0	（第五位上的数）
2	1	……	1	（第六位上的数）
	0	……	1	（第七位上的数）

所以　$99=1100011_{(2)}$

这种方法通常叫做“二除取余法”。“二除”就是每次都用底数 2 作除数，除到商是“0”为止；“取余”就是取出每次所得的余数，依次作为二进数的从右到左的各个数位上的数。

例 2　把 $11101_{(2)}$化为十进数。

由于 $11101_{(2)}$可以表示为各个数位上的数与它所在的计数单位（2 的幂）之积的和的形式：

$$11101_{(2)}=1\times2^4+1\times2^3+1\times2^2+0\times2^1+1\times2^0$$

这里，等号的右边都是十进数，其值为 29，因此，

$$11101_{(2)}=29$$

也可用竖式算法（这种方法在有的书上叫做“展开法”）。因为二进数的特点是“满二进一”，所以在每相邻的两个数位之间，从高位化为低位，便是“退一作二”。在 $11101_{(2)}$中，右起第五位上的 1 个单位相当于第四位上的 2 个单位，再加上第四位上原有的 1 个单位，便为第四位上的 3 个单位。照此反复“退”下去，便可求出结果。

$$
\begin{array}{l}
1 \\
\underline{\times\ 2\qquad\quad} \\
\quad 2+1=3 \\
\qquad\quad \underline{\times 2\qquad\quad} \\
\qquad\qquad 6+1=7 \\
\qquad\qquad\qquad \underline{\times 2\qquad\quad} \\
\qquad\qquad\qquad 14+0=14 \\
\qquad\qquad\qquad\qquad\quad \underline{\times 2\qquad\quad} \\
\qquad\qquad\qquad\qquad\qquad 28+1=29
\end{array}
$$

所以　$11101_{(2)}=29$

显然，二进数与十进数的互化方法可以推广到其他非十进数与十进数的互化。两个底数不同的非十进数之间的互化，尽管情况比较复杂，但可以用十进数作为“中介”，来达到互化的目的。对此就不再举例具体论述了。

1.4　k 进数的大小比较

我们知道，十进数可以比较大小。它的比较办法是：如果位数不同，那么位数多的数就大；如果位数相同，最高位上的数大的那个数就大；如果最高位上的数相同，就比较次高位上的数……

这种比较大小的办法对于 k 进数还适用吗？我们回答：仍然适用。例如，

$$10010_{(2)}>1010_{(2)},\qquad 120120_{(3)}<10010211_{(3)}$$
$$10101_{(2)}<11001_{(2)},\qquad 212121_{(3)}>121212_{(3)}$$

这是为什么呢？因为两个 k 进数，位数比较多的数，意味着它在其最高的数位上起码有着属于这一数位的一个计数单位。这是位数比较少的数所无法超越的。两个位数相同的 k 进数，从最高位上的数比起，最先遇到的某一位上的数不同时，这个数位上的数大的那个数，就拥有属于这个数位的比较多个的计数单位。这也是该数位上的数小的那个数所无法超越的。

根据 k 进数比较大小的办法，可以说，任何一个自然数（通常用十进数表示），在同一种进位制中，只有一种表示形式。例如，在二进制中，613 只能唯一地表示为二进数 1001100101；在三进制中，613 只能唯一地

表示为三进数 211201 等。尽管一个自然数在不同进位制中，表示的形式有所不同，但是它在同一种进位制中，却只有一种表示形式。这是因为在同一种进位制中，一个自然数如果有两种或两种以上的不同表示形式，那么通过比较，就有着大小之别，那就不是同一个自然数了。

运用 k 进数表示式及其比较大小的办法，可以得到一些重要而有趣的结论。

例 1　对于任一非 0 自然数 m，假设它满足 $2^{n+1}>m\geqslant 2^n$，n 为自然数，那么 m 可以唯一地表示为 $m=2^n\pm 2^{n-1}\pm 2^{n-2}\pm\cdots\pm 2^k$，其中，自然数 k 满足 $n\geqslant k\geqslant 0$，$\pm$ 取 $+$ 或 $-$，二者必居其一（即 m 可以唯一地表示为不超过 2^n 的、2 的连续自然数指数的幂的代数和）。

例如，$613=1001100101_{(2)}$

$$=2^9+2^6+2^5+2^2+2^0$$
$$=2^9+2^6+2^5+2^2+2^1-2^0$$
$$=2^9+2^6+2^5+2^3-2^2+2^1-2^0$$
$$=2^9+2^6+2^5+2^4-2^3-2^2+2^1-2^0$$
$$=2^9+2^7-2^6+2^5+2^4-2^3-2^2+2^1-2^0$$
$$=2^9+2^8-2^7-2^6+2^5+2^4-2^3-2^2+2^1-2^0$$

这是为什么呢？我们知道，对于任何一个给定的非 0 自然数 m，都可以先把它化为二进数。然后，再把这个二进数写成各个数位上的数与它所在的计数单位（2 的幂）之积的和的形式。由于 $2^{n+1}>m\geqslant 2^n$，可知其中 2 的幂的指数最高为 n。接着考察数位上的数为 1 的计数单位（2 的幂），由于 $2^k=2^{k+1}-2^k$ 对于任一自然数 k 均成立，从幂的指数为最低的 k 开始，逐次利用 $2^k=2^{k+1}-2^k$ 进行演变，使得 2 的幂的指数从 k 开始，逐次上升，直到幂的指数为最高的 n 止。这样就可以得到 $m=2^n\pm 2^{n-1}\pm 2^{n-2}\pm\cdots\pm 2^k$，其中，自然数 k 满足 $n\geqslant k\geqslant 0$，$\pm$ 取 $+$ 或 $-$，二者必居其一。

从比较数的大小考虑，容易知道这里的最后结果是唯一的。

例 2　对于任一非 0 自然数 m，都可以唯一地表示为 3 的不同自然数指数的幂的代数和（即都可以由 3 的不同自然数指数的幂，每个最多用一次，通过加、减表示出来）。

例如，$613=211201_{(3)}$

$$=2\times 3^5+1\times 3^4+1\times 3^3+2\times 3^2+1$$

$$=(3^6-3^5)+1\times 3^4+1\times 3^3+(3^3-3^2)+1$$
$$=3^6-3^5+1\times 3^4+2\times 3^3-3^2+1$$
$$=3^6-3^5+1\times 3^4+(3^4-3^3)-3^2+1$$
$$=3^6-3^5+2\times 3^4-3^3-3^2+1$$
$$=3^6-3^5+(3^5-3^4)-3^3-3^2+1$$
$$=3^6-3^4-3^3-3^2+1$$

我们知道，对于任一自然数 k，都有 $2\times 3^k=3^{k+1}-3^k$。这样，对于任何一个给定的非 0 自然数 m，都可以先把它化为三进数。然后，再把这个三进数写成各个数位上的数与它所在的计数单位（3 的幂）之积的和的形式。接着，当某一个数位上的数是 0，1 时，不加变动；当某一个数位上的数是 2 时，就利用上述关系式进行演变。经过整理若还有某一个数位上的数是 2，则再次进行上述的演变。这样，最后总可以表示为 3 的不同自然数指数的幂的代数和。由于任何一个自然数，都可以唯一地表示为一个三进数，因而这个自然数也就唯一地表示为 3 的不同自然数指数的幂的代数和。

例 3 对于非 0 自然数 n，十进数 2^n-1 可以写成各个数位上的数是 1 的 n 位二进数，这是最大的 n 位二进数；小于 2^n-1 的十进数所写成的二进数，只能是各个数位上的数不全为 1 的 n 位二进数，或者是位数小于 n 的二进数。

事实上，$2^n-1=2^{n-1}+2^{n-2}+\cdots+2+1=11\cdots11_{(2)}$。显然，这是最大的 n 位二进数。

另外，比 2^n-1 小的数，就是比 $11\cdots11_{(2)}$ 小的二进数。从比较数的大小可知，这样的二进数，只能是各个数位上的数不全为 1 的 n 位二进数，或者是位数小于 n 的二进数。

例 4 对于非 0 自然数 n，十进数 3^n-1 可以写成各个数位上的数是 2 的 n 位三进数，这是最大的 n 位二进数；十进数 $\frac{3^n-1}{2}$ 可以写成各个数位上的数是 1 的 n 位三进数；小于 $\frac{3^n-1}{2}$ 的十进数所写成的三进数，只能是从最高位起出现或者连续出现几个 1，接着出现 0，然后才有可能出现 2 的 n 位三进数，或者是位数小于 n 的三进数。

事实上，$3^n-1=2\times 3^{n-1}+2\times 3^{n-2}+\cdots+2\times 3+2\times 1=22\cdots22_{(3)}$。

显然，这是最大的 n 位三进数。

另外，$\frac{3^n-1}{2}=3^{n-1}+3^{n-2}+\cdots+3+1=11\cdots11_{(3)}$；比$\frac{3^n-1}{2}$小的数，就是比 $11\cdots11_{(3)}$ 小的三进数。从比较数的大小可知，这样的三进数，只能是从最高位起出现或者连续出现几个 1，接着出现 0，然后才有可能出现 2 的 n 位三进数，或者是位数小于 n 的三进数。

1.5　二进数的四则运算

二进数的四则运算与十进数的四则运算，在运算法则、运算顺序上是基本相同的。二者的差别主要是，用“满二进一”来代替“满十进一”，用“退一作二”来代替“退一作十”。运算时，也要先熟记二进数的加法口诀与乘法口诀（注意：在不会造成混淆的情况下，这里没有在每个二进数的右下角标上底数 2）。

加法口诀：$0+0=0$，$0+1=1$，$1+0=1$，$1+1=10$；

乘法口诀：$0\times0=0$，$0\times1=0$，$1\times0=0$，$1\times1=1$。

或者列成二进制的加法表与乘法表：

+	0	1
0	0	1
1	1	10

×	0	1
0	0	0
1	0	1

有了这几个口诀就可以进行二进制的多位数的四则运算了。例如，

(1)

$$\begin{array}{r} 11010 \\ +\quad 1100 \\ \hline 100110 \end{array}$$

(2)

$$\begin{array}{r} 11010 \\ -\quad 1100 \\ \hline 1110 \end{array}$$

(3)

$$\begin{array}{r} 1101 \\ \times\quad 110 \\ \hline 0000 \\ 1101 \\ 1101 \\ \hline 1001110 \end{array}$$

(4)

$$\begin{array}{r} 1010 \\ 111\overline{)1001001} \\ \underline{111} \\ 1000 \\ \underline{111} \\ 11\cdots\text{余数} \end{array}$$

由于数的运算定律、性质与进位制无关。因此，十进制中有关数的运算定律、性质，对于二进制同样适用。

(1) 求出费马（Fermat）数 $F_n=2^{2^n}+1$ 的二进制表示式。

$$F_n=2^{2^n}+1=1\underbrace{0\,0\cdots0}_{2^n\text{个}0}+1=1\underbrace{0\,0\cdots0}_{2^n-1\text{个}0}1$$

(2) 求出梅森（Mersenne）数 $M_n=2^n-1$ 的二进制表示式。

$$M_n=2^n-1=1\underbrace{0\,0\cdots0}_{2^n\text{个}0}-1=\underbrace{1\,1\cdots1}_{2^n\text{个}1}$$

(3) 求出偶完全数 $P_n=2^{n-1}$（2^n-1）（其中，2^n-1 是素数）的二进制表示式。

$$\begin{aligned}P_n&=2^{n-1}\ (2^n-1)\\&=1\underbrace{0\,0\cdots0}_{n-1\text{个}0}\times\ (1\underbrace{0\,0\cdots0}_{n\text{个}0}-1)\\&=1\underbrace{0\,0\cdots0}_{n-1\text{个}0}\times\underbrace{1\,1\cdots1}_{n\text{个}1}\\&=\underbrace{1\,1\cdots1}_{n\text{个}1}\underbrace{0\,0\cdots0}_{n-1\text{个}0}\end{aligned}$$

对于其他进位数，也可以建立它们的四则运算。限于篇幅，这里不再赘述。

1.6 奇特而有趣的乘法

现在介绍一种奇特而有趣的乘法：用加法来算两个整数的乘法。大概有很多人不会一下子就想到它与二进数的亲缘关系。

据说，古老的埃塞俄比亚部落民众只能作数的减半与加倍运算，还不了解乘法口诀。他们唯一的运算工具是小石头。可是，只会作减半与加倍运算的他们，却能准确地求出任何两个整数的乘积。例如，19×37，他们将 19 块小石头放左边，37 块小石头放右边。左边的数目减半得 9.5，他们是从来不理睬小数部分的，将其中的 0.5 舍弃，而将整数商 9 表示在 19 的下面；同时，将右边的数 37 加倍得 74，把 74 表示在 37 的下面。如此反复进行直至左边一栏的数成 1 为止。于是，从上到下得到一系列数，左列：19，9，4，2，1；右列：37，74，148，296，592。运算过程为

19	×	37
9		74
4		148
2		296
1		592

19	×	37
9		74
~~4~~		~~148~~
~~2~~		~~296~~
1		592
		703

埃塞俄比亚的部落民众是很迷信的。他们认为左边一栏上的偶数以及同行右边一栏上的数是邪恶有罪的，必须一起去掉。于是去掉左边的 4 及其右边的 148，左边的 2 及其右边的 296，然后将右边一栏的各数相加就得到正确答案 $37+74+592=703$，即 $19\times37=703$。

在埃塞俄比亚的部落民众算法中，左、右两栏数看似无关，为什么却能求出两个整数的积呢？这里的奥妙在哪儿呢？原来左列实际上是做了化十进数 19 为二进数的工作。从下到上这列数的奇偶性是：奇、偶、偶、奇、奇。把“奇”、“偶”分别用“1”，“0”来表示，就得到 $10011_{(2)}$。这就是 19 相应的二进数，即 $19=10011_{(2)}=2^4+2^1+1$。右列实际上是：37，37×2，37×2^2，37×2^3，37×2^4。划去与左列的偶数同一行的数，实际上就是去掉 19 相应的二进数 $10011_{(2)}$ 中，某些数位上的 0 与其计数单位（2 的幂）的积。因此，其和 $37+74+592=703$，就是 $37+37\times2^1+37\times2^4=(2^4+2^1+1)\times37=10011_{(2)}\times37=19\times37$ 的积。

埃塞俄比亚的部落民众的这种算法，也可以用小学数学知识来说明：对相乘的两个整数同时进行除以 2 和乘以 2 的运算，当第一个乘数为偶数时，除以 2 能整除，其实质是将因子 2 从第一个乘数转移到第二个乘数，积不会发生变化；当第一个乘数为奇数时，除以 2 有余数，则需要将去掉余数相应的积加上去，因此积也不会发生变化。19×37 的具体演变过程如下：

$$\begin{aligned}19\times37&=(19\div2)\times(37\times2)=(9+0.5)\times74=9\times74+37\\&=(9\div2)\times(74\times2)+37=(4+0.5)\times148+37\end{aligned}$$

$$=4\times148+74+37=(4\div2)\times(148\times2)+74+37$$

$$=2\times296+74+37=(2\div2)\times(296\times2)+74+37$$

$$=1\times592+74+37=592+74+37=703$$

如果交换相乘两个整数的位置，那将会怎样呢?

37	×	19
18		38
9		76
4		152
2		304
1		608

37	×	19
~~18~~		~~38~~
9		76
~~4~~		~~152~~
~~2~~		~~304~~
1		608
		703

这就是说，两个整数相乘，不管是哪个数减半，哪个数倍加，都没有关系，所得的结果是一样的。可以随便拿两个整数来试试看，最后的答案总是正确的。用这样的办法求两个整数的积之所以都是正确的，原来这里进行的是把一个十进数化为二进数，再把二进数化为十进数罢了。只是埃塞俄比亚的部落民众当时还不知其所以然。

俄罗斯过去有许多地区的农民也会用这种算法，因此这种算法也称为“俄罗斯算法”。

世界上有许多现象，光凭外观是很难洞悉它内在本质的。似乎风马牛不相及的两件事，却有着千丝万缕的联系。

1.7 二进制的优越性

从前面对照表中可以看出，用二进制来表示一个数，特别是遇到大数的时候，往往书写较长，识读起来不很方便。但是这对电子计算机来说，是无关紧要的。电子计算机为什么要采用二进制呢？这是因为二进制有着许多优越性。

首先，二进制的表示方法简单。它只有两个数字符号，每一个数位上不是0，就是1。这给计算机的设计带来了很大的方便：只要能找到一种具有两个稳定状态的元件就可以了。在现实生活中，具有两个稳定状态的元件是很多的。例如，开关的“开”与“关”，电流的“通”与“断”，电位的“高”与“低”，氖灯的“亮”与“灭”，电脉冲的“有”

与“无”，光盘记录点的“凹”与“凸”，磁盘记录点的“充磁”与“消磁”，继电器的“闭合”与“断开”，晶体管的“截止”与“通导”，纸带的“穿孔”与“无孔”等。如果在计算机上采用其他进位制，则需要具有多于两个稳定状态的元件。例如，十进制就需要具有10个稳定状态的元件，这在技术上是困难的，而且线路复杂，造价昂贵，维修不便，可靠性低。

其次，用二进制来表示一个数可以尽量少用元件。例如，在十进制中，表示0～9这10个不同的数，需要10个元件；而在二进制中，表示这10个数，虽然要用到四位数，但是每位只需2个元件，一共是8个元件。可见用二进制比十进制节省设备。不仅如此，这8个元件在二进制中，它可以表示16个数(0000～1111)。电子计算机中每表示一个数字，就需要用一个元件。人们总是希望所用元件的总数尽量少一些，以便节省设备，缩小体积，降低造价。到底采用哪一种进位制能达到这个目的呢？理论上可以证明：当进位制的底数为e＝2.7182…(即自然对数的底）时，能使计算机的设备最省①。由于与e最接近的整数是2与3，考虑到机器的结构，所以在计算机上采用二进制可节省元件。

再次，二进制的四则运算比较简单，可以大大提高运算速度。这对

---

① 这里提供一个证明：

对于某一个自然数 m，如果用 k 进制来表示 m 时，位数为 n，需要元件的总数为 s，那么 $s=nk$。同时

$$k^{n-1}\leqslant m<k^n$$

取这三个数的对数，得

$$(n-1)\ln k\leqslant \ln m<n\ln k$$

用 $n=\frac{s}{k}$ 代入，经整理得

$$\frac{k\ln m}{\ln k}<s\leqslant\frac{k\ln m}{\ln k}+k$$

由于大于 $\frac{k\ln m}{\ln k}$，且不大于 $\frac{k\ln m}{\ln k}+k$ 的整数共有 k 个。这 k 个连续整数除以 k 所得的余数各不相同，其中必有一个余数为0。因此，满足上述不等式且能被 k 整除的整数 s 总是存在的。

由于 $\ln m$ 是常数，s 的值就随着 k 的值的变化而变化。当 k 取何值时，s 有最小值呢？令

$$y=\frac{k}{\ln k}$$

显然，y 取最小值时，s 亦取最小值。我们求 y 关于 k 的导数，得

$$y'=\frac{\ln k-1}{(\ln k)^2}$$

令 $y'=0$，得 $\ln k=1$，所以 $k=\mathrm{e}$。

电子计算机来说是至关重要的。进行其他进位制的四则运算要熟记加法与乘法的口诀很多。例如，进行十进制的四则运算，就要熟记加法与乘法的九九表，各有 55 个口诀①，而进行二进制的四则运算只要记住加法与乘法的口诀各 3 个：

加法口诀：$0+0=0$，$0+1=1$，$1+1=10$。

乘法口诀：$0\times0=0$，$0\times1=0$，$1\times1=1$。

最后，采用二进制还可以十分方便地进行各种逻辑运算。二进制运算中的两个变量 1 与 0，如果把它们分别看成是真命题与假命题的逻辑值，那么就可以进行二值逻辑运算。从而使计算机能够进行判断和推理，代替人们部分的脑力劳动。

由于上述这几个原因，电子计算机广泛采用二进制。这是二进制的优越性所决定的。

为了克服用二进制来表示一个数往往书写较长的缺点，我们前面讲过，有的电子计算机也用到了八进制（或十六进制）。这是由于一位八进数正好相当于三位二进数，而且能够一一对应：

$$0_{(8)}=000_{(2)},\quad 4_{(8)}=100_{(2)}$$

$$1_{(8)}=001_{(2)},\quad 5_{(8)}=101_{(2)}$$

$$2_{(8)}=010_{(2)},\quad 6_{(8)}=110_{(2)}$$

$$3_{(8)}=011_{(2)},\quad 7_{(8)}=111_{(2)}$$

因此，八进数与二进数之间的转换就十分方便。例如，由于

$$5_{(8)}=101_{(2)},\quad 0_{(8)}=000_{(2)},\quad 4_{(8)}-100_{(2)}$$

有

$$504_{(8)}=101000100_{(2)}$$

另外，如果在适用二进制的机器中，储存一个十进数。例如，$m=1893$，未必要先把 m 化为二进数然后再输入。可以只译出它的各位数字：

$$1=0001_{(2)},\quad 8=1000_{(2)}$$

$$9=1001_{(2)},\quad 3=0011_{(2)}$$

然后，以 0001，1000，1001，0011 作为 m 存入机器。这是很方便的一

① 在 k 进制中，加法与乘法的口诀各有 $k(k+1)\div2$ 个。

种办法。用这种办法得到的数称为二进制编码的十进数。它在实践上是十分有用的。

1.8 进位制在中国

中国是伟大的文明古国。中国是世界上最早发明并使用十进制记数法的国家之一。这方面较早的佐证是，1899 年从河南安阳（殷朝的都城）发掘出的一批古代龟甲和兽骨上刻的象形文字。那是三千多年前的殷代甲骨文，有着许多数字的记录。据权威考古学家鉴定，在一片龟甲上刻着："八日辛亥允戈伐二千六百五十六人"（在八日辛亥那天的战斗中，歼灭敌人二千六百五十六人）。这就清楚地表明，至少在三千年前，中国就已经采用了十进制记数法。

远在春秋时期，中国人就已经用算筹（也称筹或策，它通常是竹制的，也有用木、骨等制的，有着一般长短、一般粗细的小棍）来记数了，十进位值制就更加完善了。用算筹来表示数目有纵横 2 种方式：

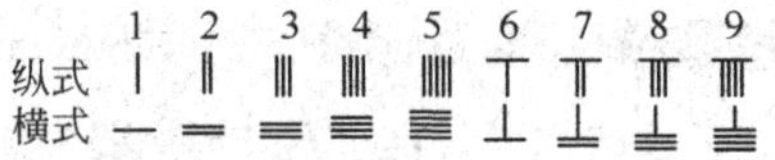

我国古代著名数学著作《夏侯阳算经》对此曾经指出："满六以上，五在上方，六不积算，五不单张"（在记数的时候，满六以上，用一根算筹当五，放在上面，不能并排用六根算筹记六，也不能单用一根算筹表示五）。可以看出，这里有着五进制的痕迹。

为了表示一个多位数，我国古代著名数学著作《孙子算经》指出："凡算之法，先识其位。一纵十横，百立千僵，千十相望，万百相当"（用算筹记数和运算，首先要识别筹的位置。算筹有纵、横两种格式。个位用纵式，十位用横式，百位用纵式，千位用横式，所以千位与十位隔位相望，万位与百位也有与此相当的情况）。例如，四位数 2469，用算筹来表示就是𝍩𝍣𝍮𝍨。算筹的纵横交错摆放，准确地指出了各个数码所在的位置，而且不易混淆，轻巧灵活地解决了古代巴比伦人没能解决的难题，充分显示了我国古代人民高超的数学才能。

零的记号是位值制的精髓，没有表示零的方法，位值制就不完善。古代巴比伦人虽然很早就获得了位值制的思想，但缺乏适当的零号。印度人在公元 876 年以后才正式使用现在的 0 号。而中国古代数学家通过摆弄算筹，轻而易举地最先获得了这项极其重要的发明。在算筹中，空一格的地方就表示零。例如，7208 记作𝍯𝍡 𝍧。即使零在个位，由于各位数字纵横相间，也不会互相混淆。例如，1940 记作一𝍨𝍬，194 记作一𝍱𝍣。算筹，这些普通的小竹棍，在我们祖先手中竟像“魔棍”般展示了如此众多的数学奇迹，不能不使我们为祖国数学家的聪明才智感到由衷的骄傲。

显然，这种记数方法不但利于计数，也利于进行数的四则运算。算筹是当时世界上最灵巧的计算工具。比较了古代几种文明的记数方法以后，我们可以自豪地看到，在人类文化发展的早期，古代中国的数学成就远远领先于其他各国而居于世界的最前列。

二进制是德国数学家莱布尼茨（Leibniz，1646～1716）最早明确提出的。但是，二进制的思想萌芽却可以一直追溯到公元前一千年左右成书的我国经典著作《易经》。《易经》里写道：“无极生太极，太极生两仪，两仪生四象，四象生八卦”。这就是说：未分是一，一分为二，二分为四，四分为八。用现代的数学式子表示，可以写成 $2^0=1$，$2^1=2$，$2^2=4$，$2^3=8$。这里，$2^0=1$，可以理解为 2 尚未“分”时是 1，$2^1=2$ 可以理解为分一次为 2，以下类推。这一串数可以看成是二进制中的各位的位值。

我国古代劳动人民为了适应生产上的需要，便于研究天文、地理，发明了两种基本的记数符号：阳爻（爻，读音为 yáo）“——”（肯定）与阴爻“— —”（否定）。这两种爻合称“两仪”。每次取两个，就有 4 种不同的排列法，对这 4 个符号，分别规定了名称，便组成“四象”：

⚌	⚍	⚎	⚏
太阳	少阴	少阳	太阴

每次取 3 个，就有 8 种不同的排列法，对这 8 个符号，分别规定了名称，便组成“八卦”：

☰	☷	☳	☶	☲	☵	☱	☴
乾	坤	震	艮	离	坎	兑	巽
(qián)	(kūn)	(zhèn)	(gèn)	(lí)	(kǎn)	(duì)	(xùn)

为了便于记住“八卦”的符号，古人还根据它们的形状特征，编有如下口诀：乾三连，坤六断，震仰盂，艮覆碗，离中虚，坎中满，兑上缺，

巽下断。

每个卦的上、中、下3个部分叫做“三爻”。上面的、中间的、下面的分别叫做“上爻”“中爻”“初爻”。如果把阳爻“——”看作数字符号“1”，阴爻“— —”看作数字符号“0”，并且自下而上，把初爻、中爻、上爻依次看成是第一位、第二位、第三位上的数，那么上面的“八卦”恰好与二进数相对应（表1-2）。

表1-2

卦 名	符 号	对应的二进数	对应的十进数
坤	☷	000	0
震	☳	001	1
坎	☵	010	2
兑	☱	011	3
艮	☶	100	4
离	☲	101	5
巽	☴	110	6
乾	☰	111	7

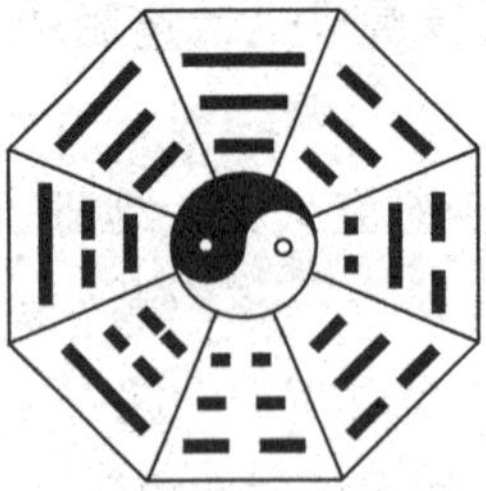
图1-1

“八卦”（图1-1）源于我国，相传为上古圣人伏羲氏所首创（如此，“八卦”便有五万多年的历史）。

在平面解析几何中，直角坐标的4个“象限”的“象”字，是从“四象”借用来的；在立体解析几何中，笛卡儿坐标的八个“卦限”的“卦”字，也是从“八卦”借用来的。我们在罗盘上还可以看到如图1-1所示的太极八卦图。莱布尼茨对太极八卦图极为赞赏，称赞它是“流传在宇宙间科学中之最古老的纪念物”。古老的文化往往笼罩着神秘的色彩。太极八卦图也不例外。古人认为，阴阳二气是宇宙之本。所以在太极八卦图的正中央画的是一对头尾相咬的阴阳鱼，周围画上“八卦”。“八卦”的8个符号，常常用来表示不同的方位；同时“八卦”的8个符号也用来代表自然界的不同事物，详见表1-3。《易经》认为自然界是由这“八物”构成的。其中“天”是父，“地”是母，亦是其他“六物”的“父母”。另外，在家庭中，“八卦”亦分别有所代表（表1-3）。由于太极八卦图的结构奇特，人们对它有变幻莫测之感。因此，古人把它用于占卜，宣扬“天命”，使它又蒙上了一层迷信的烟尘。

表 1-3

卦　名	符　号	方　位	自然界的事物	家庭成员
乾	☰	西北	天：漫无边际，连绵不断	父
震	☳	东	雷：划破天空，但不破地	长男
坎	☵	北	水：雨天为断，地储为段	中男
艮	☶	东北	山：拔地而起，高入云端	少男
巽	☴	东南	风：席卷大地，天空依然	长女
离	☲	南	火：欲燃天地，唯却中虚	中女
兑	☱	西	泽：上藏有水，但无深潭	少女
坤	☷	西南	地：断裂成谷，深潭成河	母

在《易经》里，又将上述的“八卦”推演为“64 卦”和“384 爻”。例如，“64 卦”就是由每两个“八卦”互相搭配而成的。也就是说，每次取 6 个爻，就可以得到 64 种不同的排列法。“64 卦”对应的二进数 000000 到 111111，即 0 到 63 这 64 个数。《易经》里有着它们相应的卦名，用来象征各种自然现象和人事现象，这在《易经》里有着详细的论述，如表 1-4 所示的数例。

表 1-4

卦　名	坤	剥	比	观	豫	师	随
符　号	䷁	䷖	䷇	䷓	䷏	䷆	䷐
二进数	000000	000001	000010	000011	000100	010000	100110
十进数	0	1	2	3	4	16	38

曾在中国清朝康熙皇帝身边工作过的法国传道士鲍威特 1701 年 11 月寄给莱布尼茨两个“易图”：《伏羲六十四卦次序图》《伏羲六十四卦方位图》。从这两个图中，莱布尼茨进一步看到“八卦”扩演为“六十四卦”的奥妙。1703 年，莱布尼茨的数学论文《论二进制算术》，系统地论述了二进制的理论。莱布尼茨认为，世界上最早的二进制产生于中

国的“八卦”，并对传说中创造“八卦”的伏羲氏十分敬佩，对《易经》评价极高。莱布尼茨非常感谢我国“八卦”对他的启示。当他发现几千年前的《易经》中的符号系统竟与二进制不谋而合的时候，心情非常激动，他曾经向关心数学的康熙皇帝写过一封热情洋溢的信。

02 涂色游戏

2.1 四角同色矩形（一）

运用进位制的知识可以进行很多的数学游戏。先从涂色游戏谈起。

如果给你黑、白两种颜色，要你在 $4\times n$ 的方格纸上（n 为不小于 2 的某一正整数），每一个方格用黑色或者白色进行涂色游戏。涂了若干行后，出现一个“四角同色矩形”，即由方格纸的水平线和垂直线所构成的、4 个角上的方格是同一颜色的矩形（如图 2-1 中所画出的一个那样）。你一定认为，这实在是太容易了，一点都不感到困难。

现在换一个角度提出游戏问题：同样是给你黑、白两种颜色，要你在 $4\times n$ 的方格纸上（n 为不小于 2 的某一正整数），每一个方格用黑色或者白色进行涂色游戏。涂了若干行后，要求总找不到“四角同色矩形”。你最多能涂多少行呢？

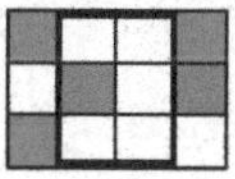

图 2-1

这是一个颇为伤脑筋的问题：对于所找到的正整数 n，一方面要证明当所涂的行数比 n 大时，尽管可以有各种各样的涂法，但是“四角同色矩形”都是可以找出来的；另一方面要证明当所涂的行数等于 n 时，的确存在一种涂法，“四角同色矩形”是不存在的。现在利用二进数的知识来巧妙地解决这个伤脑筋的问题。以 0 表示黑色，1 表示白色。这样，从上到下每一行就表示一个四位二进数（如图，上起第一行表示 0110）。反之，每一个四位二进数就表示一行的涂法。一行的涂法与一个四位二进数是一一对应的。由于每一行有 4 个格，因此，能且仅能表示($2^4=$)16 个四位二进数。

显然，一旦有两行的涂色所表示的四位二进数是相同的，就可以找到“四角同色矩形”。为了避免这种情况的出现，不能重复使用同一个四位二进数。现在，把所有的 16 个四位二进数进行分组，要求每一个组内的任意 2 个四位二进数，都必定至少有 2 对同数位上的数是相同的，而且两者是同一个数字。表 2-1 就是符合这个要求的分成 6 组的一种分法（当然，还可以有其他的分法）。根据狄利克雷抽屉原理，从 16 个四位二进数中，任取 7 个，就必定至少有 2 个在同一个组内。这样就意味着，在 4×7 的方格纸上进行涂色游戏，总可以找到“四角同色矩形”。

表 2-1

组别	二进数	对应的十进数
①	0000	0
	0001	1
	0010	2
	0011	3
②	0100	4
	0101	5
③	0110	6
	0111	7
④	1000	8
	1001	9
⑤	1010	10
	1011	11
⑥	1100	12
	1101	13
	1110	14
	1111	15

另一方面，要在 4×6 的方格纸上构造出一种“四角同色矩形”都不存在的涂法，就必须使每行涂色所对应的四位二进数分别来自表 2-1 的 6 个不同的组。现在，从①组开始，逐组加以考虑和挑选。

首先，在①组中，0，1（均指四位二进数所对应的十进数，下同）不能取。否则，与②组中，4，5 都不相容，②组就没有可取的对象了；其次，①组中 2 也不能取。否则，②组只能取 5，③组只能取 7，而 5 与 7 是不能同时取的。这样，①组就只能取 3——0011。

仿此可以得到：③组只能取 6——0110；⑤组只能取 10——1010；进而，②组只能取 5——0101；④组只能取 9——1001；⑥组只能取

12——1100。经过检验，按照这 6 个四位二进数所对应的办法涂色（图 2-2），是找不到“四角同色矩形”的。

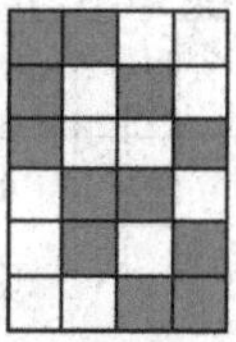

图 2-2

显然，如果把这种涂色游戏中的某两行进行交换，那么原来找不到“四角同色矩形”的，交换后仍然找不到“四角同色矩形”；原来找得到“四角同色矩形”的，交换后仍然找得到“四角同色矩形”。如果把其中的某两列进行交换，情况也是如此。因此，如果不计各组的顺序，这里将有且仅有一种答案；如果考虑到各组的顺序，这里将有多种答案。

综上所述，可以得到这样的结论：在 $4\times n$ 的方格纸上（n 为不小于 2 的某一正整数），对每一个方格，用黑色或者白色中的一种颜色进行涂色游戏。当 $n=6$ 时，可以得到都不会出现“四角同色矩形”的涂法；而当$n\geqslant 7$时，“四角同色矩形”总是存在的。

这里顺便说明一下：这一被人们看似无足轻重的、有趣的涂色游戏，1976 年被美国选编为第五届中学数学竞赛题。题目是这样的：

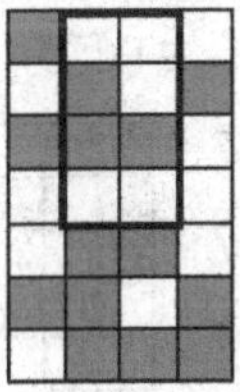

图 2-3

（1）假设一个 4×7 的国际象棋盘（图 2-3）的每一个方块用黑色或白色涂了色。证明对任何一种涂色方式，棋盘中必定包含一个由棋盘的水平线和垂直线所构成的矩形（如在图中所画出的一个那样），它的 4 个角上的方块是同一颜色的。

（2）试给出 4×6 的棋盘上的一种黑白涂色，使得在棋盘内每一个如上所述的矩形中，4 个角上的方块不是同一颜色的。

现在，读者不难写出这道数学竞赛题的答案了。

2.2 四角同色矩形（二）

下面进一步探讨涂色游戏。在 $m\times n$ 的方格纸上（m，n 为不小于 2 的正整数），对每一个方格，用黑色或者白色中的一种颜色进行涂色游戏。当 m，n 为何值时，可以得到都不会出现“四角同色矩形”的涂法；而当 m，n 为何值时，却无法得到这种都不会出现“四角同色矩形”的涂法（即对于所能拥有的各种各样的涂法，“四角同色矩形”总是存在的）？

显然，当 $m=2$ 时，我们可以采用黑白相间的涂法（图 2-4），不论 n 为多大的正整数，都将不会出现“四角同色矩形”；而与此相反的情况是不存在的。

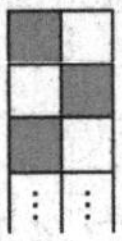
图 2-4

当 $m=3$ 时，仿照前面的办法，用二进数的知识比较简单地解决这个问题。以 0 表示黑色，以 1 表示白色。由于三位二进数有且仅有（$2^3=$）8 个，对这 8 个三位二进数进行如表 2-2 的分组。

表 2-2

组别	二进数	所对应的十进数
①	000	0
	001	1
②	010	2
③	011	3
④	100	4
⑤	101	5
⑥	110	6
	111	7

根据狄利克雷抽屉原理，从 8 个三位二进数中，任取 7 个，就必定至少有 2 个在同一个组内。这就意味着，在 3×7 的方格纸上进行涂色游戏，总可以找到“四角同色矩形”。另一方面，取十进数 1，2，3，4，5，6 所对应的三位二进数，按照这 6 个三位二进数所对应的办法涂色（图 2-5），是找不到“四角同色矩形”的。如果不计各组的顺序，那么将有且仅有一种答案；如果考虑到各组的顺序，那么将有多种答案。

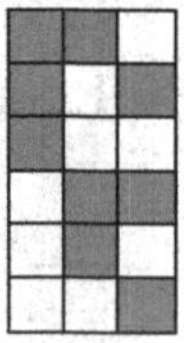
图 2-5

这里采用相对比较简单的做法，得到了与前面 $m=4$ 时相类似的结论：在 $3\times n$ 的方格纸上（n 为不小于 2 的某一正整数），对每一个方格，用黑色或者白色中的一种颜色进行涂色游戏。当 $n=6$ 时，可以得到都不会出现“四角同色矩形”的涂法；而当 $n\geqslant7$ 时，“四角同色矩形”总是存在的。

既然，$m=3$ 时与 $m=4$ 时有着相类似的结论，它们有否相通之处呢？也就是说能否在得到 $m=3$ 时的结论的基础上来证明 $m=4$ 时的结论呢？

事实上，根据在小范围内存在则在更大范围内也一定存在的道理，既然在 $3\times n$ 的方格纸上进行涂色游戏，当 $n\geqslant 7$ 时，“四角同色矩形”总是存在的。因而，在 $4\times n$ 的方格纸上进行涂色游戏，当 $n\geqslant 7$ 时，“四角同色矩形”也总是存在的。

另外，在 $3\times n$ 的方格纸上进行涂色游戏，当 $n=6$ 时，如果不计各行的顺序，那么将可以得到都不会出现“四角同色矩形”的唯一涂法（图 2-5）。我们对这个涂法进行添加，在图 2-6（a）中，如果某一行是两黑一白，就添加一白；如果某一行是两白一黑，就添加一黑。这样，就得到了如图 2-6（a）的涂色图形。读者可能会觉得，这与图 2-2 的涂色图形有所不同。是的，这是从表面上看到的。但是，应当意识到这里是不计各行顺序的，也就是说，对行的顺序是可以调整的。如果把从上到下的顺序依次调整为原来从上到下的第三、五、六、一、二、四各行（即把原来的第三行作为新的第一行，其他类推），那么将得到图 2-6（b）的涂色图形。这与图 2-2 的涂色图形是一样的。另外，也可以采用列调整的办法。只要将原来左起第一列，移到最右边，便也同样地得到如图2-6（b)的涂色图形。

这样就可以从另一角度写出前面那道数学竞赛题的答案了。

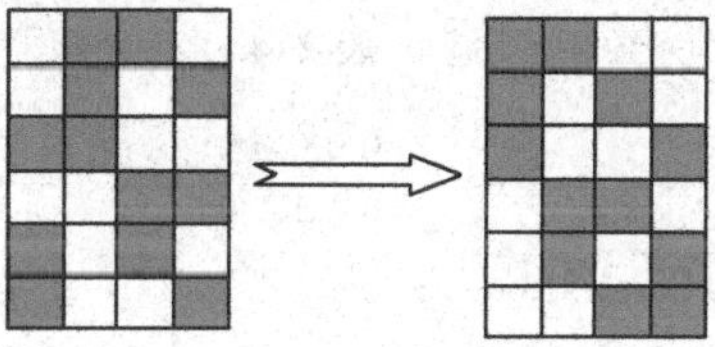

(a) (b)

图 2-6

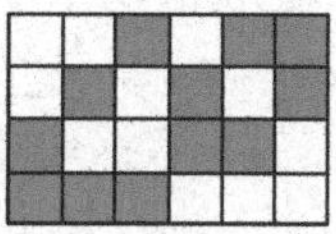

图 2-7

当 $m=5$，6 时，把前面 4×6 的涂色图形，按照逆时针方向旋转 90°，便得到如图 2-7 所示的 6×4 的图形。

显然，由于在前面 4×6 的涂色图形中，找不到“四角同色矩形”，那么在这里 6×4 的涂色图形中，也是找不到“四角同色矩形”的；同时，从中随意取出 5×4 的涂色图形，也还是找不到“四角同色矩形”的。这就说明，在 5×4，6×4 的方格纸中，都存在着一种涂法，“四角同色矩形”是不存在的。那么在 5×5，6×5 的方格纸中，是否存在一种“四角同色矩形”也都不存在的涂法呢？

先来考察在 5×5 方格纸上的情况。我们指出，在 5×5 的方格纸上进行涂色游戏，“四角同色矩形”总是存在的。

我们知道，五位二进数有且仅有（$2^5=$）32 个。这 32 个五位二进数，能且仅能居于下列 3 类之一：（1）5 个数位上的数都相同（如 00000）；（2）5 个数位上的数有 4 个相同，另一个与此不同（如 00001）；（3）5 个数位上的数分为两组，3 个相同，另两个也相同，但这两组不同（如 00011）。为此，分 3 种情况证明上述的论断。

（1）当涂色游戏的某一行所对应的五位二进数，5 个数位上的数都相同时，如 00000，若另有一行能与此构成“四角同色矩形”，则命题得证（这另有一行所对应的五位二进数，在 32 个五位二进数中很容易找出来）；否则，其他各行所对应的五位二进数能且仅能是表 2-3 框内的某 4 个。但是，表 2-3 框内的任意两个所对应的涂色，都是可以构成“四角同色矩形”的。因此，一旦有 00000 出现，总可以找到“四角同色矩形”。把 0 与 1 互换，同样可以证明，一旦有 11111 出现，也总是可以找到“四角同色矩形”的。

表 2-3

00000
01111
10111
11011
11101
11110
11111

表 2-4

	00001
①	01110
	01111
	10110
	10111
②	11010
	11011
	11100
	11101
	11110
	11111

表 2-5

	00011
①	01100
	01101
	01110
②	10100
	10101
	10110
③	11000
	11001
	11010
	11100
	11101
	11110

（2）当涂色游戏的某一行所对应的五位二进数，5 个数位上的数有 4 个相同，另一个与此不同时，如 00001，若另有一行能与此构成“四

角同色矩形”，则命题得证（这另有一行所对应的五位二进数，在 32 个五位二进数中很容易找出来）；否则，其他 4 行所对应的五位二进数能且仅能在表 2-4 之框内。我们把这些五位二进数分为两组（表 2-4），那么至少有 2 个在同一个组内。这就意味着，找到了“四角同色矩形”。由于换行或换列，不会改变“四角同色矩形”的存在与否。因此，上述证明同样适用于 00010，00100，01000，10000 等情况。另外，由于 0 与 1 互换，也不会改变“四角同色矩形”的存在与否，因此，上述证明也同样适用于 11110，11101，11011，10111，01111 等情况。

（3）当涂色游戏的某一行所对应的五位二进数，5 个数位上的数分为两组，3 个相同，另两个也相同，但这两组不同时，如 00011，利用表 2-5，仿照（2）的办法，同样可以证明这里的各种情况。

综上所述，命题获证。

现在，根据在小范围内存在则在更大范围内也一定存在的道理，既然在 5×5 的方格纸上进行涂色游戏，“四角同色矩形”总是存在的。因而，在 6×5 的方格纸上进行涂色游戏，“四角同色矩形”也总是存在的。这样，对于 $m=5，6$，有如下的结论：在 $5\times n$ 或 $6\times n$ 的方格纸上（n 为不小于 2 的某一正整数），对每一个方格，用黑色或者白色中的一种颜色进行涂色游戏。当 $n=4$ 时，可以得到都不会出现“四角同色矩形”的涂法；而当 $n\geqslant5$ 时，“四角同色矩形”总是存在的。

当 $m\geqslant7$ 时，对于 $n=2$，采用黑白相间的涂法（图 2-8），不论 m 为多大的正整数，都将不会出现“四角同色矩形”。

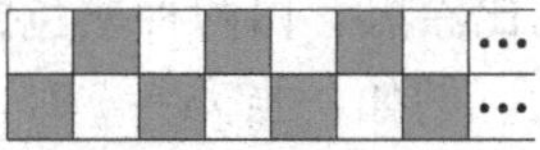

图 2-8

另外，前面已经证明了在 3×7 的方格纸上进行涂色游戏，总可以找到“四角同色矩形”。现在，把该方格纸上的涂色图形，按照逆时针方向旋转 90°，便成为 7×3 的方格纸上的涂色图形，因而，这时“四角同色矩形”也总是可以找到的。根据在小范围内存在则在更大范围内也一定存在的道理，由此可以引申得到：当 $m\geqslant7$，$n\geqslant3$ 时，在方格纸上进行涂色游戏，“四角同色矩形”总是存在的。

最后，把前面得到的各个结论综述如下（图 2-9）：在 $m\times n$ 的方格纸上（m，n 为不小于 2 的正整数），对每一个方格，用黑色或者白色中的一种颜色进行涂色游戏。当 m，n 位于下表阴影内时，可以得到都不会出现“四角同色矩形”的涂法；除此之外，对于各种所能拥有的涂法，“四角同色矩形”总是存在的。

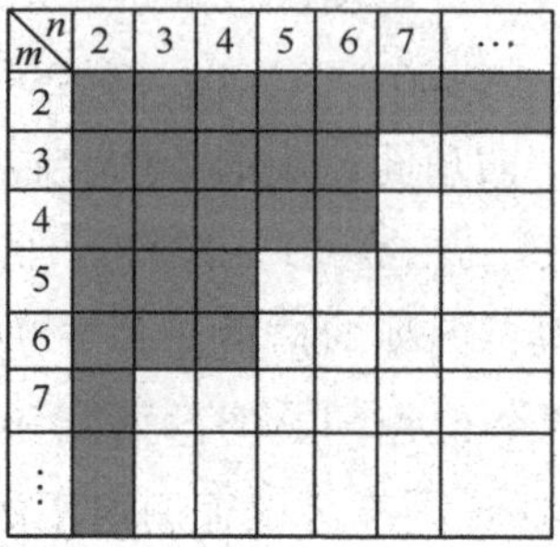

图 2-9

2.3　四角同色矩形（三）

前面进行了涂黑、白两种颜色的游戏。如果把颜色扩充为 3 种将有什么样的情况呢？具体地说，我们的游戏问题是：在 $m\times n$ 的方格纸上（m，n 为不小于 2 的正整数），对每一个方格，用红色、黄色或者蓝色中的一种颜色进行涂色游戏。当 m，n 为何值时，可以得到都不会出现“四角同色矩形”的涂法；而当 m，n 为何值时，却无法得到这种都不会出现“四角同色矩形”的涂法（即对于所能拥有的各种各样的涂法，“四角同色矩形”总是存在的）？

显然，这里的情况比涂黑、白两种颜色的游戏复杂得多。只能选择有代表性的问题探讨之。例如，当 $m=4$ 时，n 最多等于几，才总能在 $4\times n$ 的方格纸上进行涂三色游戏，得到都不会出现“四角同色矩形”的涂法呢？要找到这个“分界点”n 可不是一件容易的事情。采用一一尝试的办法，很难确定这个“分界点”n。

为此想从涂两色游戏中得到启发。在涂两色游戏中，当 $m=3$ 时，“分界点”$n=6$。这就是说，在 3×6 的方格纸上进行涂两色游戏，可以得到都不会出现“四角同色矩形”的涂法；而在 3×7 的方格纸上进行涂两色游戏，“四角同色矩形”却总是存在的。

我们仔细观察前面 3×6 的涂色图形，不难发现涂两黑的有 3 行，涂两白的也有 3 行。为什么各有 3 行呢？原来，$m=3$ 时，从 3 中取 2

有$C_3^2=3$种方法。因而，$n=3\times2=6$。

现在回过头来考虑涂三色游戏的问题。当$m=4$时，从4中取2有$C_4^2=6$种方法。这就是说，4格中选2格涂同一种颜色的可以有6行，3种颜色将有$(6\times3=)18$行。据此，我们猜测“分界点”$n=18$。

猜测归猜测，要有实图来证明。现在，用三进数的知识来解决这个问题。以0表示红色，1表示黄色，2表示蓝色。由于四位三进数有且仅有$(3^4=)81$个，我们对这81个四位三进数进行如表2-6的分组（请读者注意，分组是个关键。这里的分组办法，请读者细心观察体会）。

表 2-6

组别	三进数	组别	三进数	组别	三进数
①	0000	⑦	1100	⑬	2200
	0001		1101		2201
	0002		1102		2202
	0010		1110		2210
	0011		1111		2211
	0012		1112		2212
	0020		1120		2220
	0021		1121		2221
	0022		1122		2222
②	0100	⑧	1010	⑭	2020
	0101		1011		2021
	0102		1012		2022
	0200		1210		2120
	0201		1211		2121
	0202		1212		2122
③	0110	⑨	1001	⑮	2002
	0120		1021		2012
	0210		1201		2102
	0220		1221		2112
④	1000	⑩	0111	⑯	0221
	1002		0112		0222
	2000		2110		1220
	2001		2111		1222
⑤	1020	⑪	0121	⑰	0212
	2010		2101		1202
⑥	1200	⑫	0211	⑱	0122
	2100		2011		1022

表 2-7

组别	三进数
①	0012
②	0102
③	0120
④	1002
⑤	1020
⑥	1200
⑦	1102
⑧	1012
⑨	1021
⑩	0112
⑪	0121
⑫	0211
⑬	2201
⑭	2021
⑮	2012
⑯	0221
⑰	0212
⑱	0122

根据狄利克雷抽屉原理，从 81 个四位三进数中，任取 19 个，就必定至少有 2 个在同一个组内。这就意味着，在 4×19 的方格纸上进行涂三色游戏，总可以找到“四角同色矩形”。另一方面，仿照前面介绍过的办法，逐组加以考虑和挑选，当选取如表 2-7 的 18 个四位三进数时，按照这 18 个四位三进数所对应的办法涂色，是找不到“四角同色矩形”的。因此猜测成立，“分界点”$n=18$。

从涂色游戏中可以得到如下的启示：

(1) 利用涂色游戏的图形，容易想到换行或换列、旋转、2 种颜色互换、3 种颜色轮换，都不会改变“四角同色矩形”存在与否的事实；同时还容易理解，方格纸扩充后，“四角同色矩形”仍然存在的问题。这是利用进位制的知识难以想象的。

(2) 利用进位制的知识，容易知道有关二进数或三进数的总个数；同时，能够很好地进行分组与挑选。这是利用涂色游戏的图形所难以做到的。

(3)“形”与“数”是数学的双翼。我国著名的数学家华罗庚说过：“数缺形时少直观，形少数时难入微”。“形”与“数”的结合，实质上是形象思维与抽象思维的结合。在人们的思维活动中，形象思维与抽象思维是相互联系、相互依存、并在一定条件下相互转化的。形象思维需要抽象思维的“赞助”；抽象思维需要形象思维的“参与”。因此，要把形象思维与抽象思维有机地结合起来，以形助数，借数解形，数形结合，做到既直观又入微。

2.4 展览馆的参观线路

现在，探讨涂色游戏的另一个问题：展览馆的参观线路。

某地有两座平面图形状有所不同的建筑物（图 2-10）。这两座建筑物，都各有 14 个房间，其中，每相邻的两个房间都有门可以相通。现在，要从中选择一座建筑物，作为举办展览馆使用，要求能让外来参观者，不重复地一次性走遍各个房间，然后离开。该选用哪一座建筑物呢？

有的人可能会认为，既然这两座建筑物内，每相邻的两个房间都有门可以相通，作为展览馆使用，该都会符合要求吧！于是，有人就用箭头来试着画一画，很快就找到了左边建筑物的参观线路（如图 2-10 所示）。当然还可以画出与此不同的其他参观线路）。然而，对于右边的建筑物，试画了几次，却未能找到参观的线路。到底右边建筑物能否找到符合要求的参观线路呢？

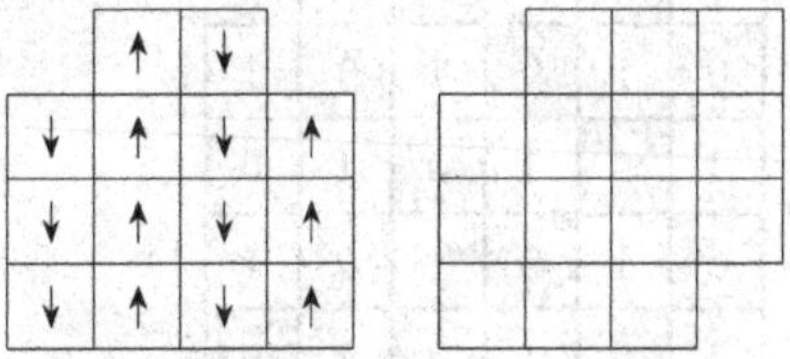

图 2-10

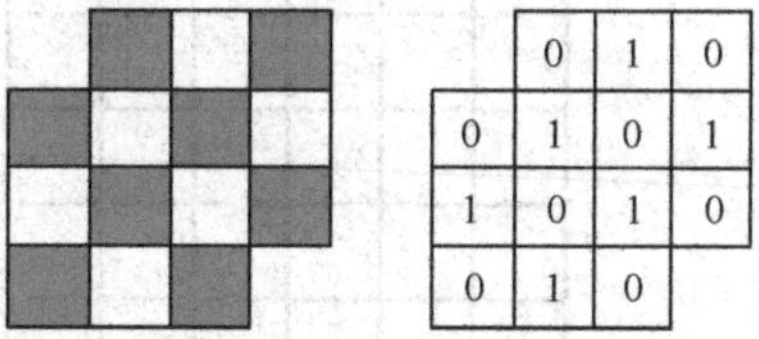

图 2-11

这个问题要是采用一次次试画的办法，不但要试画好几次，而且很难做到试画得不重不漏。这样，就不能说明符合要求的参观线路到底存在与否。怎么办呢？思维难免陷入了迷惘的状态。

事实上，采用涂色的办法，或者构成特殊二进数的办法，是很容易解决这个问题的。用黑白两种颜色相间地涂在右边建筑物的平面图上，或者以 0，1 分别表示黑、白两种颜色写在右边建筑物的平面图上（图 2-11）。这样，如果存在着一条符合要求的参观线路的话，那么从起始房间到终止房间就有一个由 0，1 组成的 14 位二进数。从图 2-11 可以看出：参观者如果在涂黑（或标 0）的房间，那么他的下一站将是涂白（或标 1）的房间；如果在涂白（或标 1）的房间，那么他的下一站将是涂黑（或标 0）的房间。这就是说，由 0，1 组成的 14 位二进数的构成，应当是 0，1 相间的，因而 0 与 1 的个数要么相等，要么相差为 1。现在，右边建筑物的平面图上，0 与 1 的个数相差为 2，所以符合要求的参观线路肯定是不存在的。

在现实生活中，利用每相邻的两个房间都有门可以相通的建筑物作为展览馆，有的对参观线路的入口、出口还指定了位置。对于这一类问题，该如何利用构成特殊二进数的办法（或者涂色的办法）解决呢？

例如，某展览馆有 36 间展室（图 2-12），每相邻的两个展室都有门可以相通。试问，能否从入口处进去，不重复地参观完各个展室，然后从出口处离开。如果能，请画出参观线路；如果不能，请说出理由。

这里，标上相间的 0 与 1（或者相间地涂上黑、白两种颜色）后，虽然 0 与 1 的个数相等，但是试画几次，都未能找到符合要求的参观线路。至此，人们显然不能贸然地就断定，不存在符合要求的参观线路，然而该怎么说明它存在与否的理由呢？

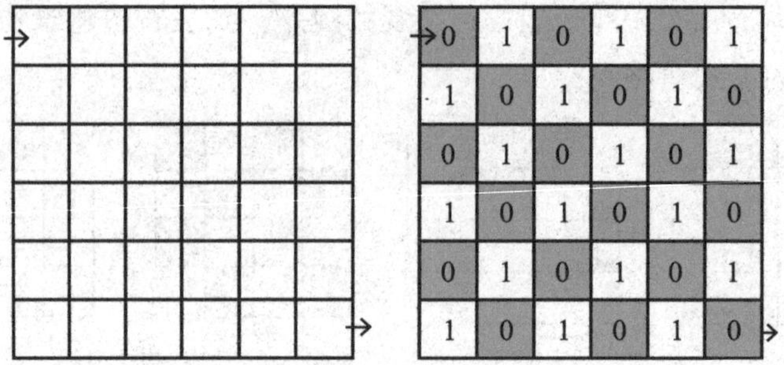

图 2-12

仔细观察标上相间的 0 与 1 的图 2-12，可以发现：这里的入口处与出口处都是标上 0（即都是涂上黑色）的。然而，从标上 0 的入口处进去，下一间展室应该是标上 1 的。由于展室共有 36 间，按照 0、1 相间的顺序标之，无论参观线路的走向如何，最后一间展室（即出口处）只能是标上 1 的。因此，这个展览馆所要求的参观线路是不存在的。

这里启示我们：对于每相邻的两个房间都有门可以相通的展览馆，在指定了参观线路的入口处、出口处的情况下，利用构成特殊二进数的办法（或者涂色的办法）来解决，其参观线路存在的必要条件是：当共有偶数间展室时，入口处与出口处应当是标上相异的数字（即涂上不同的颜色）的；当共有奇数间展室时，入口处与出口处应当是标上相同的数字（即涂上相同的颜色）的。

现在，如果不变上述问题的其他条件，只是把出口处加以改变（如图 2-13 所示），还能构成符合要求的参观线路吗？

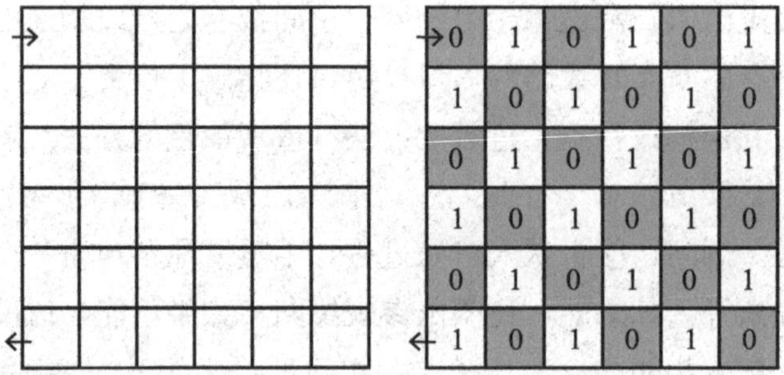

图 2-13

这里，显然是可以构成符合要求的参观线路的。请读者作为练习，自行画出。

对于上述问题，还有一种特殊的情况：让外来参观者，以靠外的某个房间为起始，不重复地一次性走遍各个房间，然后再从原先进入的房间离开。对此，能够作出安排吗？亦请读者作为练习，自行探讨。这里，要求作出的参观线路是封闭的，起始间与终止间是合二而一的。如果能够作出安排，那么以靠外的某一个房间作为起始都是可以成行的。

看来，要进行寻求展览馆参观线路的游戏，可以简便地利用标上相间的 0 与 1（或者相间地涂上黑、白两种颜色）的办法，其关键就在于能否构成符合要求的 0，1 相间的二进数。

2.5 警察抓小偷

前面，探讨的都是“面”的涂色游戏。现在，探讨“点”的涂色游戏：警察抓小偷。为此，先将“警察抓小偷”游戏作一番介绍。

道具：一幅城市的街道线路图（如图 2-14 所示）；两枚棋子（可以使用不同的围棋子、象棋子、硬币、纽扣等小物品表示），一枚充当警察，另一枚充当小偷。

方法：两人对弈，轮流走子。游戏开始前，甲先将警察放在街道线路图的某一个点（路口）上；接着，乙将小偷放在街道线路图的另一个点（路口）上。然后，小偷逃走，警察去追，小偷再逃走……直到警察抓住小偷，或者警察无法抓住小偷为止。

要求：每次只能走一步（从一个点移动到与之相连的邻近的另一个点），不能多走，不能以跳代走，也不能不走。小偷要力求脱离警察的追捕，警察则要想方设法抓住小偷。

显然，警察对小偷，亦步亦趋，紧跟不舍，未必能抓住小偷，只会出现循环往复，不断追赶的局面。那么，在什么情况下，警察必定能够抓住小偷呢？在街道线路图的边缘，可以找到这样的四边形（这个四边形是不出现对角线的，下同），它有 4 条线段（线路）和 4 个顶点（路口），其中一个顶点（姑且称之为“拐点”），只发出 2 条线段，分别与另 2 个顶点相通。当小偷被逼到拐点，而警察接着追到与拐点相对的顶点时，等待小偷的命运，就只能是束手就擒。例如，当小偷被逼到拐点 A 处，接着警察追到 B 点时，不论小偷往哪一边逃走，都将被警察抓捕。

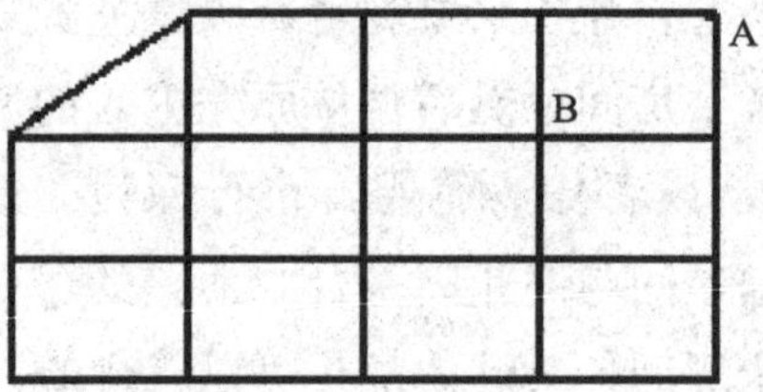

图 2-14

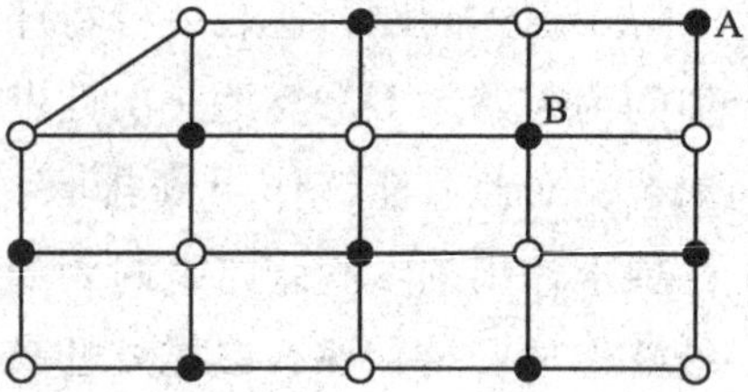

图 2-15

这里，在下一步是小偷走的情况下，警察的最好位置是与小偷处在同一个四边形且相互对立的 2 个顶点上。这样，小偷就会被逼走出这个四边形，直至被逼到拐点上，无法摆脱被抓的命运。

我们从某一个拐点开始，将它以及与它在四边形中相对的点，用黑色的●表示；然后，再将与黑色的●在另外几个四边形中相对的点，用黑色的●表示……依此办理，直到该用黑色的●表示的点都表示完为止。接着，对于其他的点用白色的○表示。这样，就等于用黑白两种颜色涂在街道线路图的路口上（如图 2-15 所示）。

为了便于采用二进数的知识进行研究，还可以将黑、白两种颜色分别用 1，0 表示之。这样，小偷与警察所走的某一段线路就都可以用二进数来表示。从高位开始（从低位开始亦可），若小偷走到的第一个路口是黑色的●，就记为 1，走到的第二个路口是白色的○，就紧接着在上述 1 的右边记上 0，成为 10……仿此类推，就可以将小偷所走的这一段线路表示为二进数。类似地，警察所走的线路也可以用二进数表示出来。

这里，小偷或警察所走的线路都将是用 1，0 相间的二进数表示吗？对此，仔细观察一下上述街道线路图（图 2-15），可以发现它有一个三角形。三角形的 3 个顶点为●、○、○。当小偷或警察走过○→○时，就改变了 1，0 相间的情况。因此，小偷与警察所走线路的二进数并非都是 1，0 相间的。

由于小偷先逃，警察后追，轮流走子，当警察走到某一个路口后，两者所走的步数相同。因此，小偷与警察所走线路的二进数具有相同的位数。

显然，如果警察抓住小偷，那么两者所走线路的二进数就具有相同的个位。由此逆推，两者的二进数就具有相同的十位、百位、千位……但是，警察与小偷两者所走线路的二进数的最高位上的数却未必相同。当他们二进数的最高位上的数不同时，警察就首先要通过三角形来改变1，0相间的情况，使两者从某一位开始具有相同的1或0。这就告诉我们，“警察抓小偷”游戏可以追溯为两者所走线路的二进数某一个高位上的数相同的情况。此后，在这个基础上，警察就要防范小偷通过三角形改变他的1与0相间情况，同时要逐步缩短与小偷的距离（减少两者之间的点数）。采取这样的策略，警察就可以把小偷逼向拐点，最后抓捕小偷。

对于小偷来讲，要尽可能与警察不在二进数同一个数位上取相同的1或0，并且尽可能远离警察。当警察远离三角形时，小偷要尽可能接近三角形，伺机决定是否改变1与0相间情况；当警察接近三角形时，小偷要尽可能远离警察。采取这样的策略，小偷就可以力求逃脱警察的追捕。

“警察抓小偷”游戏十分有趣。笔者与小孩对弈时，不管取子为警察还是小偷，笔者总可以获胜，而小孩却屡遭败局。他们百思不得其解，而又不甘心失败。因此，乐此不疲，乐不可支。

设计“警察抓小偷”游戏的巧妙之处在于，一方面警察不能轻而易举地抓住小偷，另一方面经过动脑筋思考之后，警察却能抓住小偷。显然，警察如果很容易抓住小偷，或者根本无法抓住小偷，游戏就都将失去刺激性与挑战性，而不为人们所欢迎。怎样才能使“警察抓小偷”的游戏具有刺激性与挑战性呢？看来，街道线路图的设计是一个关键。

从上面的街道线路图中可以看出，它具有如下3个特点：⑴拥有若干个拐点；⑵只有一个三角形；⑶其他都是不出现对角线的四边形。显然，没有拐点，警察无法迫使小偷处于左右难逃、束手就擒的境地（请读者用图2-16加以验证）；没有三角形，当需要变更0与1相间的情况时，警察无法进行，因而也就无从抓住小偷；当含有边数等于或者多于5，且不出现对角线的多边形时，小偷就可以在这个多边形上与警察进行回旋，而不被警察抓获（请读者用图2-17探讨之）。

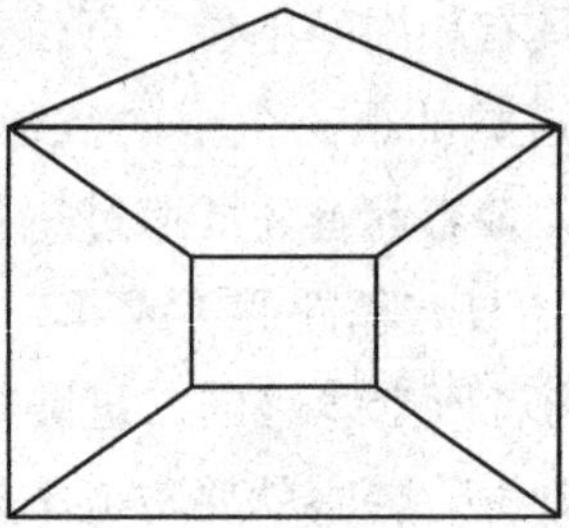

图 2-16

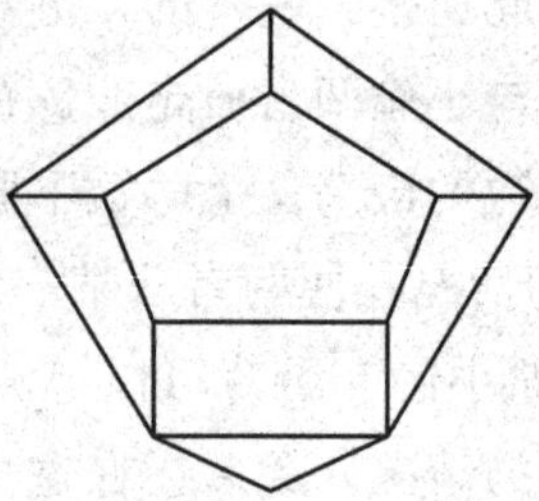

图 2-17

另外，三角形的个数如果不止一个，变更 0 与 1 相间的机会就会增多，情况就相当复杂，警察可能抓住小偷，也可能抓不住小偷。

至于具有上述 3 个特点的街道线路图，在各种情况下，警察是否总能抓住小偷？这留给有兴趣的读者进行探索。

03 猜测游戏

3.1 猜姓游戏

有很多猜测游戏在我们的日常生活中流行着。现在，先来谈谈猜姓游戏。有如图 3-1 的 6 张猜姓卡片。这是猜姓游戏的道具。

（卡片一）

1 李	3 张	5 陈	7 黄	9 周	11 徐	13 朱	15 胡
17 林	19 高	21 郑	23 宋	25 唐	27 曹	29 邓	31 冯
33 程	35 彭	37 袁	39 董	41 苏	43 吕	45 蒋	47 杜
49 沈	51 范	53 傅	55 卢	57 戴	59 任	61 廖	63 方

（卡片二）

2 王	3 张	6 杨	7 黄	10 吴	11 徐	14 马	15 胡
18 何	19 高	22 罗	23 宋	26 韩	27 曹	30 萧	31 冯
34 蔡	35 彭	38 于	39 董	42 叶	43 吕	46 田	47 杜
50 姜	51 范	54 钟	55 卢	58 崔	59 任	62 姚	63 方

（卡片三）

4 刘	5 陈	6 杨	7 黄	12 孙	13 朱	14 马	15 胡
20 梁	21 郑	22 罗	23 宋	28 许	29 邓	30 萧	31 冯
36 潘	37 袁	38 于	39 董	44 魏	45 蒋	46 田	47 杜
52 江	53 傅	54 钟	55 卢	60 陆	61 廖	62 姚	63 方

（卡片四）

8 赵	9 周	10 吴	11 徐	12 孙	13 朱	14 马	15 胡
24 谢	25 唐	26 韩	27 曹	28 许	29 邓	30 萧	31 冯
40 余	41 苏	42 叶	43 吕	44 魏	45 蒋	46 田	47 杜
56 汪	57 戴	58 崔	59 任	60 陆	61 廖	62 姚	63 方

（卡片五）

16 郭	17 林	18 何	19 高	20 梁	21 郑	22 罗	23 宋
24 谢	25 唐	26 韩	27 曹	28 许	29 邓	30 萧	31 冯
48 丁	49 沈	50 姜	51 范	52 江	53 傅	54 钟	55 卢
56 汪	57 戴	58 崔	59 任	60 陆	61 廖	62 姚	63 方

（卡片六）

32 曾	33 程	34 蔡	35 彭	36 潘	37 袁	38 于	39 董
40 余	41 苏	42 叶	43 吕	44 魏	45 蒋	46 田	47 杜
48 丁	49 沈	50 姜	51 范	52 江	53 傅	54 钟	55 卢
56 汪	57 戴	58 崔	59 任	60 陆	61 廖	62 姚	63 方

图 3-1

用这 6 张卡片进行猜姓游戏。游戏的方法是：主持人先请玩游戏的人预先在心里随意地想好一个姓，这个姓不必告诉主持人。接着，主持人一张一张地取出这 6 张卡片，给玩游戏的人看，请他表示该张卡片上是否有他预先想好的姓。他表示“有”或“无”（用“点头”或“摇头”来代替也可以）之后，主持人就能够立即说出这个姓来。

例如，玩游戏的人报出他所想的姓，在第一、第四、第五张卡片中“有”，主持人就能够立即说出：所想的姓是唐。

主持人是怎么猜的呢？原来，玩游戏的人报出他所想的姓，在第一、第四、第五张卡片中，这事实上就等于他向主持人提供了如下 6 个信息：

第一（有） 第二（无） 第三（无） 第四（有） 第五（有） 第六（无）

这时，主持人将第一、第四、第五张卡片左上角的第一个数：1，8，16 加起来，得 25，就知道玩游戏人所想的姓是（25）唐。

这里有什么奥秘呢？现在，让我们用二进数的知识，把猜姓游戏的秘密揭开。这个游戏的原理很简单。如果将各卡片上的十进数全部化为二进数，那么就不难看出转化后，卡片一里所有的数化为二进数，右起第一位全是 1；卡片二里所有的数化为二进数，右起第二位全是 1；其余以此类推。前面玩游戏人说的姓在第一、第四、第五张的卡片中，说明这个姓用二进数表示是 $011001_{(2)}$，转换成十进数就是 $0+1\times2^4+1\times2^3+0+0+1\times2^0=16+8+1=25$。这里，式子中的 16，8，1，已经用隐蔽的方式，写在相应卡片的左上角，不必临时去换算。因此，主持人可以很方便地知道玩游戏人所想的姓是(25)唐。

如果玩游戏的人报出他所想的姓，都不在这6张卡片中，那么它所对应的二进数是$000000_{(2)}=0$，说明他所想的姓是在这6张卡片之外。为了使猜姓游戏有所验证，玩游戏的人所想的姓最好是这6张卡片之中的。

这6张卡片是怎么编制的？为什么每张卡片最大的数都是63？为什么每一张卡片上都有32个不同的数呢？这些似乎很神奇，其实道理也很简单。既然知道卡片一里所有的数，用二进数来表示都是形如*****1的数，卡片二、三、四、五、六里所有的数，用二进数来表示则分别是形如****1*，***1**，**1***，*1****，1*****的数，那么也就容易编制卡片了。从1开始，由于$1=000001_{(2)}$，因此第一张卡片上写有1；由于$2=000010_{(2)}$，因此第二张卡片上写有2；由于$3=000011_{(2)}$，因此第一、第二张卡片上都写有3……由于$25=011001_{(2)}$，因此第一、第四、第五张卡片上都写有25……由于$111111_{(2)}=63$，因此最后在第一、第二、第三、第四、第五、第六张卡片上都写有63。这样，63就是所写的最大的数了。

那么，每一张卡片可以写多少个不同的数呢？以卡片一为例，它只能写那些右起第一位为1的六位二进数所对应的十进数。由于这些二进数的右起第二、第三、第四、第五、第六位都有0与1两种选取方法，因此共有$2\times2\times2\times2\times2=2^5=32$种。这就是说，卡片一可以填写32个不同的数。同样地，卡片二、三、四、五、六也是如此。

根据上面的分析可以知道：若用6张卡片，则可安排$2^6-1=63$个姓，而每张卡片要写$2^5=32$个姓。如此类推，若用7张卡片，则可安排$2^7-1=127$个姓，而每张卡片要写$2^6=64$个姓。若用5张卡片，则可安排$2^5-1=31$个姓，而每张卡片要写$2^4=16$个姓。由此看来，用6张卡片猜姓在多数情况下是比较合适的。

猜姓是一种比较有趣的游戏。如能亲手制作玩玩，受益匪浅，可以有更深的体会。

3.2 猜××游戏

容易知道，如果把姓拿掉，只留下数目，那么这个游戏就变为猜数（年龄）游戏了；如果把姓改为××，那么这个游戏就变为猜××游戏了。

制作这种游戏的一般步骤是：①选定制作游戏的内容；②用十进数按顺序给具体内容编上序号；③把十进数的序号转换成二进数；④对照二进数代换成具体内容，制成游戏卡片；⑤检查游戏卡片。

应当指出，猜姓卡片和一些类似卡片的编制不单纯是一种数学游戏，它的编制原理及方法，在电子计算机的电路和程序设计中，在一些译码电路中均有所应用。

猜姓游戏有很多变式，可以改头换面，变成一个个相当精彩的小魔术。

小魔术之一：魔术卡片

先按照图 3-2 的样子做好 6 张卡片（要求准确地写上数字，剪好窗口）。

（第一张）

9	1	11	□	3
17	25	□	19	13
23	7	31	27	21
29	□	15	□	5

（第二张）

3	□	14	2	11
15	23	□	26	22
6	27	18	31	10
30	□	7	□	19

（第二张）

12	□	13	□	5
23	30	4	28	14
20	31	21	15	22
7	□	29	□	6

（第四张）

11	□	9	□	12
29	13	□	15	28
25	26	27	10	24
31	8	14	□	30

（第五张）

19	□	21	□	31
27	18	□	25	20
24	30	17	29	26
22	□	23	16	28

（第六张）

	□		□	
		□		
	□		□	

图 3-2

现在，将 5 张写有数字的卡片交给你的同伴，请他在卡片上所写的数目中选记一个数，然后请他把写有这个数的各张卡片退还给你。

你拿到卡片后，整齐地叠成一叠，把没有数字的那张卡片放在最上面，然后把 5 个窗口中看得见的数，用心算一一加起来，所得的结果就是他选记的那个数。

这里的奥妙在哪里呢？如果把各张卡片上的十进数都转化为二进数，可以发现：第一张卡片上都是形如 **** 1 的数，第二、第三、第四、第五张卡片上分别都是形如 *** 1 *， ** 1 **， * 1 ***， 1 **** 的数。这跟前面的猜姓游戏一样。两者不同之处，首先在于：二进数的各个计数单位 2^0，2^1，2^2，2^3，2^4，即 1，2，4，8，16，这里不是写在相应卡片的左上角，而是用隐蔽的方式，写在相应卡片的内部。我们把没有数字的那张卡片分别放在各张卡片的上面，就可以依次从窗口中看到 1，2，4，8，16 这五个数。这样，对于一个十进数来说，如果它在第一、第四、第五张卡片上出现，就等于告诉我们：它是二进数 11001，于是，$2^0+2^3+2^4=1+8+16=25$。就可以猜出它是 25。这里，对于一个十进数来说，只要弄清它在哪几张上有就可以了，至于它在这张卡片上写在什么位置，那是无关紧要的。正因为如此，可以在每一张卡片上杂乱无章地排列它所能排的十进数。这样做无伤大局，却可以增加迷惑性、趣味性。这又是两者的不同之处。

“魔术卡片”虽然是个小玩意，却也新鲜、有趣，而且还与数字集成电路等有着密切联系，其意义比较深刻。读者如果感兴趣，就请自己动手做一做吧！

小魔术之二：智猜生肖

老师在黑板上挂出一张正方形的生肖纸片，见图 3-3（a），在上面按顺时针方向写有（或画着）12 生肖。然后，再拿出一张与生肖纸片一样大小的，挖有几个相当于生肖纸片上字（或图）大小的开孔纸片，见图 3-3（b），用图钉把两个正方形纸片的中心钉在一起。

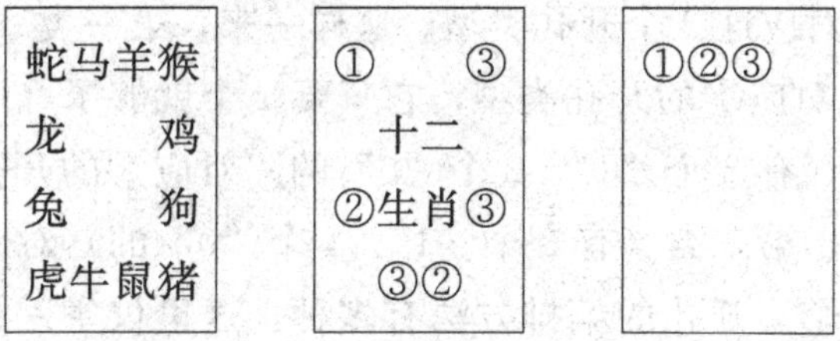

(a)　　(b)　　(c)

图 3-3

游戏开始时，老师把两张正方形纸片重合好后，问学生："你们当中看到自己（或所想）生肖的人，请举手。"随后，老师将开孔纸片按顺时针方向（逆时针亦可）旋转 90°，再问同样的问题。旋转几次，问了几次之后，老师根据学生的回答，猜中了学生自己（或所想）的生肖。

这样的智猜生肖游戏，开孔纸片要旋转几次，才能猜中学生的生肖？这样的开孔纸片是如何设计的（应当开几个孔，这些孔的位置如何）?

我们知道，由于开孔纸片的作用，每个生肖将有"出现"与"不出现"两种情况。为此，我们可用二进数的知识来解决这个问题。把"出现"记为"1"，"不出现"记为"0"。由于生肖有 12 个，因此要用二进数来表示它们最少就要用到 4 个数位。开孔纸片与生肖纸片每一种重合状态，相当于提供一个数位，因此需要 4 种不同的重合状态。这就是说，两种纸片重合好后，需要按顺时针方向旋转 3 次，才能提供四位二进数。这些四位二进数共有 16 个，我们从中选用 12 个，应当去掉哪 4 个呢？首先想到应当去掉 0000（全不出现）与 1111（全出现）。在剩下 14 个二进数中，每一数位上都有 7 个"1"与"0"，还要去掉哪两个二进数呢？为此，我们先对 14 个二进数进行分析。这里可分为 3 类：有 1 个"1"、3 个"0"的有 4 个；有 2 个"1"、2 个"0"的有 6 个；有 3 个"1"、1 个"0"的有 4 个。因此，我们想去掉两个有 2 个"1"、2 个

“0”的二进数，使得每一类二进数都各有 4 个，每一数位上都有 6 个“1”与“0”。这样，开孔纸片只要开 6 个孔就够了。

现在，我们先来考虑开孔纸片开 6 个孔的设计问题，然后再来看看去掉的到底是哪两个二进数。由于开孔纸片上端的 3 个类型的孔，见图 3-3（c），在整个旋转过程中将遍及 12 个生肖，因此可以把上述 3 类二进数分别对应这 3 个开孔类型。这样一来，第一类（有 1 个“1”、3 个“0”的）对应①的开孔类型，它只要 1 个就够了（因为只有 1 个“1”）；第二类（有 2 个“1”、2 个“0”的）对应②的开孔类型，它却要有 2 个才够；第三类（有 3 个“1”、1 个“0”的）对应③的开孔类型，它需要 3 个。开孔的编排方法有多种，这里仅举一例，见图 3-3（b），大家不妨动手试一试。这一例的开始及其按顺时针方向旋转 3 次后的情况如图 3-4 所示。

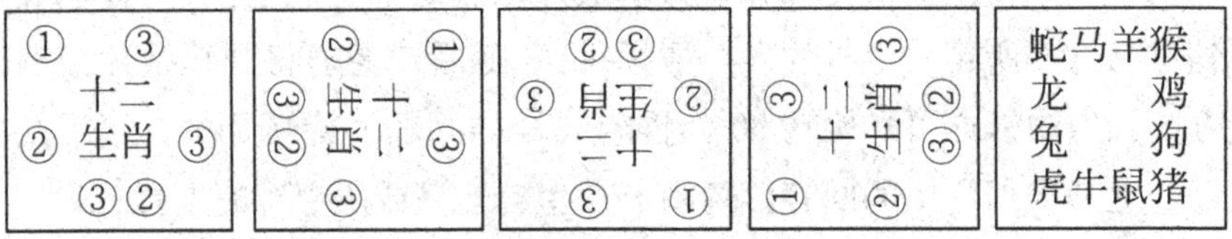

图 3-4

这里 12 个生肖所分别对应的二进数是

鼠	牛	虎	兔	龙	蛇
1001	1110	0001	1100	0111	1000
马	羊	猴	鸡	狗	猪
0110	1011	0100	0011	1101	0010

由此可以看出，没有包含在内的两个二进数是 0101 与 1010。

这种智猜生肖游戏既简单又独特，归根到底也是二进数知识的应用。

小魔术之三：巧猜籍贯

这是又一种改头换面的游戏。这个游戏（小魔术）不出现任何一个数，更不需要做什么计算，而是通过穿洞直接显示的办法，找出所要猜的籍贯（省、直辖市、自治区）。它的道具是 6 张像扑克牌一样的长方形卡片。第一～第五张卡片设计如图 3-5 所示，画有圆圈的地方是穿孔成洞的。第六张上写的是籍贯（选写了 32 个省、直辖市、自治区）。

（第一张）	（第二张）	（第三张）	（第四张）	（第五张）	（第六张）
○津○晋	京津冀晋	○○冀晋	京津冀晋	○津○晋	京津冀晋
○辽○黑	○○○○	○○吉黑	蒙辽吉黑	蒙○吉○	蒙辽吉黑
沪○浙○	沪苏浙皖	沪苏○○	沪苏浙皖	○苏○皖	沪苏浙皖
闽○赣○	○○○○	闽台○○	闽台赣鲁	闽○赣○	闽台赣鲁
○鄂○粤	豫鄂湘粤	○○湘粤	○○○○	○鄂○粤	豫鄂湘粤
○琼○渝	○○○○	○○川渝	○○○○	桂○川○	桂琼川渝
黔○藏○	黔滇藏陕	黔滇○○	○○○○	○滇○陕	黔滇藏陕
甘○青○	○○○○	甘宁○○	○○○○	甘○青○	甘宁青新

图 3-5

魔术表演时，你可以请你的观众看一看各张卡片上有没有他自己的籍贯（或者预先随意想好的）省、直辖市、自治区。如果有，则该张卡片正摆；如果没有，则第一、第三、第五张左右翻，第二、第四张上下翻；然后 6 张卡片对齐，把写有全部省、直辖市、自治区的第六张卡片放在最下面。例如，游戏人说他想的省、直辖市、自治区，出现在第三、第四张中，那么主持人就将第一张正摆，第二张也正摆，第三张左右翻摆，第四张上下翻摆，第五、第六张正摆。6 张对齐后，前 5 张卡片只留下一个洞是全部通过的，这个洞正对着第六张卡片上的“台”，就是游戏人所想的省、直辖市、自治区——台湾省。

这可是一个有趣的魔术，建议你们照样做一个道具，相信你将会在同伴中引起不小的轰动！

这套卡片是如何设计制作的呢？首先，制作第六张，把 32 个省、直辖市、自治区按 4×8 排列写出来。

其次，设计打孔，第一、第二、第三、第四、第五每张各开 16 个孔（图 3-6），留下 16 个位置写省、直辖市、自治区。由于第一、第三、第五张左右翻，第二、第四张上下翻，因此所设计的孔应使翻后不产生重复。

再次，根据第六张卡片上所写省、直辖市、自治区的位置，分别在第一、第二、第三、第四、第五张卡片上相应位置写上省、直辖市、自治区，即成前面所展示的 6 张卡片。

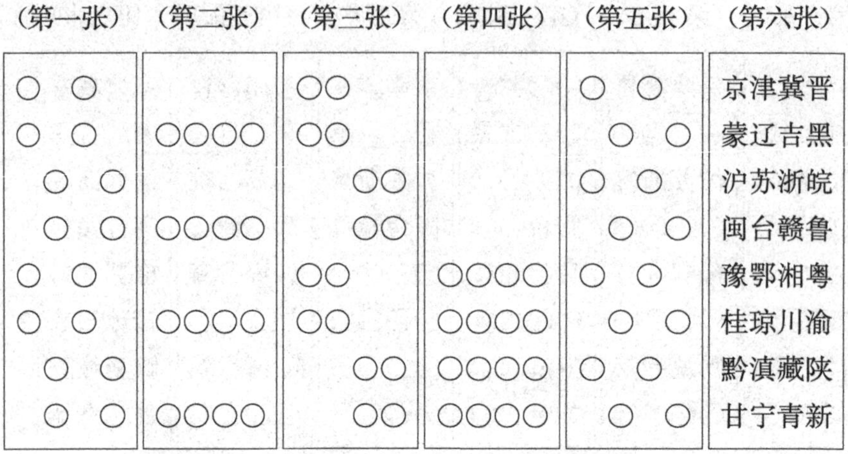

图 3-6

最后，为了增加迷惑性、趣味性，我们还可以将第一、第二、第三、第四、第五、第六张卡片上的省、直辖市、自治区进行调整位置，使其杂乱起来。

小魔术之四："醉八仙"

我国唐朝著名诗人李白（701～762），常与当时一些名士置酒高会，以民间传说中的"八仙"自居，号称"醉八仙"。他们在长安流传下来许多风韵趣事，其中也不乏有数学之神机妙算。

有一次，李白在"醉八仙"酒后兴致勃勃地当众表演了一个魔术。李白将"八仙"的名字分别写在一张小纸条上，把这些小纸条放进每个小酒杯里。然后，将这 8 个小酒杯，分成上下两排，每排 4 个（如图 3-7 所示）。接着，他邀请一位名士认定其中的某一个小酒杯，告诉这个小酒杯是在上排还是下排，而不要说出小酒杯内小纸条上写的某位"八仙"的名字。随后，李白将这 8 个小酒杯，按照中国古代惯有的文字排列的顺序，右起逐列从上到下收起，再按上起逐行从右到左的顺序重新进行排列（如图 3-8 所示），又请名士说出刚才认定的小酒杯是在上排还是下排。最后，再按照上述办法重新收起、排列一次（如图 3-9 所示），请名士再说出刚才认定的小酒杯是在上排还是下排。经过 3 次收起、排列，根据名士的告知，李白就能轻而易举地将小酒杯指出来。

张果老	蓝采和	汉钟离	铁拐李
曹国舅	韩湘子	吕洞宾	何仙姑

图 3-7

吕洞宾	汉钟离	何仙姑	铁拐李
曹国舅	张果老	韩湘子	蓝采和

图 3-8

韩湘子	何仙姑	蓝采和	铁拐李
曹国舅	吕洞宾	张果老	汉钟离

图 3-9

例如，邀请的名士告知：所认定的小酒杯 3 次依次在下、上、上。接着，李白就可以马上说出：何仙姑。

李白凭什么能够做到这一点呢？难道李白真有神机妙算的本领吗？当然不是。我们明白了其中的奥妙也是能够办到的。

现在，仔细观察图 3-7，图 3-8，图 3-9，可以发现：

铁拐李——上、上、上；汉钟离——上、上、下；

蓝采和——上、下、上；张果老——上、下、下；

何仙姑——下、上、上；吕洞宾——下、上、下；

韩湘子——下、下、上；曹国舅——下、下、下。

这里，使人联想起我国古代的“八卦”。根据“八卦”与三位二进数的关系，如果把名士的 3 次告知依次看作二进数的左起第一、第二、第三位，把在上排记为 0，在下排记为 1，那么每一位“八仙”就对应一个三位二进数。反之，每一个三位二进数也对应一位“八仙”。这就是说，“八仙”与三位二进数是一一对应的。

为了更清楚起见，我们把“八仙”编上与 8 个三位二进数相对应的十进数 0～7。这就是说，把图 3-7 在心中暗记为图 3-10。

3 张果老	2 蓝采和	1 汉钟离	0 铁拐李
7 曹国舅	6 韩湘子	5 吕洞宾	4 何仙姑

图 3-10

这样，名士的告知实际上就是提供了一个三位二进数的信息：$100_{(2)}$。接着，经过心算：第一次告知的数乘以 4，第二次告知的数乘以 2，第三次告知的数乘以 1，3 个积相加得 4，即 $100_{(2)}=1\times4+0\times2+0\times1=4$。而 4 是何仙姑的编号。因此，很容易找到了答案。

小魔术之五：有趣的方格纸

在抗日战争中，我地下工作者给游击队传递了一张情报纸（图3-11（a））。

进	松	敌	犯	一	工
队	百	三	到	带	李
队	各	五	，	庄	明
五	十	虎	。	多	山
人	伏	早	敌	请	九
时	派	，	武	。	由

(a)

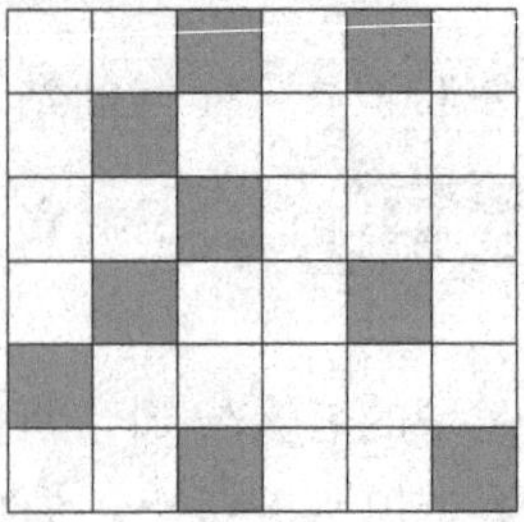

(b)

图 3-11

我游击队长拿出一张开有某些方格孔的“天窗纸”［图3-11（b），又称密码钥匙］覆盖在情报纸上面，看出了几个字［图3-12（a）］；接着，绕着中心按顺时针方向旋转90°后，又看出了几个字［图3-12（b）］；再（方向与前次相同）旋转90°后，又看出了几个字［图3-12（c）］；最后，旋转90°后，看出了最后的几个字［图3-12（d）］。这样，经过旋转3回观看4次，我地下工作者传递的情报就十分清楚了：敌一百五十多人，由松三带队，明早九时进犯李各庄。请派武工队到五虎山伏敌。

这种秘密通信工具是如何制作、填写的呢？

天窗纸的制作方法是灵活的，当然它有一定的规则。它是依据数学原理设计出来的。

首先，根据信息传递的字数，在一张纸上打好每边为偶数的方格，如4×4，6×6，8×8等。这里以6×6为例，由于一共可以填写36个字，这样旋转3回填写4次，每次最多只能填入9个字（否则，得不到充分利用或者造成重复）。因此，6×6方格纸应挖去其中的（6×6÷4=）9个方格。这9个方格如何确定呢？这里介绍天窗纸的3种做法。

		敌		一	
	百				
		五			
	十			多	
人					
		，			由

(a)

	松				
		三		带	
队			，		明
		早			九
时					

(b)

进			犯		
					李
	各			庄	
			。		
				请	
	派		武		

(c)

					工
队			到		
五		虎			山
	伏		敌		
				。	

(d)

图 3-12

（1）用粗线把准备作为天窗纸的 6×6 方格纸，绕着中心分为 3 层，从里到外分别叫做第一层、第二层、第三层［图 3-13（a）］。第一层有 4 个方格，第二层有 12 个方格，第三层有 20 个方格。由于情报纸是由旋转 3 回填写 4 次做成的，因此天窗纸的第一层只宜挖去 1 格，旋转一周便可填满 4 格；第二层要挖去 3 格，但要注意挖去的格应在每次旋转后都不与前重复；第三层要挖去 5 格，同样要注意挖去的格应在每次旋转后都不与前重复。这样，天窗纸就做成了。

（2）把准备作为天窗纸的 6×6 方格纸分为相等的 4 个部分［图 3-13（b）］。如果在左上角部分挖去 9 个格，那么旋转一周便可填满所有的格。现在，我们未必这样做。我们拿一张与左上角部分一样大小的方格纸，先放在 6×6 方格纸的左上角部分，从上到下随意挖去几个格；接着，绕着中心按顺时针方向旋转 3 次，每次都是旋转 90°，每次都是从上到下挖去剩下的某些格，直至一共挖去了 9 个格为止。

（3）在准备作为天窗纸的 6×6 方格纸上，随便确定一个天窗，将这个天窗绕着正方形的中心旋转 3 次，每次都是 90°，在所能达到的位

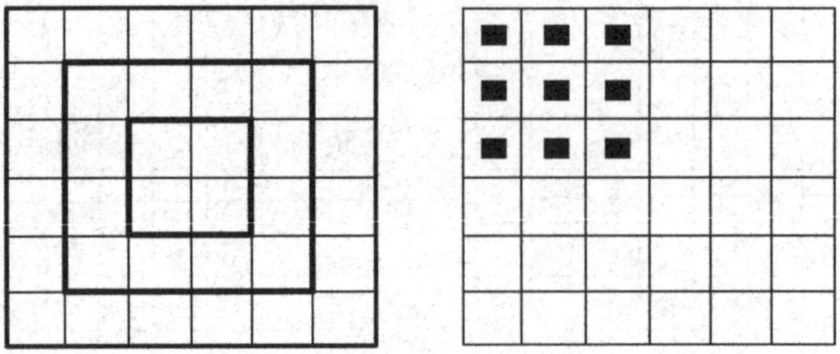

(a) (b)

图 3-13

置上打“×”(表示不能再作为天窗)。第一个天窗开好后，在没有记号的方格中任选一个做第二个天窗，如此等等，直至不再有不能再作为天窗的方格为止。

做好了天窗纸之后，填写情报纸就不困难了。为了更加保密起见，也可以在情报纸上填写电报数码。收件人收到后，先用天窗纸将杂乱无章的数码理好顺序，然后再将数码译成汉字的情报。这样就更为保密了。

如果情报纸不幸落入敌人手中，即使敌人知道了它的制作、填写方法，但是不知道天窗纸的开孔位置与旋转方向，也是没法适时破译的。因为这种天窗纸 9 个孔的开法有 26 万多种 ($4^9=262144$)，旋转方向又有顺时针与逆时针两种，倘若一一试过，妄想猜测出来，那就如同大海捞针，是很难办到的。

但是，地下工作者要保存一张天窗纸也是十分危险的，只有在脑子里记住空格的位置才保险。怎样才能记住这张毫无规律的天窗纸呢？我们可以利用二进数。因为二进数可以用两种状态来表示；反过来，具有两种状态的任何东西，都可以记成一个二进数。

天窗纸的每格具有两种状态：有孔、无孔。我们把有孔记作 1，无孔记作 0。这样 6×6 的天窗纸，就可以看成是 6 个六位二进数，记住了这 6 个二进数就记住了这张天窗纸。但是，6 个六位二进数仍不容易记牢。这时，我们可以把 6 个二进数转化为 6 个十进数，记忆就方便多了。例如，上述天窗纸的 6 个二进数及其相关的 6 个十进数分别如表 3-1所示。

表 3-1

二进数	001010	010000	001000	010010	100000	001001
十进数	10	16	8	18	32	9

我们生活在一个信息的时代。信息既有时间性，又有保密性。在通信交流中如何“保密”呢？可以使用这里介绍的一种简单的密码制造法。

在现代通信技术中，通常需要首先把传送的信息变成简单的符号，再利用编码方法把它变成电信号发送出去，对方根据收到的电信号，经过解码还原为原来的信息。信息传输和编码的理论在数字电子计算机和通信系统中已被广泛运用。猜××过程实际上是一个信息编码传输过程，行猜者先诱导被猜者将所看到的信息进行二进制编码，并将编码后的数字信息传给行猜者，最后行猜者再进行解码还原成原来的真实信息。这是现代数学信息技术中的最基本原理的简单运用。

编制密码有一套专门学问，它的方法也很多，但主要依据是某些数学原理。数学是制造密码、当然也是破译密码的工具。电子计算机的发展，给破译各种密码提供了极大的方便。可以说任何密码都可以在有限时间内破译，只是有些密码破译所费时间太长，以至于密码译出后已经失去了它的实际意义。

3.3 猜数游戏

前面介绍的游戏都是需要道具的。现在介绍几种不需要额外制作道具的猜数游戏：

猜数游戏之一

甲：你先想好一个整数，用不着告诉我。你只要回答我的提问，我就能猜出你想的是哪一个整数。

乙：我已经想好一个整数了。

甲：是奇数还是偶数？

乙：奇数（甲在心中记作：$*****1_{(2)}$）。

甲：除以 2（不能被 2 整除时，采用带余除法，下同），商是奇数还是偶数？

乙：奇数（甲在心中记作：****$11_{(2)}$）。

甲：商再除以 2 呢？

乙：偶数（甲在心中记作：***$011_{(2)}$）。

甲：所得的商再除以 2 呢？

乙：偶数（甲在心中记作：**$0011_{(2)}$）。

甲：所得的商再除以 2 呢？

乙：奇数（甲在心中记作：*$10011_{(2)}$）。

甲：所得的商再除以 2 呢？

乙：不能再除了（甲在心中记作：$10011_{(2)}=19$）。

甲：这个数是 19，对吗？

乙：对的。你是怎么猜出来的呢？

甲：根据前面二进数与十进数互化的知识，我的一个个问题，实际上是将你的十进数化为二进数。然后，再把这个二进数化为十进数，便得到你心中想的整数了。现在，让我来具体地告诉你吧！

你对我第一个问题的回答，实际上告诉了我二进数的第一位（2^0 位）数。因为奇数化为二进数，它的第一位数一定是 1；而偶数，一定是 0。

同样地，你对我第二、第三、第四、第五个问题的回答，实际上告诉了我二进数的第二、第三、第四、第五位数。另外，由你对我第六个问题的回答，知道了这个二进数是五位二进数。这样，就不难知道你心中想的那个整数了。

我还可以有一个更简单的办法：你第一次告诉我奇数，我心中记住 1；第二次告诉我奇数，我在心中加上 2（$=2^1$），得 3；第三次告诉我偶数，不变，若是奇数，就加上 2^2；第四次告诉我偶数，不变，若是奇数，就加上 2^3；第五次告诉我奇数，加上 16（$=2^4$），得 19。

猜数游戏之二

甲（主持人）：你们推荐一个人，请他在黑板上任意写一个不大于 1000 的自然数，我不看这个数，你们把它记在纸上，然后把这个数擦掉。我至多猜十次就一定能够猜到它。但我每猜一次后，你们都要与所记的自然数进行比较，告诉我，是猜大了，还是猜小了，我再往下猜。

乙（被推荐的人）在黑板上写下一个数 613，其他人记住了这个数，然后把 613 擦掉。

现在，开始猜数。

甲：第一次，我猜它是 512。

乙：错，猜小了。

甲：第二次，我猜它是 768。

乙：错，猜大了。

甲：第三次，我猜它是 640。

乙：错，还是猜大了。

甲：好，第四次，我猜它是 576。

乙：又错了，但猜小了。

甲：第五次，我猜它是 608。

乙：又错了，还是猜小了。

甲：第六次，我猜它是 624。

乙：还是错了，猜大了。

甲：第七次，这次猜它是 616。

乙：还是错了，又猜大了。

甲：第八次，这次猜它是 612。

乙：仍然错了，但猜小了。

甲：第九次，倒数第二次，我猜它是 614。

乙：仍然错了，猜大了。

甲：好啊！第十次，最后一次，我猜它是 613。

乙：（惊讶、欢叫）猜对了，猜对了。再来一回。

甲：可以，但请你们讨论出猜数的变化规律后，再试一试。

……

这里，第一次猜的数是 $512=2^0$，猜小了；第二次猜的数是 $768=2^9+2^8$，猜大了；将 2^8 换为 2^7，第三次猜的数是 $640=2^9+2^7$，猜大了；将 2^7 换为 2^6，第四次猜的数是 $576=2^9+2^6$，猜小了；第五次猜的数是 $608=2^9+2^6+2^5$，猜小了；第六次猜的数是 $624=2^9+2^6+2^5+2^4$，猜大了；将 2^4 换为 2^3，第七次猜的数是 $616=2^9+2^6+2^5+2^3$，猜大了；

将 2^3 换为 2^2，第八次猜的数是 $612=2^9+2^6+2^5+2^2$，猜小了；第九次猜的数是 $614=2^9+2^6+2^5+2^2+2^1$，猜大了；将 2^1 换为 2^0，第十次猜的数是 $613=2^9+2^6+2^5+2^2+2^0$，猜对了。

猜数的方法是：第一次猜的数是 $512=2^9$。如果偏大了，将 2^9 换为 2^8，第二次猜 $256=2^8$；如果偏小了，再加上 2^8，第二次猜 $768=2^9+2^8$。第二次猜后，如果变为偏大，则将加上的换为下一档；如果还是偏小，则加上下一档再猜……总之，第一次猜 $512=2^9$ 后，偏大则换为下一档；偏小则再加下一档。直至求出结果 $613=2^9+2^6+2^5+2^2+2^0$ 为止。

我们知道，任何一个自然数都可以唯一地表示为二进数。例如，$613=1001100101_{(2)}=2^9+2^6+2^5+2^2+2^0$。因此，上述猜数游戏，历经 2^9，2^8，2^7，…，2^0 的 10 次决定取舍，最后总能猜出正确的结果。

另外，由于任何一个不大于 1000 的自然数 m，都可以唯一地表示为 $m=2^9\pm2^8\pm2^7\pm\cdots\pm2^k$，其中自然数 k 满足 $9\geqslant k\geqslant0$，$\pm$ 取 $+$ 或 $-$，两者必居其一。这里，$613=2^9+2^8-2^7-2^6+2^5+2^4-2^3-2^2+2^1-2^0$。据此，对于猜数游戏之二，还可以有下面的说法。

第一次猜的数是 $512=2^9$，猜小了；第二次猜的数是 $768=2^9+2^8$，猜大了；第三次猜的数是 $640=2^9+2^8-2^7$，猜大了；第四次猜的数是 $576=2^9+2^8-2^7-2^6$，猜小了；第五次猜的数是 $608=2^9+2^8-2^7-2^6+2^5$，猜小了；第六次猜的数是 $624=2^9+2^8-2^7-2^6+2^5+2^4$，猜大了；第七次猜的数是 $616=2^9+2^8-2^7-2^6+2^5+2^4-2^3$，猜大了；第八次猜的数是 $612=2^9+2^8-2^7-2^6+2^5+2^4-2^3-2^2$，猜小了；第九次猜的数是 $614=2^9+2^8-2^7-2^6+2^5+2^4-2^3-2^2+2^1$，猜大了；第十次猜的数是 $613=2^9+2^8-2^7-2^6+2^5+2^4-2^3-2^2+2^1-2^0$。

这种进行猜数的方法是：第一次猜的数是 $512=2^9$。如果猜大了，第二次猜的数是 $256=2^9-2^8$；如果猜小了，第二次猜的数是 $768=2^9+2^8$。第三次猜的数，如第二次猜大了，则用第二次猜的数减去 $128=2^7$，如第二次猜小了，则用第二次猜的数加上 $128=2^7$。第四、第五……第十次猜的数，如上一次猜大了，或猜小了，则在上一次所猜的数上依次减去或加上 $64=2^6$，$32=2^5$，…，$1=2^0$。

猜数游戏之三

甲（主持人）：你们推荐一个人，请他在黑板上任意写一个不大于1000的自然数，我不看这个数，你们把它记在纸上，然后把这个数擦掉。我至多猜10次就一定能够猜到它。但我每猜一次后，你们都要与所记的自然数进行比较，告诉我，是猜大了，还是猜小了，我再往下猜。

乙（被推荐的人）在黑板上写下一个数613，其他人记住了这个数。

现在，开始猜数。

甲：第一次，我猜它是500。

乙：错，猜小了。

甲：第二次，我猜它是750。

乙：错，猜大了。

甲：第三次，我猜它是625。

乙：错，还是猜大了。

甲：好，第四次，我猜它是561。

乙：又错了，但猜小了。

甲：第五次，我猜它是593。

乙：又错了，还是猜小了。

甲：第六次，我猜它是609。

乙：还是错了，猜小了。

甲：第七次，这次猜它是617。

乙：还是错了，又猜大了。

甲：第八次，这次猜它是613。

乙：(惊讶、欢叫）猜对了，猜对了。再来一回。

甲：可以，但请你们讨论出猜数的变化规律后，再试一试。

……

这里，采用的是“先折半后靠2的幂”的猜数法。具体猜数的方法是：第一次猜的数是1000的一半500。如果猜大了，第二次猜的数是500加上500的一半250（＝750）；如果猜小了，第二次猜的数是500减去500的一半250（＝250）。第三次猜的数，如第二次猜大了，则用第二次猜的数减去250的一半125，如第二次猜小了，则用第二次猜的数加上 250 的一半 125。接着，由于 125 不好折半，改靠 2 的幂。第四、第五……第十次猜的数，如上一次猜大了，或猜小了，则在上一次所猜的数上依次减去或加上 64，32，16，8，4，2，1。现在，请读者思考：这样的猜数游戏，为什么至多猜 10 次，最后总能猜出正确的结果。

弃九法猜数游戏之一

我们知道，习以为常的十进数有着一个有趣的特性：一个十进数除以 9 所得到的余数，等于这个十进数的各个数位上的数的和除以 9 所得到的余数。根据这个特性，既可以进行验算（俗称弃九法验算），也可以进行猜数游戏。现在，从一则颇为动人的故事谈起。

古代的波斯国，有个国王是数学迷。一天，有一位少年求见国王，说是要献上一个有趣的数学游戏。国王召见后，这位少年说道："国王，请您背着我，任意写出一个不少于两位的正整数，再用它减去这个正整数各个数位上的数的和，然后在所得的差中随便圈起其中的一个不为零的数字，把剩下的数字逐个告诉我。我便能立即知道您所圈起来的是一个什么数字。"

国王不解地说："你怎么能知道我随便圈起来的那个数字呢？"

"国王如果不信，可以立即验证。"这位少年蛮有把握地说。

于是，国王背着少年，写下了一个七位数 7540876，让别人用它减去各个数位上的数的和（$7+5+4+0+8+7+6=$）37，得 $7540876-37=7540839$。接着，国王在所得的差中把 3 圈起来，说道："我已经按照你的说法做了，剩下的数字是 7，5，4，0，8，9，你知道我圈起来的是一个什么数字吗？"

"知道！国王，您圈起来的是 3。"少年立刻回答道。

国王感到很惊奇。他怎么能知道呢？当这位少年把其中的奥妙告诉国王后，国王对这一奇妙的数学游戏很感兴趣，于是重赏了这位少年。这位少年是怎样推算出来的呢？

这是一个有趣的数学游戏。只要把圈后剩下的各个数加起来（或者不必加上 0 与 9），看看还要再加上一个什么一位数，正好是 9 的整数倍，那么这个数就是被圈起来的那个数。这里，$7+5+4+0+8+9=33$，或 $7+5+4+8=24$，都是再加上 3，正好是 9 的整数倍，所以被圈起来的数是 3。

弃九法猜数游戏之二

在整个游戏的过程中，老师面向学生，始终不看黑板。老师先请一位学生在黑板上随意写出一个多位数，例如，7516726。然后，再请一位学生把刚才所写的数随意打乱排成另一个数，例如2176567。接着，计算这两个多位数的差（大数减小数），7516726－2176567＝5340159。最后，请一位学生在差中随意画掉一个非零的数字，并把余下的数字按任意次序高声读出，例如，划掉一个数字5，读为534019。这时，老师便能正确迅速地说出学生划掉的数字是几（5）。

这个游戏的奥秘在哪里呢？我们知道，一个多位数除以9所得的余数等于这个多位数各个数位上的数的和除以9所得的余数。因此，随意写出的多位数与后来据此打乱排成的另一个多位数，它们除以9就具有相同的余数，它们的差（大数减小数）是9的倍数。这就是说，差的各个数位上的数字的和是9的倍数。所以，在差中随意划掉一个非零数字后，便能猜出被划掉的数字。例如，在上例中，老师把学生高声读出的数字，用心算加起来，得5＋3＋4＋0＋1＋9＝22，再把这里各个数位上的数相加，直到得到一个数字为止，2＋2＝4。甚至，可以这样地心算：不必加上0与9，得5＋3＋4＋1＝13，再把这里各个数位上的数字相加，直到得到一个数字为止，1＋3＝4。这里所得的数字是4，说明被画掉的数字是5。添上这个数字5后，差就是9的倍数。

弃九法猜数游戏之三
（扑克牌游戏）

老师把一副扑克牌的大王、小王拿起来，同时说明每张牌代表一个数：2，3，4，5，6，7，8，9，10就代表本身所标明的数；J，Q，K和A分别代表11，12，13和1。接着，老师按黑桃、红心、梅花、方块4种不同的花色分别发给甲、乙、丙、丁4个学生。每位学生一种花色，都是13张牌。让他们各自将这13张牌任意分为若干组，每组的张数是随意的，然后计算出各组每张牌所代表的数的和。在这些所求的和中任意删掉一个数字，将剩下的数字告诉老师。老师就能很快地说出被删掉的数字。

例如，学生甲的分组演算如下：

	A		
	5	K	J
	6	Q	3
	7	10	2
+	9	4	8
	28	(3) 9	24

甲将其中的一个数字 3 删掉，告诉老师 2，8，9，2，4 五个数字。老师很快地说出了被删掉的数字是 3。

学生乙的分组演算如下：

	A			
	9	2		
	3	8	Q	
	7	K	10	
+	5	J	4	6
	25	34	26	(6)

乙将最后一个数字 6 删掉，告诉老师 2，5，3，4，2，6 六个数字。老师也很快就说出了被删掉的数字是 6。

学生丙的分组演算如下：

	2					
	J	K	A	3	6	7
+	9	10	8	Q	4	5
	22	23	9	15	1 (0)	12

丙将其中的一个数字 0 删掉，告诉老师 2，2，2，3，9，1，5，1，1，2 十个数字。老师问道：删掉的这个数比 5 大吗？丙回答：比 5 小。老师随之说出了被删掉的数字是 0。

学生丁在分组后采用有“进位”的加法演算：

	J	Q	K		
	3	10	2	7	8
+	5_3	9_2	6	A_1	4
	22	3	1	9	2

丁将其中的一个数字 9 删掉，告诉老师 2，2，3，1，2 五个数字。老师问道：删掉的这个数比 5 大吗？丁回答：比 5 大。老师随之说出了被删掉的数字是 9。

这里的奥秘是什么呢？原来老师首先将学生告知的余下的各个数相加（或者不必加上 0 与 9），如果加得的和是两位数，再将组成这个两位数的各个数位上的数相加，使之成为一位数，然后用 10 减去这个一位数，所得的数就是被删掉的数字。这里有一种情况必须注意：当所求余下各个数的最后和为 1 时，被删掉的数字有两种可能：9 或 0。遇到这种情况，可先问被删掉的数比 5 大吗？若大于 5，则为 9；若小于 5，则为 0。

于是，甲余下各数的和是 $2+8+9+2+4=25$，进而 $2+5=7$，甲删掉的数字是 $10-7=3$。乙余下各数的和是 $2+5+3+4+2+6=22$，进而 $2+2=4$，乙删掉的数字是 $10-4=6$。丙余下各数的和是 $2+2+2+3+9+1+5+1+1+2=28$，进而 $2+8=10$，$1+0=1$，丙删掉的数比 5 小，所以这个被删掉的数字是 0。丁余下各数的和是 $2+2+3+1+2=10$，$1+0=1$，丁删掉的数比 5 大，所以这个被删掉的数字是 9。

现在来说说这一扑克牌游戏的理论根据。我们知道，能被 9 整除的自然数的各个数位上的数的和必定能被 9 整除；反之，不能被 9 整除的自然数的各个数位上的数的和也必定不能被 9 整除。这里 13 张牌的和是：$A+2+3+4+5+6+7+8+9+10+J+Q+K=91$，$9+1=10$，$1+0=1$。由上述整除性质可以知道，这 13 张牌的和不能被 9 整除，且其余数必定是 1。因此把 13 张牌任意分为若干组相加，所得各组和的各个数位上的数的和也不能被 9 整除，且其余数也必定是 1。又因为两个非负整数的和为 1 的，有且仅有一种情况：$1+0=1$。从而可知各组和的各个数位上的数的和的最小两位数必定是 10。

3.4　三进数的猜测游戏

猜××游戏，并非是二进数的“专利”。现在用三进数来进行这一类游戏。

三进数猜测游戏之一：猜扑克牌

休闲时，家长与小孩可以进行猜扑克牌游戏。家长在一副扑克牌中随意挑选 27 张（以下分别用 0，1，…，26 表示之），按照我国现在通行的文字排列顺序，上起从左到右每行排 3 张，排成 9 行（如图 3-14（a）所示）。让小孩认定其中的某一张牌，而不要具体告诉家长是哪一张牌，只要说出这一张牌是在左列、中列还是右列就可以了。

0	1	2	0	3	6	0	9	18
3	4	5	9	12	15	1	10	19
6	7	8	18	21	24	2	11	20
9	10	11	1	4	7	3	12	21
12	13	14	10	13	16	4	13	22
15	16	17	19	22	25	5	14	23
18	19	20	2	5	8	6	15	24
21	22	23	11	14	17	7	16	25
24	25	26	20	23	26	8	17	26
	(a)			(b)			(c)	

图 3-14

然后，家长左起从上到下依次逐列收起，再按上起从左到右每行排 3 张，排成 9 行（如图 3-14（b）所示）。让小孩再次告诉家长，他所认定哪一张牌是在左列、中列还是右列。接着，按照上述办法再进行一次。根据小孩的 3 次告知，家长就可以猜出小孩所认定的是哪一张扑克牌。

例如，小孩 3 次告知：所认定的扑克牌依次在左、中、右。家长便可猜出这是编号为 21 的哪张扑克牌。这是怎么一回事呢？原来，这是用三位三进数的知识进行的猜测游戏。

把小孩的3次告知依次看作三进数的右起第一、第二、第三位，在左列的记为2，在中列的记为1，在右列的记为0，那么小孩的告知实际上就是提供了一个信息：这个三位三进数是$210_{(3)}$。这时，家长经过心算：第一次告知的数乘以1，第二次告知的数乘以3，第三次告知的数乘以9，3个积相加得21，即$210_{(3)}=0\times1+1\times3+2\times9=21$。接着，在图3-14（c）中，根据0～26编号的排列规律，家长很方便地找到了答案。

这里要经过心算，有的家长可能感到有所不便。为此，仔细观察图3-14（a）～（c），可以发现：由图3-14（a）到图3-14（b），原来在图3-14（a）左、中、右各列的9个数，分别演变为图3-14（b）的上、中、下各部分的3行。由图3-14（b）到图3-14（c）也是这样变化的。这样，家长可以琢磨出一个土办法：根据小孩的第一次告知，可以知道所认定的扑克牌在图3-14（b）的哪一个部分的3行。接着，根据小孩的第二次告知，可以知道小孩所认定的扑克牌在图3-14（b）中的哪3张，进而知道这3张在图3-14（c）的哪一行。最后，再根据小孩的第三次告知，可以知道小孩所认定的扑克牌是图3-14（c）中的哪一张。

例如，根据小孩的第一次告知：左列。家长便可知道他所认定的扑克牌在图3-14（b）的上部的3行。其次，根据小孩的第二次告知：中列。家长便可知道他所认定的扑克牌在图3-14（b）的哪3张，在图3-14（c）的哪一行。最后，根据小孩的第三次告知：右列。家长可以知道小孩所认定的扑克牌是图3-14（c）中的哪一张。

三进数猜测游戏之二：猜年龄

先制作下面的4张表（表3-2～表3-5），这是猜年龄游戏的道具。

表3-2

1	−2	4	−5	7	−8	10	−11	13
−14	16	−17	19	−20	22	−23	25	−26
28	−29	31	−32	34	−35	37	−38	40

表3-3

2	3	4	−5	−6	−7	11	−12	13
−14	−15	−16	20	21	22	−23	−24	−25
29	30	31	−32	−33	−34	38	39	40

表 3-4

5	6	7	8	9	10	11	12	13
−14	−15	−16	−17	−18	−19	−20	−21	−22
32	33	34	35	36	37	38	39	40

表 3-5

14	15	16	17	18	19	20	21	22
23	24	25	26	27	28	29	30	31
32	33	34	35	36	37	38	39	40

游戏的方法是玩游戏的人看了这 4 张表后，说出自己或别人的年龄（不超过 40 岁）在哪几张表中及其正负的情况，那么主持人就能说出这个年龄来。例如，游戏人报出他所想的年龄在表 3-2 中是正数，表 3-3 中是负数，表 3-4 中不出现，表 3-5 中是正数。主持人就说游戏人所想的年龄是 25 岁。这里有什么奥秘呢？

原来这 4 张表是一种编码。把被猜的数编成一个由"正""负""无"组成的有序序列。用"正"表示"1"，用"负"表示"−1"，用"无"表示"0"。于是，这 4 张表十分巧妙地传递了一个三进数的信息。例如，根据上述游戏人所报的信息，主持人就进行如下信息转换：

表的序号	3-2	3-3	3-4	3-5
游戏人所报的信息	正	负	无	正

这里，只要对 3 的不同自然数指数的幂，进行熟练的口算，就可以很快地说出答案。

$$1\times3^0-1\times3^1+0\times3^2+1\times3^3=1-3+0+27=25$$

怎样制成这样的表呢？表中为什么要有正、负之分呢？我们知道，三进数要用 0，1，2 三个数字来表示。但是，如果像对数中表示负首数那样，采用一个"负数码"，那么将会有什么情况呢？由于任何一个自然数，都可以唯一地写成 3 的不同自然数指数的幂的代数和的形式（即都可以由 3 的不同自然数指数的幂，每个最多用一次，通过加、减表示出来）。这样，再把 0，1，−1，分别换为"无""正""负"来表示，就成了前面的表格。

3.5 奇妙猜姓

下面有两个表（表 3-6，表 3-7），每表各有 10 格，里面填着各种姓（共100个①）：

现在，只要你说出你的姓分别在两表的哪一个格内，那么就可以立即知道你姓什么。这是什么道理呢？

表 3-6

①	②	③	④	⑤
李王张刘陈 杨黄赵周吴	徐孙朱马胡 郭林何高梁	郑罗宋谢唐 韩曹许邓萧	冯曾程蔡彭 潘袁于董余	苏叶吕魏蒋 田杜丁沈姜
⑥	⑦	⑧	⑨	⑩
范江傅钟卢 汪戴崔任陆	廖姚方金邱 夏谭韦贾邹	石熊孟秦阎 薛侯雷白龙	段郝孔邵史 毛常万顾赖	武康贺严尹 钱施牛洪龚

表 3-7

①	②	③	④	⑤
李徐郑冯苏 范廖石段武	王孙罗曾叶 江姚熊郝康	张朱宋程吕 傅方孟孔贺	刘马谢蔡魏 钟金秦邵严	陈胡唐彭蒋 卢邱阎史尹
⑥	⑦	⑧	⑨	⑩
杨郭韩潘田 汪夏薛毛钱	黄林曹袁杜 戴谭侯常施	赵何许于丁 崔韦雷万牛	周高邓董沈 任贾白顾洪	吴梁萧余姜 陆邹龙赖龚

表3-6和表3-7中姓氏的排列是有规律的。表3-6中的每个姓都是由它所在的格的序数与格内它所在的位置的序数唯一地决定的；表3-7中的每个姓也是如此。同时，表3-6中第①格内的10个姓，分别排在表3-7中每个格内的第一个位置上；表3-6中第②格内的10个姓，分别排在表3-7中每个格内的第二个位置上，其余以此类推。由此可见，一个姓在表3-6中所在的格的序数与格内的所在位置的序数，分别是这个姓在表3-7中某一格内所在位置的序数与所在的格的序数。反之亦然。这样，只要你说出你的姓分别在两表的哪一个格内，就能立刻找出对应的姓氏。例如，你说出你的姓在表3-6的第①格与表3-7的第⑩格内，那么你的姓在表3-6的第①格内第10个位置上，或者说，你的姓在表3-7的第⑩格内第1个位置上。据此可以知道你姓吴。

聪明的读者不难知道，这个“奇妙猜姓”，实质上是运用十进数进行的一种猜测游戏。

① 本书采用我国新的“百家姓”顺序（《人民日报》2006年1月11日第十一版）。

04 演变游戏

4.1　一位演变游戏

在二进制中，对于一个 n 位二进数 A，如果把 A 的 k 个（$k \leqslant n$）数位上的数“0”换为“1”，“1”换为“0”，其他数位上的数不变，那么新得到的 n 位二进数 B 叫做 A 的 k 位演变数。根据这个定义，容易知道，A 也是 B 的 k 位演变数。这就是说，A 与 B 互为 k 位演变数。

利用 k 位演变数可以解决许多问题，特别是进行有趣的数学游戏。现在先进行与一位演变数有关的数学游戏。

令洋人赞叹不已的九连环

九连环是一种深受人们喜爱的益智玩具，在我国民间流传甚广，源远流长。相传九连环是公元前我国一位武士发明的。远在汉代出土的墓器中就发现过类似九连环的智环。在《战国策·齐策六》中就记述了秦始皇曾遣使入齐，出玉连环，难住齐国群臣的故事。在《红楼梦》的第七回也曾写到黛玉、宝玉等玩九连环。

九连环是中国文化的精粹之一。在 16 世纪以前，九连环便已传到国外，被誉为“中国魔环”，令洋人赞叹不已。意大利数学家卡尔丹（Cardan，1501～1576）在其 1550 年出版的概率论著作《论赌博》一书中描述了这种玩具。公元 1685 年，英国数学家沃利斯（John Wallis，1616～1703）对此作了详细的数学说明。19 世纪，德国数学家格拉斯曼（Hermann Günther Grassmann，1809～1877）用二进数给了它一个十分优美的解答。现在，许多国外的书籍都提到九连环，称之为“Chinese Puzzle Rings”（中国套环难题）。2002 年 8 月在北京举办国际数学家大会期间，这个中国古老的游戏又引起了与会数学家们的浓厚兴趣。如果读者仔细品味九连环所蕴含的数学奥秘，一定会感到它是一种难得的珍品，为我国具有悠久文明的中华民族的聪明智慧惊叹叫绝。

九连环是由 9 个前后关联着的相同的套环与一把剑形的套框构成的。这 9 个套环的关联是盖瓦式的，一环不完全地压着另一环。每个套环都附有一根活动的柄，固定在一块横板上。从头到尾（如图 4-1 从右到左），依次称为第一环、第二环……第九环。九连环有两种玩法：(1) 从9 个套环都在套框上出发（图 4-1），逐步把套环解脱出来，形成套环与套框完全分离的状态；(2) 从套环与套框完全分离出发，逐步恢复到 9 个套环都在套框上的状态。这是两种互逆的玩法。

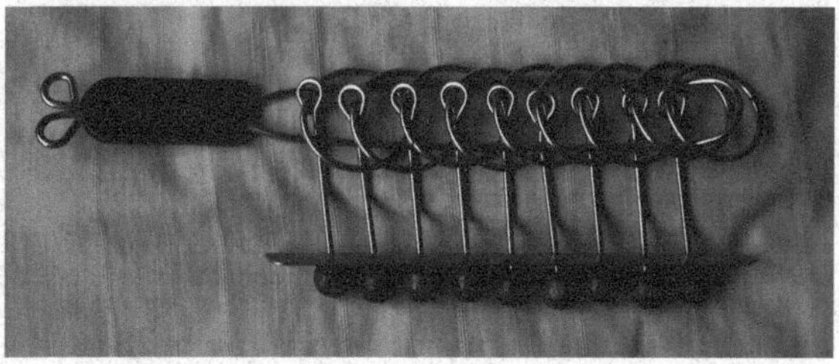

图 4-1

可以利用二进数的知识来探析九连环的奥秘。当套环不在套框上时，记为“0”；当套环在套框上时，记为“1”。第一环、第二环……第九环在或不在套框上的情况，分别用二进数右起的第一位、第二位……第九位来反映。九连环的一种状态，就表示着一个九位二进数。这样，九连环由一种状态，动了某一环，变为另一种状态，就意味着一个九位二进数变为另一个九位二进数，而这两个九位二进数是互为一位演变数的。九连环什么样的两种状态是可以互相演变的？从九连环的套环与套框完全分离（或者从 9 个套环都在套框上）的状态出发，经过多少步演变，才能开始穿进（或脱出）第 k 环？把 9 个环统统穿进（或脱出），一共要演变多少步呢？这些都是探析九连环中所要关心的问题。

先从九连环的套环与套框完全分离的状态出发，一步一环地探析下去。这个完全分离的状态对应着九位二进数 000000000。这时，它可以穿进第一环。这就是说，000000000 的一位演变数是 000000001。而 000000001 的一位演变数，既可以是 000000000（这样的演变属于走回头路，没有什么价值，今后将都不再考虑它），又可以是 000000011。

接着，000000011 的一位演变数是 000000010。由此出发，我们又可以得到一个新的一位演变数 000000110。……

于是得到了关于九连环的九位二进数的一位演变数序列（表 4-1）。

表 4-1

步数	二进数
0	000000000
1	000000001
2	000000011
3	000000010
4	000000110
5	000000111
6	000000101
7	000000100
8	000001100
9	000001101
10	000001111
11	000001110
12	000001010
13	000001011
14	000001001
15	000001000
16	000011000
……	……

这里说明：(1) 九连环的第一环在任意一个状态下，都是可以穿进或脱出的；(2) 从头到尾观察九连环，当最先看到的某一环在套框上，而紧连在它后面的一环不在套框上时（如第 1，第 3，第 7，第 9，第 15 步），可以进行穿环——把这个套环后面紧连的另一个套环穿到套框上去；(3) 从头到尾观察九连环，当最先看到的某一环在套框上，且紧连在它后面的一环也在套框上时（如第 5，第 11，第 13 步），可以进行脱环——把连续着的两个套环的后一环从套框上脱出来。因此，除第一环外，要穿进或脱出某一环，就必须先让它的前一环在套框上。也就是说，从头到尾观察九连环，当且仅当前一环在套框上时，才能穿进或脱出后一环。

上述 3 个结论，如果用二进数的一位演变数来表述，那是：

(1) 二进数 $*\cdots*0$ 与 $*\cdots*1$ 互为一位演变数；(2) 二进数 $*\cdots*010\cdots0$ 的一位演变数是 $*\cdots*110\cdots0$；(3) 二进数 $*\cdots*110\cdots0$ 的一位演变数是 $*\cdots*010\cdots0$。这 3 个结论反映了表示九连环状态的九位二进数的变化规律。据此可以在已知某一个反映九连环状态的九位二进数的基础上，较为容易地写出它的一位演变数。进而可以把上述演变序列连续地编写下去，而不必依靠九连环的穿脱操作来编写，却可以用编写的演变序列来指导九连环的穿脱操作。

假设从套环与套框完全分离的状态出发，经过 $f(k)$ 步演变，出现了只穿有第 k 环的情况，那么这时可以穿进第 $k+1$ 环，再经过 $f(k)$ 步演变又可以将穿进的第 k 环脱出，成为只穿有第 $k+1$ 环的情况。因此，

$$f(k+1)=f(k)+1+f(k)$$

即

$$f(k+1)=2f(k)+1 \tag{4-1}$$

亦有

$$f(k+2)=2f(k+1)+1 \tag{4-2}$$

由(4-2)－(4-1)得

$$f(k+2)-f(k+1)=2[f(k+1)-f(k)]$$

这说明$\{f(k+1)-f(k)\}$是公比为 2 的等比数列。显然，$f(1)=1$，$f(2)=3$，这个等比数列的首项是 2。因此，

$$f(k+1)-f(k)=2^k \tag{4-3}$$

由(4-1)，(4-3)可得

$$f(k)=2^k-1$$

这样，在穿进第 8 环后，可以穿进第 9 环；穿进第 6 环后，可以穿进第 7 环；穿进第 4 环后，可以穿进第 5 环；穿进第 2 环后，可以穿进第 3 环；最后穿进第 1 环，就 9 个环都穿进了。因此，从套环与套框完全分离，到 9 个套环都在套框上，其演变总步数为

$$\begin{aligned}&f(8)+1+f(6)+1+f(4)+1+f(2)+1+1\\&=2^8-1+1+2^6-1+1+2^4-1+1+2^2-1+1+1\\&=2^8+2^6+2^4+2^2+1=256+64+16+4+1=341\end{aligned}$$

前面从九连环的套环与套框完全分离的状态出发，一步一环地进行了探析，最后可以得到 9 个套环都在套框上的状态。现在，如果从 9 个套环都在套框上的状态出发，该如何演变为套环与套框完全分离的状态

呢？因为这是两种互逆的玩法，回头演变过去，一般是不成问题的。但是，9个套环都在套框上的状态对应着九位二进数111111111。这时，它可以脱出第一环，也可以脱出第二环。这就是说，111111111的一位演变数，既可以是111111110，也可以是111111101。读者如果照着前者演变下去，可以达到目的；如果照着后者演变下去，将会先后出现111111100，111110000，111000000，100000000等情况。当100000000出现时，无法脱出第九环，不得不返工再来。这是九连环容易引人落陷的地方，也是九连环的魅力与趣味所在。为了避免发生这种情况，读者从9个套环都在套框上的状态出发来玩九连环时，要走先脱出第一环之路。

整个九连环的演变，就是穿紧连的后面套环，脱紧连的后面套环，不断反复，曲折前进。由于穿环或脱环，必须做到脑、眼、手并用，基本动作很多，一般玩一趟要花上5分钟的时间（据说，解九连环的纪录是3分58秒），所以从事这项游戏，对于人们的智力和耐性，都是一个很好的锻炼！

根据前面的三个结论可以把九连环的穿、脱编成这样的口诀："进一环，出两环，再动后一环；进两环，出一环，再动后一环。"这里，"进"指穿进，"出"指脱出，"一环"专指第一环，"两环"专指第一、二环，"后一环"指仍留在套框上哪一环的后面一环，"再动"说的是根据"后一环"的情况而动，当"后一环"在套框上时脱出，当"后一环"不在套框上时穿进。有了这样的口诀，我们就可以十分方便地穿、脱九连环了。

以上所采用的二进数法是一种符号化、图表化的方法。对于某一类问题，无论它怎样千变万化，只要按照上述方法所规定的步骤，先让它用二进数来表示，再把它绘制成一个图表，然后在图表里找出一条从起点到终点的道路，问题总是可以解决的。符号化、图表化的方法虽然看起来比较机械、死板，缺乏灵活性，却是行之有效的方法。因为采用这种方法，总是能够得到最后所需要的结果的。对于一个复杂的问题，也许你一时缺乏"灵感"，而想不出什么捷径来。但是，如果你知道了一种符号化、图表化的方法，虽然也许要烦琐、死板些，却照样能把它解出来。既然能把问题解出来，也就不管是凭"灵感"还是凭掌握某种解题方法了。所以，从某种意义上来说，符号化、图表化的方法缩小了人们智力上的差距。下面将要继续应用符号化、图表化的方法。

奇妙的七叠环

我国民间还有一种十分奇妙的益智玩具——七叠环（图 4-2）。

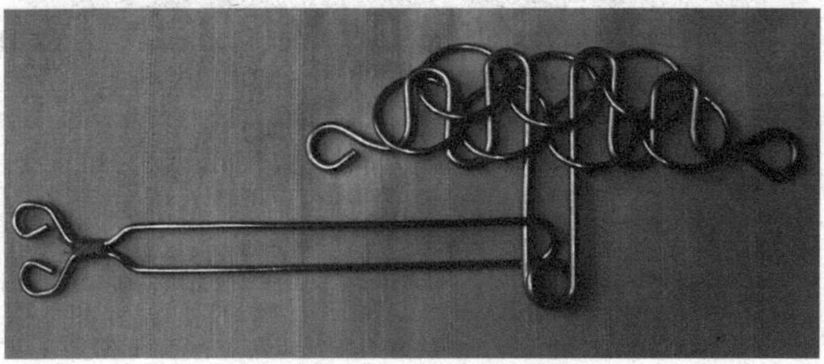

图 4-2

七叠环是由一根蛇曲形的钢线前后关联着 7 个套环与一把剑形的套框构成的。这 7 个套环，从头到尾（如图从右到左），依次称为第一环、第二环……第七环。这 7 个套环的关联是砌砖式的：它的 7 个套环分为两层，上层环 3 个，下层环 4 个。从第一环到第七环，依次为下层环、上层环交替出现。这样，一个下层环（除第一环与第七环外）位于两个上层环之下，一个上层环位于两个下层环之上，如同砌成两层砖似的。

七叠环有两种玩法：（1）从套框在带有 7 个套环的蛇曲形钢线的中下部出发（图 4-2），逐步把套框解脱出来，形成套框与蛇曲形钢线完全分离的状态；（2）从套框与蛇曲形钢线完全分离出发，逐步恢复到套框在带有 7 个套环的蛇曲形钢线中下部的状态。这是两种互逆的玩法。

与九连环类似，也可以用二进数的知识来探析七叠环的奥秘。当套环不在套框上时，记为“0”；当套环在套框上时，记为“1”。第一环、第二环……第七环在或不在套框上的情况，分别用二进数（从右到左）的第一位、第二位……第七位来反映。这样，七叠环的一种状态，就表示着一个七位二进数。七叠环由一种状态，动了某一环，变为另一种状态，就意味着一个七位二进数变为另一个七位二进数，而这两个七位二进数是互为一位演变数的。

现在从套框在带有 7 个套环的蛇曲形钢线的中下部出发，把套框穿进第四环，这个状态对应着二进数 0001000。接着，一步一环地探析下去。

(1) 穿进第一环（图 4-3），由二进数 0001000 演变为 0001001。

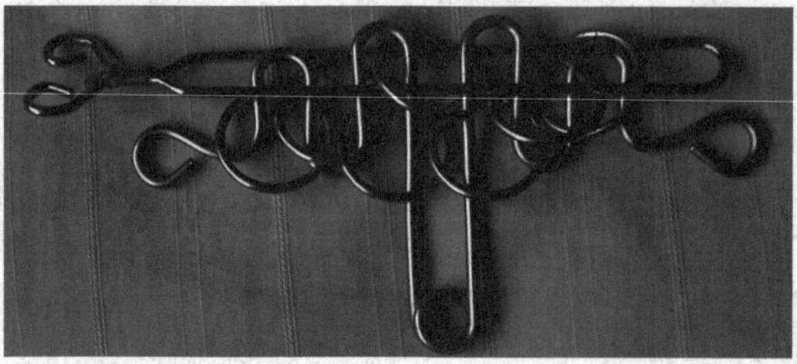

图 4-3

注意：七叠环的穿环不像九连环那么简单，七叠环穿进上层环（如第四环）是前低后高的（即环的前半部在套框之下，后半部在套框之上）；穿进下层环（如第一环）是前高后低的（即环的前半部在套框之上，后半部在套框之下）。

(2) 把套框伸过蛇头再向下后退，穿进第二环（注意：第二环属于上层环，应当前低后高地穿进），由二进数 0001001 演变为 0001011。

(3) 把套框伸过蛇头再向上后退，脱出第一环，由二进数 0001011 演变为 0001010。

(4) 穿进第三环（注意：前高后低地穿进），由二进数 0001010 演变为 0001110。

(5) 穿进第一环（注意：前高后低地穿进），由二进数 0001110 演变为 0001111。

(6) 把套框伸过蛇头再向下后退，脱出第二环，由二进数 0001111 演变为 0001101。

(7) 把套框伸过蛇头再向上后退，脱出第一环，由二进数 0001101 演为 0001100。

(8) 至此，把套框伸过蛇头再向下后退，可脱出第四环，由二进数 0001100 演变为 0000100。

……

于是得到关于七叠环的七位二进数的一位演变数序列（表 4-2）。

表 4-2

步数	二进数
0	0001000
1	0001001
2	0001011
3	0001010
4	0001110
5	0001111
6	0001101
7	0001100
8	0000100
9	0000101
10	0000111
11	0000110
12	0000010
13	0000011
14	0000001
15	0000000

这里应当牢记：穿环，上层环必须前低后高；下层环必须前高后低。在这方面搞错了，就必须重来。

这些说明，在构造和操作上，七叠环都比九连环复杂。但是，如果仔细地比较七叠环与九连环的玩法，不难发现两者的操作程序与演变数序列竟是一样的。这两种外貌不同的玩具，原来是一对亲姐妹。这是人们在玩这两个玩具之前，所意料不到的。

前面为九连环的穿、脱编了个口诀："进一环，出两环，再动后一环；进两环，出一环，再动后一环。"现在也可以把七叠环的穿、脱编成这样的口诀："进一环，再动后一环；出一环，再动后一环。"由于七叠环只能一环一环地穿、脱，因此它没有像九连环那样"进两环"，"出两环"的操作，口诀显得简单一些。但是，它的穿、脱比较麻烦，容易出错。应当小心谨慎。

由于七叠环在构造上是左右对称的，由此出发还可以有新的玩法。前面从套框在蛇曲形钢线的中下部出发，把套框穿进第四环；然后，穿进第三环，脱出第四环；再穿进第二环，脱出第三环……直至脱出第一环。现在从套框在蛇曲形钢线的中下部出发，也可以先把套框穿进第四环与第五环（它对应的七位二进数是 0011000），然后按"脱出第四环，穿进第六环；脱出第五环，穿进第七环……”的思路进行。这是“以进为退”策略的应用。这里完全可以仿照九连环的办法，把以七位二进数0011000为起点的一位演变数序列连续地编写出来，用以指导七叠环的穿脱操作。另外，我们在演变到只穿进第五环（或第六、七环）时，也可以把整个七叠环左右翻转过来，变为只穿进第三环（或第二、一环）的情况，进而同样达到目的。这是“左右对称”策略的应用。同样地，我们也有办法编写出它的一位演变数序列，用以指导我们的操作。总之，七叠环在九连环的基础上，又有了它的独特而妙趣横生的玩法。七叠环是九连环玩法的丰富与发展。

就笔者所知，七叠环是一种濒危玩具，其他书刊未见介绍，商店没有出售，民间很少拥有，处于岌岌可危的状态，亟待于开发与推介。

梵　塔

在古印度，有一个所谓“世界末日”的神话故事。传说在印度北部佛教圣地贝拿勒斯的圣庙里，安放着一块黄铜板，板上竖插着 3 根宝石针。梵天（印度教的主神）在创造世界的时候，把 64 片大小不同的圆环金片套在其中一根宝石针上，而这些金片从上到下是按照由小到大的次序安排的，称为“梵塔”。不分白天黑夜，都有一个值班的僧侣按照梵天的命令，把这些金片在 3 根宝石针上移来移去，每一次只能移动一片，并且不论金片在哪根宝石针上，小片永远在大片的上面。当这 64 片金片都从梵天创造世界时所放的那根宝石针上移到另外一根针上时，所谓“世界末日”就到了，整个世界就将在一声霹雳中化为乌有，从而梵塔、庙宇和众生都将同归于尽。这个生动有趣的故事里的“梵塔”又称“汉诺塔”（Tower of Hanoi），实际上这也是一种益智玩具（图 4-4）。

图 4-4

3根宝石针从左到右依次记为Ⅰ，Ⅱ，Ⅲ。不失一般性，假设开始时，64片圆环金片从上到下按照由小到大的次序套在宝石针Ⅰ上，第一步把1号金片按顺时针方向，移到宝石针Ⅱ上。接着，第二步把2号金片按逆时针方向，移到宝石针Ⅲ上……

于是，按照这样的顺序正确地移动下去，我们得到了梵塔的演变序列（表4-3）。

表 4-3

梵塔					九连环	
步数	Ⅰ针	Ⅱ针	Ⅲ针	移动金片的序号	二进数的演变序列	移动套环的序号
0	123456789				000000000	
1	23456789	1		1	000000001	1
2	3456789	1	2	2	000000011	2
3	3456789		12	1	000000010	1
4	456789	3	12	3	000000110	3
5	1456789	3	2	1	000000111	1
6	1456789	23		2	000000101	2
7	456789	123		1	000000100	1
8	56789	123	4	4	000001100	4
9	56789	23	14	1	000001101	1
10	256789	3	14	2	000001111	2
11	1256789	3	4	1	000001110	1
12	1256789		34	3	000001010	3
13	256789	1	34	1	000001011	1
14	56789	1	234	2	000001001	2
15	56789		1234	1	000001000	1
⋮	⋮	⋮	⋮	⋮	⋮	⋮

观察梵塔金片的移动，可以发现如下的规律：

（1）从梵塔的初始状态出发，在正确移动的过程中，1号金片每隔一步移动一次；1号金片移动之后，移动可以移动的序号最小的其他金片，接着再移动1号金片……

（2）在正确移动的过程中，任意一个奇数号金片必在Ⅰ，Ⅱ，Ⅲ针上循环移动；任意一个偶数号金片必在Ⅰ，Ⅲ，Ⅱ针上循环移动。

（3）在正确移动的过程中，如果Ⅱ针上有金片，那么最大的序号（最下面一片），一定是奇数；如果Ⅲ针上有金片，那么最大的序号，一定是偶数；如果Ⅰ针上有金片，那么最大的序号的奇偶性必与梵塔层数的奇偶性相同。

(4) 在梵塔的正确状态中，如果在Ⅰ针上有着 a，b，…，c 号金片 ($a<b<\cdots<c$)，那么 a，b，…，c 的奇偶性交替。在Ⅱ针与Ⅲ针上也是如此。

(5) 当 n 是奇数时，最后全部被移到Ⅱ针上；当 n 是偶数时，最后全部被移到Ⅲ针上。

如果写出梵塔每次移动金片的序号，将它与九连环的演变序列及其每次移动套环的序号（七叠环的演变序列、移动序号同此）进行比较，就会发现它们的每次移动序号是一样的。因此，在数学家的眼里，梵塔与九连环、七叠环基本上是同构（数学上的等效）的。它们有着异曲同工之妙。前面为九连环、七叠环编写了穿脱的口诀。现在也可以为梵塔编写移动的口诀："顺时移动一号片，再动可移最小片。"

对于古印度的"世界末日"传说，引起我们兴趣的倒不是那荒诞的故事，而是其中的数学问题：把这座梵塔全部 64 金片都移到另一根针上，始终保持上小下大的顺序需要移动多少次呢？

假设从小到大套在Ⅰ针上的 n 个金片，全部移动到Ⅱ（或Ⅲ）针上，需要移动 $f(n)$次，那么这时可将Ⅰ针上的第 $n+1$ 个金片，移动到Ⅲ（或Ⅱ）针上，再仿照前面的办法，将已移动到Ⅱ（或Ⅲ）针上的 n 个金片，通过 $f(n)$次移动，全部移动到Ⅲ（或Ⅱ）针上。这就达到了将Ⅰ针上的 $n+1$ 个金片，全部移动到Ⅲ（或Ⅱ）针上的目的。因此，

$$f(n+1)=f(n)+1+f(n)$$

这里，$f(1)=1$，$f(2)=3$。仿照九连环中的推导，可以得到，

$$f(n)=2^n-1$$

这样，把 64 金片全部移到另一根宝石针上，所需的移动次数是

$$2^{64}-1=18446744073709551615$$

那么，把这座梵塔全部 64 金片都移到另一根针上，需要多少时间呢？若一年以 31556926 秒（=一回归年 365 日 5 时 48 分 46 秒）计算，每秒钟移动一次，即使日夜不停地移动，大约需要近 5846 亿年。现代科学已经测出整个太阳系的寿命约为 100 亿年。5846 亿年远远大于 100 亿年，所谓的"世界末日"可以说是永远不会到来的。

4.2 多位演变游戏

两位或两位以上的演变数称为多位演变数。现在进行与多位演变数有关的数学游戏。

硬币的朝向

桌上平放着许多硬币，有的正面朝上，有的正面朝下。现在，请一个人到桌子旁边，你背过身去，让他随心所欲地把这些硬币一对一对地翻转（注意：不能只单独翻转一枚），翻转多少对不限，然后用手随便盖住某一枚硬币（注意：不能超过一枚）。接着，你转身回到桌旁，瞧一瞧桌上的其他硬币，便可立即准确地说出他手掌下面盖着的硬币，是正面朝上还是正面朝下？

这似乎很神奇。其实可以利用二进数的二位演变数来探析其中的奥秘。假设桌面上有 n 枚硬币。当正面朝上时，记为“1”；当正面朝下时，记为“0”。可以随便设想一个顺序，让这些 n 枚硬币分别表示着二进数右起的第一位、第二位……第 n 位。这样，桌面硬币的一种状态，就表示着一个 n 位二进数。桌面硬币由一种状态，翻转了某一对硬币，变为另一种状态，就意味着一个 n 位二进数变为另一个 n 位二进数，而这两个 n 位二进数是互为二位演变数的。

容易知道，当将要翻转的某一对硬币的朝向是一上、一下时，翻转后仍然是一上、一下；当将要翻转的某一对硬币的朝向是两上时，翻转后变为两下；当将要翻转的某一对硬币的朝向是两下时，翻转后变为两上。这里，每一次翻转都没有改变桌面上硬币正面朝上数目的奇偶性。不管别人如何翻转，一对一对地翻转了多少次，这个奇偶性都是不会改变的。因此，你只要一开头就把桌面上硬币正面朝上数目的奇偶性记住，那么当你转身返回桌旁时，再重新数一下，有多少枚硬币的正面朝上，再根据奇偶性的变化情况，便能准确地断定出那个人手掌下硬币的朝向。

翻杯游戏（一）

人们在茶馆休闲的游戏中，有时会遇到翻杯问题。两个人在海阔天空侃大山之后，一人出题，一人思考操作。题目是：5 只杯口朝上的茶杯，规定每次将其中 3 只同时翻转，称为一次运动，经过若干次运动，能否使这 5

只茶杯的杯口全部朝下呢？若能，最少应该运动几次（最优解）？

这是一个引人入胜的问题。由于杯口只有朝上、朝下两种状态，因此可以用二进数的知识来研究它。当杯口朝上时，记为“1”；当杯口朝下时，记为“0”。依题意就是，从反映 5 只杯口朝上状态的五位二进数 11111 出发，通过逐次求其三位演变数，使其最终成为 00000。这能够办到吗？该如何办理，才能使演变的次数最少呢？

在翻杯问题中，由 11111 出发，不论翻转哪 3 个杯子都是可以的，它们之间并没有本质的区别。因此把 11111 的三位演变数说成是 11000，并未失去一般性。对于 11000，除了走回头路外，它有且仅有两种翻转办法：(1) 两只未曾翻转的杯子中一只参与翻转，这时 11000 的三位演变数是 10110；(2) 两只未曾翻转的杯子全部参与翻转，这时 11000 的三位演变数是 00100。显然，经过这两次运动，都还没有达到目的。但是，对于前者 10110，再运动一次即可达到目的 00000；而后者却未必如此。因此，从 11111 达到 00000，最少要通过 3 次求其三位演变数来实现的。

于是可以设计该翻杯问题的五位二进数的三位演变数序列（表 4-4）

表 4-4

次数	二进数
0	11111
1	11000
2	10110
3	00000

对于翻杯问题，我们感兴趣的是研究它的一般情况：a 只杯口朝上的茶杯，规定每次将其中 b 只同时翻转，称为一次运动，经过若干次运动，能否使这 a 只茶杯的杯口全部朝下？若能，最少应该运动几次（最优解）？

依题意，对于正整数 a，b，按照带余除法，有 $a=qb+r$，其中，$a\geqslant b$，$q\geqslant 1$，$b>r\geqslant 0$。现在针对 r 的情况讨论如下：

当 $r=0$ 时，$a=qb$。这种情况最简单，每次翻 b 只，运动 q 次，即可达到目的。显然，这是最优解，它的运动次数不能再少了。

当 r 为非 0 偶数时，每次翻 b 只，运动 q 次，显然不能翻完 a 只。因此，如果存在最优解的话，那么它的运动次数一定大于 q 次。对此，分两种情况讨论：

(1) 若 b 为奇数，则它的最优解的运动次数为 $q+2$ 次。

首先，每次翻 b 只，运动 $q+1$ 次，是不可能达到目的的。不然的话，这时共翻了 $(q+1)b$ 个杯次，它比 $a(=qb+r)$ 多了 $b-r$ 个杯次。这就是说，a 只杯每只杯都分摊了一次翻转之后（若不经翻转，就不会改变杯口的朝向），还有 $b-r$ 个杯次，它再分摊到这 a 只杯的某几只杯上（未必是平均分配）。由于 $b-r$ 是奇数，把它分摊到 a 只杯的某几只杯上，总会有一只杯分到奇数次。这一只杯连同前面翻转过的一次，共翻转了偶数次，它的杯口不可能是朝下的。因此，运动 $q+1$ 次不能解决问题①。

其次，每次翻 b 只，运动 q 次后，余 r 只。由于 r 是非 0 偶数，因此，可把这 r 只杯均分为二，每次翻转其中一部分；另外，在已翻转过一次的杯中任意选定 $b-\frac{r}{2}$ 只杯再重复翻转两次。由于 $q\geqslant 1$，这 $b-\frac{r}{2}$ 只杯，总是存在的。这时，后两次每次也是各翻 b 只。这样，运动 $q+2$ 次，就能解决问题。

(2) 若 b 为偶数，这时情况稍微复杂些。一分为二讨论之。

(i) 当 $q=1$ 时，运动 1 次后，余 r 只，显然再运动 1 次是不能解决问题的。然而由于 r 为非 0 偶数，这时运动 3 次总能解决问题。具体翻法与前面讲的相同，这里不再赘述。

(ii) 当 $q\geqslant 2$ 时，它的最优解的运动次数为 $q+1$ 次。

对此，只要提供如下具体翻法就可以了。每次翻 b 只，运动 $q-1$ 次后，余 $b+r$ 只。这里 $b+r$ 是偶数，可把这 $b+r$ 只杯均分为二，每次翻转其中一部分；另外，在已翻转过一次的杯中任意选定 $\left(b-\frac{b+r}{2}=\right)\frac{b-r}{2}$ 只杯再重复翻转两次。由于 $q\geqslant 2$，这 $\frac{b-r}{2}$ 只杯，总是存在的。这时，后两次每次也是各翻 b 只。这样，运动了 $q+1$ 次，就解决了问题。

---

① 这个部分也可以这样证明：当 r 为非 0 偶数，b 为奇数时，对 q 讨论如下：

(1) 若 q 为奇数，则 a 为奇数。这时，a 只杯全部从杯口朝上翻转变为杯口朝下，其翻转杯次总和必为奇数。但 $(q+1)b$ 是偶数，不合要求。

(2) 若 q 为偶数，则 a 为偶数。这时，a 只杯全部从杯口朝上翻转变为杯口朝下，其翻转杯次总和必为偶数。但 $(q+1)b$ 是奇数，不合要求。

综上所述，运动 $q+1$ 次不能解决问题。

现在，考察 r 为奇数的情况。

当 r 为奇数，b 为偶数时，a（$=qb+r$）是奇数。由于每只杯都要翻奇数次才能改变杯口的朝向，所以要把这奇数 a 只杯的杯口全部翻转朝下，需要翻转的总杯次必为奇数。但是，由于 b 是偶数，每次都是翻偶数 b 只杯，不管运动了多少次，都是达不到目的的。因此，这时无解。

当 r 为奇数，b 为奇数时，分两种情况讨论如下：

（1）$q\geqslant 2$。这时最优解的运动次数为 $q+1$ 次。

我们知道，每次翻 b 只，运动 $q-1$ 次后，余 $b+r$ 只。这里 $b+r$ 是偶数，可以采用类似 r 为非 0 偶数，b 为偶数，$q\geqslant 2$ 时的翻法，解决这个问题。这里不再赘述。

（2）$q=1$。我们先来考虑：这种情况如果存在最优解的话，那么它的运动次数应当是多少。由于每只杯都必须翻转奇数次才能使杯口全部朝下，而 $a=b+r$，a 是偶数，因此这 a 只杯翻转的总次数应当是偶数。这样，每次运动奇数 b 只杯，运动的次数就应为偶数。设运动次数为 $2K$（K 为正整数），各杯翻转奇数次之最大值为 $2K-c$（c 为正整数），那么有

$$a(2K-c)\geqslant 2Kb$$

即

$$K\geqslant\frac{ac}{2(a-b)}=\frac{ac}{2r}$$

由于 a，b，r 是给定的数，要让 K 取最小正整数值 k，就应有 $c=1$，同时满足

$$\frac{a}{2r}\leqslant k<\frac{a}{2r}+1$$

即

$$k=\left[\frac{a}{2r}\right]=\left[\frac{b+r}{2r}\right]$$

于是，如果这里存在最优解的话，那么它的运动次数应当是 $2k$。k 是满足上式的正整数①。

---

① $[x]$表示不超过 x 的最大整数，称为 x 的整数部分。当 $n\leqslant x<n+1$ 时（其中，n 为整数），$[x]=n$。

现在指出达到上述运动次数的最优解是存在的。采用如下的翻法：将这 a 只杯编上序号，第一次，第 1 只至第 r 只杯不翻，其他都翻；第二次，第 $r+1$ 只至第 $2r$ 只杯不翻，其他都翻；如此继续下去……每次都是翻转 $(a-r=)b$ 只杯，经过 $2(k-1)$ 次运动之后，将会出现这样的情况：第 1 只至第 $2(k-1)r$ 只杯都有一次没参与翻转，各翻过 $2k-3$ 次；第 $2(k-1)r+1$ 只至第 a 只杯（共 $a-2(k-1)r$ 只）每次都有参与翻转，各翻过 $2(k-1)$ 次。由于 $\frac{a}{2r}+1>k$，即 $a-2(k-1)r>0$，a 是偶数，可知 $a-2(k-1)r$ 为偶数。因此，可把 $a-2(k-1)r$ 只杯均分为二，每次翻转其中一部分，这样连同已经翻过的 $2(k-1)$ 次，每只杯各翻 $2k-1$ 次；另外，在已经翻过 $2k-3$ 次的杯中，任意选定 $\left(b-\frac{a-2(k-1)r}{2}=a-r-\frac{a-2(k-1)r}{2}=\right)\frac{a+2(k-2)r}{2}$ 只杯，再重复翻转两次。由于 $k\geqslant\frac{a}{2r}$，可知 $2(k-1)r\geqslant\frac{a+2(k-2)r}{2}$，这 $\frac{a+2(k-2)r}{2}$ 只杯总是存在的。这时，后两次每次也是各翻 b 只。这样，运动 $2k$ 次，就解决了问题。

综上所述，依题意，对于自然数 a，b，$a=qb+r$，其中，$a\geqslant b$，$q\geqslant1$，$b>r\geqslant0$，有表 4-5。

表 4-5

r	b	q	最优解的运动次数
0			q
非0偶数	奇数		$q+2$
	偶数	$q=1$	3
		$q\geqslant2$	$q+1$
奇数	奇数	$q=1$	$2\left[\frac{b+r}{2r}\right]$
		$q\geqslant2$	$q+1$
	偶数		无解

翻杯游戏（二）

现在，进一步考察翻杯游戏。

(1) 14 个学生站成一排，面向南方。规定每次只许 3 个人向后转。请问，至少要有多少次的向后转，方能使 14 个学生全部面向北方？如果规定每次只许 11 个人向后转呢？试对两者进行比较，你认为可以得到什么结论？

用二进数的知识来研究它。当学生面向南方时，记为“1”；当学生面向北方时，记为“0”。

首先构造出 $a=14$，$b=3$ 的最优转法，如表 4-6 所示。

表 4-6

序　号	14	13	12	11	10	9	8	7	6	5	4	3	2	1
起　始	1	1	1	1	1	1	1	1	1	1	1	1	1	1
第一次	1	1	1	1	1	1	1	1	1	1	1	0	0	0
第二次	1	1	1	1	1	1	1	1	0	0	0	0	0	0
第三次	1	1	1	1	1	0	0	0	0	0	0	0	0	0
第四次	1	1	0	0	0	0	0	0	0	0	0	0	0	0
第五次	1	0	1	1	0	0	0	0	0	0	0	0	0	0
第六次	0	0	0	0	0	0	0	0	0	0	0	0	0	0

其次，构造出 $a=14$，$b=11$ 的最优转法，如表 4-7 所示。

表 4-7

序　号	14	13	12	11	10	9	8	7	6	5	4	3	2	1
起　始	1	1	1	1	1	1	1	1	1	1	1	1	1	1
第一次	0	0	0	0	0	0	0	0	0	0	0	1	1	1
第二次	1	1	1	1	1	1	1	1	0	0	0	0	0	0
第三次	0	0	0	0	0	1	1	1	1	1	1	1	1	1
第四次	1	1	0	0	0	0	0	0	0	0	0	0	0	0
第五次	0	1	0	0	1	1	1	1	1	1	1	1	1	1
第六次	0	0	0	0	0	0	0	0	0	0	0	0	0	0

最后，对两者进行比较，从中可以发现：两者最优解的运动次数是相同的，都是运动 6 次。两者体现第偶数次运动的 14 位二进数是一样的；两者体现第奇数次运动的 14 位二进数，“0”与“1”互换。在二进制中，只有两个数字符号（数码）：“0”与“1”。把一个二进数里的“0”换为“1”，“1”换为“0”，便得到另一个二进数。这两个二进数，称为互补数。这是特殊的演变数。当我们把前者的每一个第奇数次的 14 位二进数，都实施“0”，“1”互换，变为它的互补数时，原有参与演变的数位，就成为没有参与演变的数位，原有没有参与演变的数位，就成为参与演变的数位。因此所得到的互补数，就是前一次的 14 位二

进数的(14－3＝)11 位演变数，也可以看成是后一次的 14 位二进数的 11 位演变数。后一句话就是说，后一次的 14 位二进数就是所得到的互补数的 11 位演变数。这样，只要在体现前者最优解的 14 位二进数的三位演变数序列中，把每一个第奇数次的 14 位二进数，都实施“0”，“1”互变，变为它的互补数，而前者的每一个第偶数次的 14 位二进数都保持不变，所得到的序列就是体现后者最优解的 14 位二进数的 11 位演变数序列。这里启发我们，可以运用“对偶翻转构造法”，从“前者”出发，可以构造出“后者”。类似地，从“后者”出发，也可以构造出“前者”。它们是一一对应的，有着运动次数相同的最优解。

(2) 桌面上摆有 11 只杯子，6 只杯口朝上，5 只杯口朝下，每次翻转其中 3 只不同的杯子，至少要翻转多少次，才能使得杯口全部朝上？

这里与前不同的是：11 只杯子，杯口既有朝上，又有朝下；要求翻转成杯口全部朝上。怎么办呢？用二进数的知识来研究它。当杯口朝上时，记为“0”；当杯口朝下时，记为“1”。接着，不妨先构造出 11 只杯子，杯口全部朝下，每次翻转其中 3 只不同的杯子，翻转成杯口全部朝上的最优转法（表 4-8）。

表 4-8

序　号	11	10	9	8	7	6	5	4	3	2	1
起　始	1	1	1	1	1	1	1	1	1	1	1
第一次	0	0	0	1	1	1	1	1	1	1	1
第二次	0	0	0	0	0	0	1	1	1	1	1
第三次	0	0	0	0	0	0	0	0	0	1	1
第四次	0	0	0	0	0	0	0	1	1	1	0
第五次	0	0	0	0	0	0	0	0	0	0	0

观察这个最优转法，可以发现其中第二次出现的情况就是：6 只杯口朝上，5 只杯口朝下。因此，从中得到本题的最优转法表 4-9。

表 4-9

序　号	11	10	9	8	7	6	5	4	3	2	1
起　始	0	0	0	0	0	0	1	1	1	1	1
第一次	0	0	0	0	0	0	0	0	0	1	1
第二次	0	0	0	0	0	0	0	1	1	1	0
第三次	0	0	0	0	0	0	0	0	0	0	0

(3) 戴尔公爵非常喜爱赛马表演，可是他性情怪僻。有一次，他把4匹白马安排在赛场的南端，把4匹黑马安排在北端。然后规定：每次只许从两端共牵出5匹马来表演，既不能多，也不能少。表演后，南端的马牵往北端，北端的马牵往南端。请问，要使4匹白马都到北端，4匹黑马都到南端，最少需要表演几次才能做到？

这个问题相当于：有8匹马，其中4匹马朝南，4匹马朝北。每次表演后改变5匹马的朝向，至少要表演多少次，才能使原先朝南的马全部朝北，原先朝北的马全部朝南？

用二进数的知识来研究它。当马朝南时，记为"1"；当马朝北时，记为"0"。现在，先从如下的问题入手：8匹马都是朝南，每次表演后改变5匹马的朝向，至少要表演多少次，才能使8匹马全部朝北？对此，可以得到最优解，如表4-10所示。

表 4-10

起　始	1	1	1	1	1	1	1	1
第一次	1	1	1	0	0	0	0	0
第二次	0	0	0	0	0	0	1	1
第三次	0	0	1	1	1	1	0	1
第四次	0	0	0	0	0	0	0	0

接着，我们统一选取（表4-10）各次的某4个数位（例如，都是最后4位），全部实施"0"，"1"互换，得到表4-11。

表 4-11

起　始	1	1	1	1	0	0	0	0
第一次	1	1	1	0	1	1	1	1
第二次	0	0	0	0	1	1	0	0
第三次	0	0	1	1	0	0	1	0
第四次	0	0	0	0	1	1	1	1

经检验，这就是我们所求的一种最优解。

由于统一选取（表4-10）各次的某4个数位，有多种选取方法，因此本题有多种不同的答案，但是需要表演的最少次数都是4次。

(4) 河里有7只船，3只在西岸，4只在东岸，每小时都有5只船开往它的对岸，如何安排才能经过最短的时间，使得全部船只都在东岸？

这道题采用前面的方法是难以解决的。现在仍然用二进数的知识来研究它。当船在西岸时，记为“1”；当船在东岸时，记为“0”。把每小时开 5 只船进行分配，让 3 只在西岸的船每小时开 3 只；4 只在东岸的船每小时开 2 只。这样，经过 3 小时两者都有全部船只在东岸出现的情况。由此得到如表 4-12 的最优解。

表 4-12

起　始	1	1	1	0	0	0	0
第一次	0	0	0	1	1	0	0
第二次	1	1	1	0	1	1	0
第三次	0	0	0	0	0	0	0

另外，如果把每小时开 5 只船进行其他的分配，那么还可以得到如表 4-13 的 3 种最优解。

表 4-13

起　始	1	1	1	0	0	0	0
第一次	0	0	0	1	1	0	0
第二次	0	1	1	0	1	1	1
第三次	0	0	0	0	0	0	0
起　始	1	1	1	0	0	0	0
第一次	0	0	1	1	1	1	0
第二次	1	1	0	1	1	0	1
第三次	0	0	0	0	0	0	0
起　始	1	1	1	0	0	0	0
第一次	0	0	1	1	1	1	0
第二次	1	1	1	0	0	1	1
第三次	0	0	0	0	0	0	0

现在全面地解决了翻杯问题。翻杯问题真有学问！出乎我们的意料，日常生活中的看似简单的翻杯问题竟是相当复杂的。

4.3　河中无岛的过河游戏（一）

在数学游戏中，有着十分有趣的过河问题。这一类问题往往是若干个人，要利用一只容纳有限的船，往返摆渡过河。这些人未必都会划船，有的还有着某种禁忌，或者带着某些动物或物品。河中有的有一个可以暂留的小岛，有的却没有。现在，我们先来研究河中没有可以暂留小岛的过河问题。

过河问题是与什么样的演变数有关的数学游戏呢？读者熟悉了过河游戏，就会弄明白。

农民过河

这是一个在民间流传很广的有趣问题：一位农民带着一条狗、一只鸡和一棵白菜来到了河的北岸，准备利用岸边的一只小船过河。但是船很小，每次他只能带一样东西过河。伤脑筋的是，他不在岸上看管时，狗会咬鸡，或者鸡会吃菜。他在岸上看管时，就不会发生这些事情。好在，狗不会咬菜。这位农民终于想出了一个办法，使小船来回划动的次数最少，把这 3 样东西都带到河的南岸，并且每一样都不受损害。他是怎样安排过河的呢？

这里有着起始岸与到达岸，我们可以利用二进数的知识来解决这个问题。这个问题涉及人、狗、鸡、菜 4 样东西，因此要用四位二进数来研究。从四位二进数的最高位起，依次表示人、狗、鸡、菜。当他（它）在北岸时，用 0 表示；当他（它）在南岸时，用 1 表示。这样，人、狗、鸡、菜的每一种位置状态都可以用一个四位二进数来表示。同时，每一个四位二进数都表示着人、狗、鸡、菜的一种位置状态。我们的努力目标是从 0000 到 1111。

下面采用“逐步演变”的思维策略。从 0000 出发，依题意，它的演变数只能是 1010（其他演变数，如 1000，1100，1001 都不符合题意）。继而，找出 1010 的演变数。它既可以是 0000（这样的演变属于走回头路，没有什么价值，今后将都不再考虑它），又可以是 0010。至此，应当明白，对于已有的四位二进数，有时求它的两位（同向）演变数，有时求它的一位演变数，其中最高位（人）都要参与演变（0，1 依次交替出现）。接着，再找出 0010 的最高位是 1 的演变数，它有 1110 与 1011 两个。这时兵分两路找下去，直至找到 1111 为止。它们的演变序列如下：

在过河问题中，如果把起始岸与到达岸互换，从 1111 出发，沿着上述演变序列逆向而行，那么也是可以到达 0000 的。因此，在上述演

0000

1010　(1)

0010　(2)

1110　1011　(3)

0100　0001　(4)

1101　(5)

0101　(6)

1111　(7)

变序列中，如果把所有的 0 与 1 互换，再倒置一番，那么便可得到与原有一样的演变序列图。这就说明，过河问题具有对称性（指首尾相应的两个数都是一对互补数）。这是过河问题的一个重要特点。可以利用它来简化问题的思考或者检验所求的答案。

这里所采用的也是符号化、图表化的一种方法。所谓解决一类具体问题的符号化、图表化的方法，实际上就是这类问题的“算法”的体现。在电子计算机飞速发展的今天，符号化、图表化的方法更占有突出的地位。因为它是机器“思维”的基本方式，只有把问题编成符号化、图表化的程序后，机器才能接受；才能机械地执行所给的指令，对问题作出解答。

现在设计一种超小型电脑来解决农民过河问题。它的线路图如图 4-5所示。

这里，代表农民的是一只单刀双掷开关。代表狗、鸡和菜的分别是 3 只双刀双掷开关。开关的一头表示河的北岸，另一头表示南岸。开关从一头扳到另一头就表示渡河了。如果开关扳动后使得绿灯点亮，就表示这一个渡河步骤是可行的。如果绿灯不亮，就表示这一个渡河步骤是不妥的。

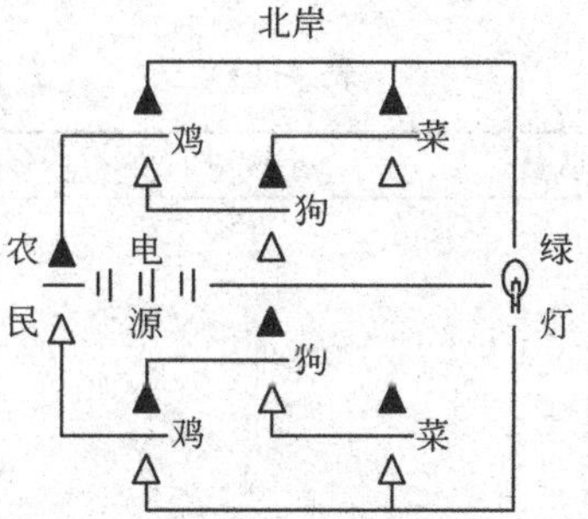

图 4-5

有了这个小型电脑，就不必多动脑筋了，只要分别扳动表示农民、狗、鸡、菜等的开关，它就会自动告诉你正确的渡河步骤了。

农民、狗、鸡和菜开始时都在北岸，要到南岸去。这时所有的开关都扳向北岸绿灯亮着，把代表农民的开关扳向南岸后，经实际操作得知，当且仅当把代表鸡的开关扳向南岸，绿灯才会继续亮着。这表示农民首先要带鸡过河。农民返回北岸后，再带什么过河呢？大家如果能做出这个超小型电脑进行操作，便会一清二楚了。

农民过河问题在民间还有另一种不同的表述。我们把它留给读者解答。

农民过河：一位农民带着一只羊和两捆草来到了河的北岸，准备利用岸边的一只小船过河。但是船很小，每次他只能带一样东西过河。伤脑筋的是，他不在岸上看管时，羊会吃草。请问，这位农民应该怎样安排过河呢？

抗日游击队过河

抗日战争时期，有一支游击队来到河边，要立即过河。可是桥已被破坏，河水又很深，正在着急，忽然看见两个小孩在对岸划着一只小船过来。这只小船很小，只能载一个游击队员或两个小孩，不能再多了。好在所有在场的人都会单独划船。队长发动大家想办法，终于使全体游击队员都过了河。他们是怎样过河的呢？

这里没有说明抗日游击队的人数，我们先从一个游击队员与两个小孩开始考虑。当他们在起始岸时，用 0 表示；当他们在终止岸时，用 1 表示。依题意，可以得到如表 4-14 的过河办法。

表 4-14

游击队员	小孩甲	小孩乙
0	0	0
0	1	1
0	1	0
1	1	0
1	0	0

如果是两个游击队员与两个小孩，那么可以有如表 4-15 的过河办法。

表 4-15

游击队员乙	游击队员甲	小孩甲	小孩乙
0	0	0	0
0	0	1	1
0	0	1	0
0	1	1	0
0	1	0	0
0	1	1	1
0	1	1	0
1	1	1	0
1	1	0	0

这样，逐个增加游击队员，表示起来是比较麻烦的。为此，可以用另外一种很好的表示方法——流向图 4-6 来表示他们的过河程序。

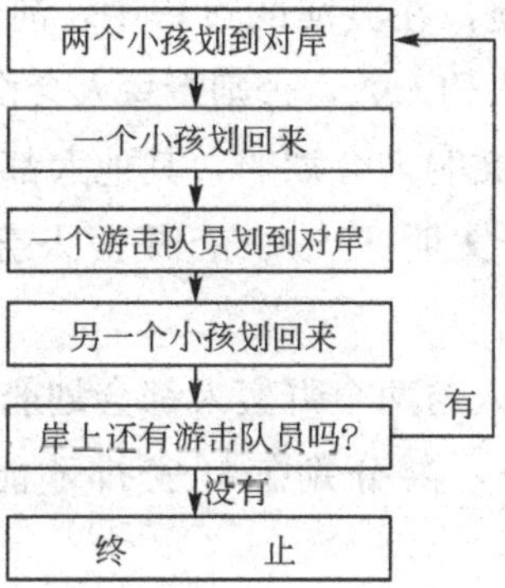

图 4-6

4 个人过河

甲、乙、丙、丁 4 个人要过河。渡口上只有一条一次最多只能容纳两个人的小船。他们每个人都会划船。但是，甲与乙单独在一起时，会发生争吵；乙与丙单独在一起时，会发生争吵；丙与丁单独在一起时，会发生争吵。请问，要怎样安排才能使他们不发生争吵而以最少的次数过河呢?

用四位二进数来解决问题。从四位二进数的最高位起，各位依次表示甲、乙、丙、丁 4 个人。当他们在起始岸时，用 0 表示；当他们在终止岸时，用 1 表示。依题意，每一个四位二进数在第奇（或偶）数步不能重复出现（否则，可以删去循环的部分，简化往返过程，使来回划动的次数进一步减少。以后对于其他题目，这一理由不再赘述）。可以得到如下 6 种解法（每种解法各有 5 步）：

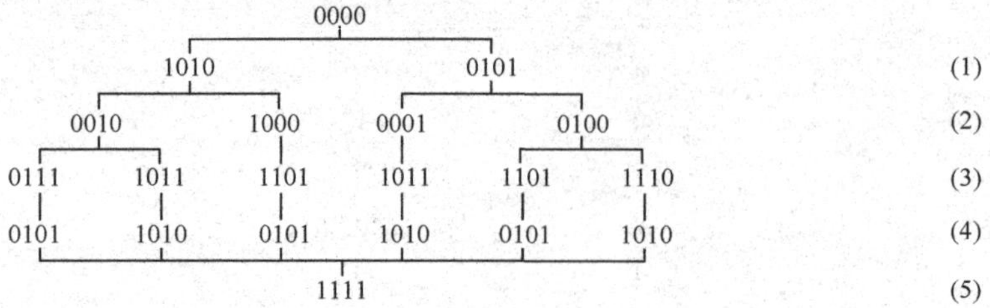

文明人与野蛮人（一）

两个文明人与两个野蛮人，一起来到河边，打算到对岸去。渡口上只有一条一次最多只能容纳两个人的小船。在怎样摆渡方面，野蛮人会服从文明人的指令。但是，在渡河的过程中，河的两岸随时都应保持文明人的人数不少于野蛮人的人数，否则野蛮人会伤害处于少数的文明人。

（1）如果只有一个文明人会划船，其他人都不会划船；

（2）如果只有一个文明人与一个野蛮人会划船，其他人都不会划船；

（3）如果两个文明人与两个野蛮人都会划船。

在上述各种情况下，要分别怎样安排才能使他们尽快地安全过河呢？

用四位二进数来解决问题。从四位二进数的最高位起，前两位表示两个文明人，后两位表示两个野蛮人。当他们在起始岸时，用 0 表示；当他们在终止岸时，用 1 表示。依题意，每一个四位二进数在第奇数步（或第偶数步）不能重复出现。

（1）如果只有一个文明人会划船，以四位二进数的最高位来表示它。先采用“缩小范围”的思维策略。依题意，不能出现 0011，0100，0111 及其相应的互补数 1100，1011，1000 等 6 种情况，应当把它们排除掉。这样，在共有 $2^4=16$ 种的四位二进数中，就剩下 0000，0001，0010，0101，0110 及其相应的互补数 1111，1110，1101，1010，1001 等 10 种可能出现的情况。接着采用“逐步演变”的思维策略，可以得到如下 2 种解法（每种解法各有 5 步）：

（2）如果只有一个文明人与一个野蛮人会划船，从四位二进数的最高位起，以前两位的前者与后两位的前者来分别表示它们。依题意，不能出现 0100，0111 及其相应的互补数 1011，1000 等 4 种情况；可能出现 0000，0001，0010，0011，0101，0110 及其相应的互补数 1111，1110，1101，1100，1010，1001 等 12 种情况。于是，有如下的 4 种解法（每种解法各有 5 步）：

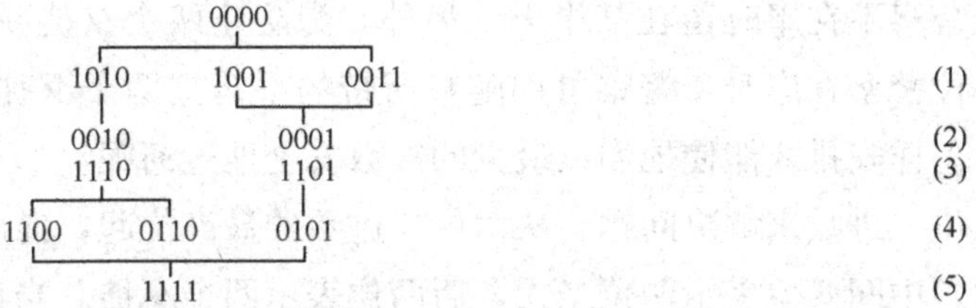

（3）如果两个文明人与两个野蛮人都会划船，依题意，不能出现 0100，0111 及其相应的互补数 1011，1000 等 4 种情况；可能出现 0000，0001，0010，0011，0101，0110 及其相应的互补数 1111，1110，1101，1100，1010，1001 等 12 种情况。于是有如下 18 种解法（每种解法各有 5 步）：

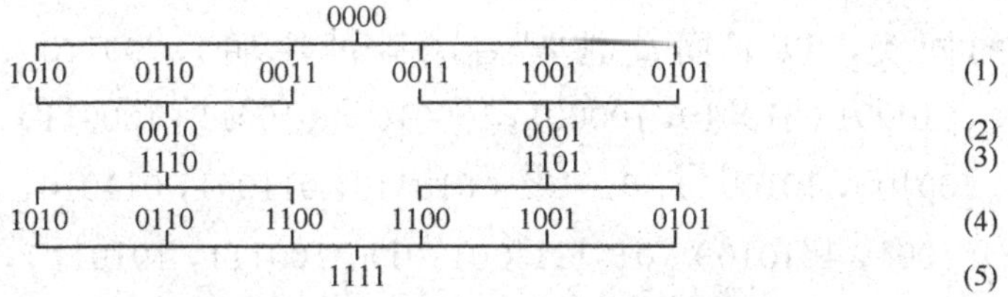

这里，两个文明人具有同等的地位，两个野蛮人也具有同等的地位。由此可以将上述几种解法加以归类，得到如下 4 类解法：

以后对于其他问题，考虑的将都是归类解法。

4.4 河中无岛的过河游戏（二）

警察・歹徒・老人

两位警察到某地办事。当他们返回途经一个村庄时，突然听到老人的呼救声。警察迅速跑到出事地点。原来是两个歹徒正在殴打两位老人。警察立即上前制服了歹徒。两位警察带着两位老人，押着两个歹徒，返回派出所。当他们来到河边，打算到对岸去时，渡口上只有一条一次最多只能容纳两个人的小船。他们6个人都会划船。但是，为了防止歹徒继续行凶或逃跑，不能让歹徒和老人一起划船，也不能让歹徒单独划船或警察不在岸时留在某岸上。另外，为防止两个歹徒联合作恶，当只有一位警察在岸时，警察可用随身所带的手铐把两个歹徒铐起来。请问，要怎样安排才能使他们以最少的次数安全地过河呢?

用六位二进数来解决问题。从六位二进数的最高位起，前两位表示两位警察，中间两位表示两位老人，后两位表示两个歹徒。当他们在起始岸时，用0表示；当他们在终止岸时，用1表示。依题意，每一个六位二进数在第奇（或偶）数步不能重复出现。在共有$2^6=64$个的六位二进数中，不能出现000001，000010，000011，000101，000110，000111，001001，001010，001011，001101，001110，001111及其相应的互补数等24种情况；可能出现000000，000100（001000，括号内为前者的同类，以下同此情况者，不再注明），001100，010000（100000），010001（010010，100001，100010），010011（100011），010100（011000，100100，101000），010101（010110，011001，011010，100101，100110，101001，101010），010111（011011，100111，101011），011100（101100），011101（011110，101101，101110），011111（101111），110011，110111（111011），111111等40种情况。

前面，介绍了"缩小范围""逐步演变"的思维策略。现在来介绍"前后夹击"的思维策略。从农民过河问题中已经知道：过河问题具有对称性（指首尾相应的两个数都是一对互补数）。现在利用这个对称性来简化问题的思考。首先，从000000出发，依题意，它可以有两类演变数101000，001100。根据对称性，我们想到：从111111逆溯，也应该有两类演变数 010111（或它的同类 101011），110011。这样，从“起点”到“终点”就接近了两步。照此继续进行，直至“中间”会师。可以得到如下 16 类解法（每类解法各有 9 步）：

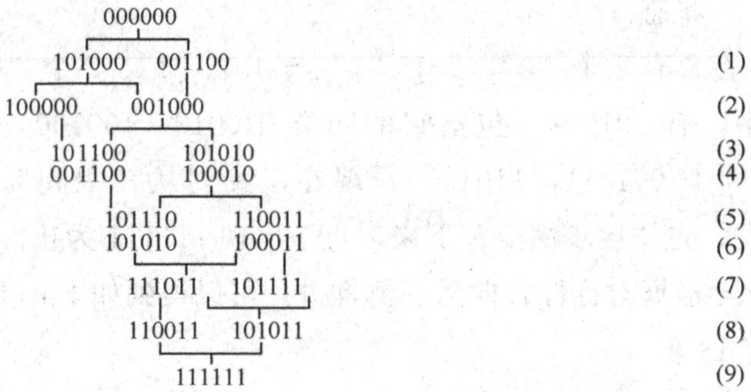

3 对兄妹

有 3 对兄妹要过河，仅有一只每次至多能载两个人的小船。3 对兄妹中，一对兄妹各自都会划船，其他两个哥哥会划船，两个妹妹不会划船。3 个妹妹由于年幼害羞，不愿意与别人的哥哥在一起乘船，也不愿意在自己的哥哥不在场而有别人的哥哥在场的情况下留在岸边。他们要怎样安排才能尽快地过河?

用六位二进数来解决问题。从六位二进数的最高位起，前 3 位表示 3 个哥哥，后 3 位从高到低依次表示上述 3 个哥哥各自的妹妹（其中第一个妹妹会划船）。当他们在西岸时，用 0 表示；当他们在东岸时，用 1 表示。依题意，每一个六位二进数在第奇（或偶）数步不能重复出现。在 $2^6=64$ 个六位二进数中，不能出现 001000，001010，001011，001100，001101，001110，001111，010000，010001，010011，010100，010101，010110，010111，011000，011001，011010，011100，011101，011110，011111 及其相应的互补数等 42 种情况；可能出现只有 000000，000010(000001)，000011，000100，000110(000101)，000111，001001，010010，011011 及其相应的互补数等 22 种情况（其中 000100，111011 未用上）。

现在，拟主要运用“中间开花”的思维策略来解决这个问题。我们想到：位于“中间”的两类位置状态，应含有 4 个“0”、2 个“1”与 4 个“1”、2 个“0”。这样，它们才能既成为一对演变数（连续性的反

001001
101101
100100
111100
111000
111110
111010　110110
111111

映)，又成为一对互补数（对称性的反映）。除外，0 与 1 的个数与此不同的，均不能既成为一对演变数，又成为一对互补数，因而它们不可能成为位于“中间”的两类位置状态。

这里，在含有 4 个“0”、2 个“1”与 4 个“1”、2 个“0”的两类位置状态中，有 001001（包括它的同类 010010，100100）与 101101（包括它的同类 011011，110110）。现在，我们从“中间”001001 与 101101 出发，先“逐步演变”下来，直至出现 111111 为止。

最后，再根据对称性，向另一侧推进。可以得到如下 4 类解法（每类解法各有 13 步）：

000000
010010　000110　(1)
000010　(2)
000111　(3)
000011　(4)
011011　(5)
001001　(6)
101101　(7)
100100　(8)
111100　(9)
111000　(10)
111110　(11)
111010　110110　(12)
111111　(13)

3 对夫妇

3 对夫妇一起去旅行。他们来到一条河的西边，在向东的渡口处，发现一只小船，一次只能坐两个人。不好办的是，没有一位太太会划船，她们只能跟自己的丈夫一起过河。此外，男人 A 与 B，C 发生争吵，男人 A 的太太 a 与 b（B 的太太），c（C 的太太）也闹翻了。

现在的条件是：既不能让两个吵过架的人同时过河，又不能让他们单独留在岸边。另外，任何一个男人都不能在自己的太太不在场的情况下，单独同别人的太太留在河岸上。你能想出一个办法，既使他们过河，又使小船来回划动的次数最少吗？

用六位二进数来解决这个问题。从六位二进数的最高位起，前 3 位表示 3 个男人 A 与 B，C，后 3 位依次表示上述 3 个男人各自的太太 a

与 b，c。当他们在西岸时，用 0 表示；当他们在东岸时，用 1 表示。依题意，每一个六位二进数在第奇（或偶）数步不能重复出现。

根据性别与吵架情况，可以把人员分为 4 种类型：A；B，C；a；b，c。这里，A 与 B，A 与 C，a 与 b，a 与 c，分别是吵过架的人，他们不能同时过河，或单独留在岸边。好在 A 与 b，c 和 a 与 B，C 还可以交谈。

这里用“中间开花”的思维策略。我们知道，过河问题从“起点”到“终点”要经历奇数步，从 000000 到 111111 要有偶数种位置状态。这样，位于“中间”的就有两类位置状态。它们既是一对互补数（对称性的反映），又是一对演变数（连续性的反映）。根据这个要求，我们想到：位于“中间”的两类位置状态，应含有 4 个“0”、2 个“1”与 4 个“1”、2 个“0”。而在含有 4 个“0”、2 个“1”与 4 个“1”、2 个“0”的两类位置状态中，有 001001 与 101101，以及 100100 与 101101 两种情况。其中，只有 001001 与 101101 符合要求。它们既是一对演变数，也可以看成是一对互补数（001001 的互补数是 110110，它与 101101 属于同一类位置状态）。另外，100100 与 101101 不符合要求。它们固然是一对演变数，但是不可以看成是一对互补数（100100 的互补数是 011011，它与 101101 不属于同一类位置状态）。

最后，再从“中间”向两侧推进，可以得到如下 4 类解法（每类解法各有 9 步）：

000000		
001001	011000	(1)
000001	010000	(2)
011001		(3)
010011		(4)
101101		(5)
100101		(6)
110111	111101	(7)
100111	101101	(8)
111111		(9)

文明人与野蛮人（二）

3 个文明人与 3 个野蛮人，一起来到河东岸，打算到对面西岸去。渡口上只有一条一次最多只能容纳两个人的小船。在怎样摆渡方面，野蛮人会服从文明人的指令。但是，在渡河的过程中，河的两岸随时都应保持文明人的人数不少于野蛮人的人数，否则野蛮人会伤害处于少数的文明人。

（1）如果只有 1 个文明人与 1 个野蛮人会划船，要怎样安排才能使他们尽快地安全过河呢？

（2）如果 3 个文明人与 3 个野蛮人都会划船，那么要怎样安排才能使他们尽快地安全过河呢？

（3）如果有 4 个文明人与 4 个野蛮人，它们都会划船，能过河吗？为什么？

用六位二进数来解决问题。从六位二进数的最高位起，前 3 位表示 3 个文明人，后 3 位表示 3 个野蛮人。当他们在起始岸时，用 0 表示；当他们在终止岸时，用 1 表示。依题意，每一个六位二进数在第奇（或偶）数步不能重复出现。

（1）如果只有一个文明人与一个野蛮人会划船，以六位二进数前 3 位的前者与后 3 位的前者来分别表示它们。这里可以综合运用“缩小范围”、“逐步演变”、“前后夹击”以及“中间开花”的思维策略。依题意，不能出现 000100，001000，001011，001101，001110，001111，010000，010011，010101，010110，010111，011000，011001，011010，011011，011100，011111 及其相应的互补数等 34 种情况；可能出现只有 000000，000001（000010），000011，000101（000110），000111，001001(001010)，001100，010001(010010)，010100，011101（011110）及其相应的互补数等 30 种情况（其中 001001，001010，001100，101011，101101，101110 未用上）。于是，有如下 4 类解法（每类解法各有 13 步）：

000000
100010　000110　(1)
000010　(2)
000111　(3)
000011　(4)
110011　(5)
010001　(6)
110101　(7)
010100　(8)
111100　(9)
111000　(10)
111110　(11)
111010　011110　(12)
111111　(13)

(2) 如果 3 个文明人与 3 个野蛮人都会划船，依题意不能出现 000100， 001000， 001011，001101， 001110， 001111， 010000，010011，010110，010111，011000，011001，011010，011100，011111 及其相应的互补数等 30 种情况；可能出现 000000，000001（000010，000100），000011（000101，000110），000111，001001（001010，001100，010001，010010，010100），011011（011101，011110）等 34 种情况。于是有如下 4 类解法（每类解法各有 11 步）：

```
       000000
   ┌─────┴─────┐
100100      000110        (1)
   └─────┬─────┘
       000100             (2)
       000111             (3)
       000110             (4)
       011110             (5)
       001100             (6)
       111100             (7)
       111000             (8)
       111110             (9)
   ┌─────┴─────┐
110110      111100        (10)
   └─────┬─────┘
       111111             (11)
```

(3) 如果有 4 个文明人与 4 个野蛮人，他们都会划船，那么过河是无法安排的。这是由于无法做到有 3 个或 4 个文明人同时在东岸出现。为了说明这个问题，假设最早使得东岸有多于两个文明人出现的单数航程是第 $2k+1$ 次航程，那么第 $2k-1$ 次航程就只能有一个或两个文明人在东岸。

若只有一个文明人在东岸，那么这时也只能有一个野蛮人在东岸。第 $2k$ 次航程，既不能由在东岸的野蛮人西渡（否则，野蛮人在西岸登陆后，就多于文明人），也不能由在东岸的文明人西渡或者由在东岸的文明人与野蛮人一起西渡（否则，第 $2k+1$ 次航程，就无法做到东岸有多于两个文明人出现）。因此，这种情况是不存在的。

若只有两个文明人在东岸，那么这时东岸也只能有两个野蛮人。第 $2k$ 次航程有且仅有如下几种考虑：①由在东岸的一个或两个野蛮人西渡，那么野蛮人在西岸登陆后，就多于文明人。不合题意；②由在东岸的一个文明人西渡，那么东岸还有一个文明人，而野蛮人有两个。也不合题意；③由在东岸的两个文明人西渡，那么第 $2k+1$ 次航程，就无法做到东岸有多于两个文明人出现；④由一个文明人与一个野蛮人西渡，那么西渡后，西岸就有了 3 个文明人与 3 个野蛮人。此后，要使得东岸有多于两个文明人出现，第 $2k+1$ 次航程就要东渡两个文明人。但是，两个文明人东渡后，西岸还有一个文明人与 3 个野蛮人。这与题意矛盾。因此，这种情况也是不存在的。

综上所述，在本题的条件下，过河是无法安排的。

对于这道题，也可以用“中间开花”的思维策略，运用反证法来证明：过河是无法安排的。从八位二进数的最高位起，前 4 位表示 4 个文明人，后 4 位表示 4 个野蛮人。当他们在起始岸时，用 0 表示；当他们在终止岸时，用 1 表示。假如过河是可以安排的，那么其“中间”就有既是一对互补数，又是一对演变数的两类八位二进数。从互补数来说，假设第一类八位二进数有 n 个“0”与 $8-n$ 个“1”（这里 n 为不大于 8 的自然数），那么第二类八位二进数有 $8-n$ 个“0”与 n 个“1”。另外，从演变数来说，n 与 $8-n$ 的差（以大减小）只能为 1 或 2。当差为 1 时，n 不是整数，不符合要求；当差为 2 时，$n=3$。不管 3 个“0”与 5 个“1”的八位二进数，还是 5 个“0”与 3 个“1”的八位二进数，都将出现野蛮人多于文明人的情况，与题意矛盾。因此，过河是无法安排的。

新婚夫妇的旅行

这是阿拉伯的一个历史久远的趣味智力题：3 对新婚夫妇一起去旅行。他们来到一条河的西岸，在向东的渡口处，发现一只一次最多只能容纳两个人的小船。他们每个人都会单独划船，过河本是不成问题的。但是，按照古代当地的风俗，同时也是为了照顾各对夫妇的感情，他们商定的纪律是：任何一个女人，在和自己的丈夫分开时，不能和别人的丈夫一起乘船或留在岸上；任何一个男人，除与自己的妻子外，不与其他女人一起乘船，也不能在对岸有别人的妻子而她的丈夫不在场时向对岸划去。

（1）你能想出一个既能满足 3 对夫妇的要求，又使小船来回划动的次数最少的办法吗？

（2）如果有 4 对新婚夫妇旅行，其他条件不变，能够安排渡河吗？为什么？

（3）如果有 4 对新婚夫妇旅行，小船改用有 3 个座位的，其他条件不变，他们要怎样安排才能尽快过河呢？

（4）如果有 5 对新婚夫妇旅行，小船改用有 3 个座位的，其他条件不变，他们要怎样安排才能尽快过河呢？

下面分别解决以上问题。

（1）用六位二进数来解决问题。从六位二进数的最高位起，前 3 位表示 3 个男人，后 3 位从高到低依次表示上述 3 个男人各自的太太。当他们在西岸时，用 0 表示；当他们在东岸时，用 1 表示。依题意，每一个六位二进数在第奇（或偶）数步不能重复出现。另外，依题意，不能出现 100000（010000，001000），110000（101000，011000），100010（100001，010100，010001，001100，001010），100110（100101，010110，010011，001101，001011），100011（010101，001110），011100(101010，110001)，011001(011010，101001，101100，110010，110100)，011101（011110，101011，101110，110011，110101），001111(010111，100111)，011111(101111，110111)等 42 种情况；可能出现只有 000000，000100（000010，000001），000110（000101，000011），000111，111111，111110（111101，111011），111100（111010，111001），111000，110110（011011，101101），100100(001001，010010)等 22 种情况。于是，有如下 4 类解法（每类解法各有 11 步）：

000000	
100100　000110	(1)
000100	(2)
000111	(3)
000110	(4)
110110	(5)
100100	(6)
111100	(7)
111000	(8)
111110	(9)
110110　111100	(10)
111111	(11)

（2）4 对新婚夫妇，利用只有两个座位的小船，在商定纪律不变的情况下，渡河是无法安排的。这是由于无法做到有 3 个或 4 个男人同时在东岸出现。为了说明这个问题，假设最早使得东岸有多于两个男人出现的单数航程是第 $2k+1$ 次航程，那么第 $2k-1$ 次航程就只能有一个或两个男人在东岸。

若只有一个男人在东岸，那么他的妻子也只能在东岸，而其他女人又不宜在东岸。这时，第 $2k$ 次航程，既不能由在东岸的男人妻子西渡（否则，她在西岸登陆后，就与商定的纪律矛盾），也不能由在东岸的男人或者他们夫妇两人西渡（否则，第 $2k+1$ 次航程，就无法做到东岸有多于两个男人出现）。因此，这种情况是不出现的。

若只有两个男人在东岸，那么他们的妻子也就只能在东岸，而其他女人又不宜在东岸。这时，第 $2k$ 次航程的情况如下：①不能由在东岸的一个或两个女人西渡（否则，她在西岸登陆后，与商定的纪律矛盾）；②不能由在东岸的一个男人西渡（因为他的妻子不能继续留在东岸，东岸还有一位男人）；③不能由在东岸的两个男人西渡（否则，第 $2k+1$ 次航程，就无法做到东岸有多于两个男人出现）；④只可能由一对夫妇西渡，但是第 $2k$ 次航程西渡一对夫妇后，西岸就有了 3 对夫妇。此后，要使得东岸有多于两个的男人出现，第 $2k+1$ 次航程就要东渡两个男人。但是，两个男人东渡后，他们的妻子继续留在西岸又与商定的纪律矛盾（西岸还有一位男人）。因此，这种情况也是不出现的。

综上所述，在商定纪律不变的情况下，渡河是无法安排的。

（3）在 4 对新婚夫妇，利用 3 个座位的小船的情况下，最少要有 9 次航程才能达到目的。

用八位二进数来解决问题。从八位二进数的最高位起，前 4 位表示 4 个男人，后 4 位从高到低依次表示上述 4 个男人的各自太太。当他们在西岸时，用 0 表示；当他们在东岸时，用 1 表示。依题意，每一个八位二进数在第奇（或偶）数步不能重复出现。于是，有如下 8 类解法（每类解法各有 9 步）：

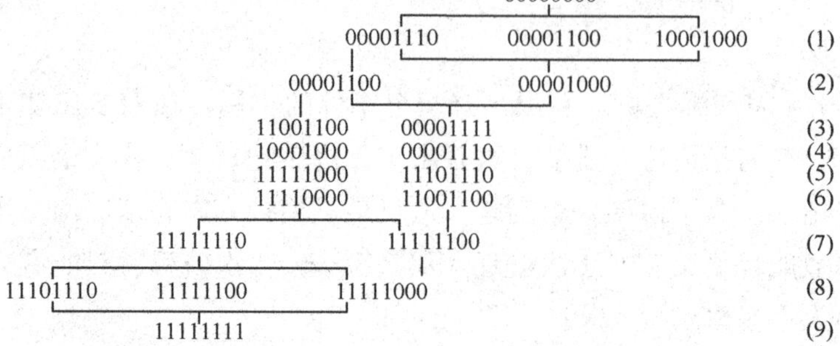

（4）在 5 对新婚夫妇，利用 3 个座位的小船的情况下，最少要有 11 次航程才能达到目的。

用十位二进数来解决问题。从十位二进数的最高位起，前 5 位表示 5 个男人，后 5 位从高到低依次表示上述 5 个男人的各自太太。当他们在西岸时，用 0 表示；当他们在东岸时，用 1 表示。依题意，每一个十位二进数在第奇（或偶）数步不能重复出现。于是，有如下 25 类解法（每类解法各有 11 步）：

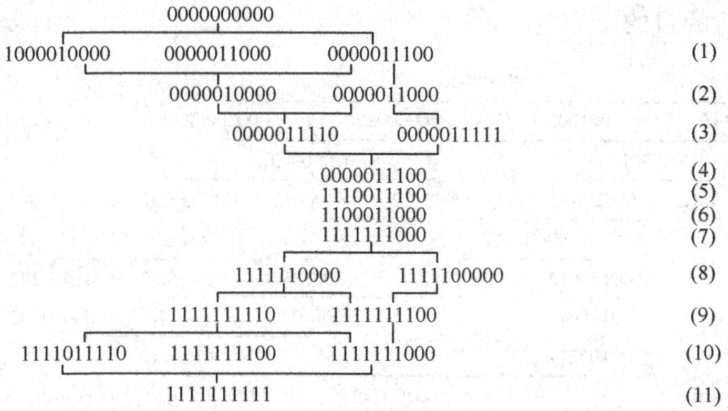

4.5 河中有岛的过河游戏

4 对新婚夫妇的旅行

4 对新婚夫妇一起去旅行。他们来到一条河的西岸，在向东的渡口处，发现一只一次最多只能容纳两个人的小船。他们每个人都会单独划船，河中又有一个可以登陆暂留的小岛，过河本是不成问题的。但是，按照古代当地的风俗，同时也是为了照顾各对夫妇的感情，他们商定的纪律是：任何一个女人，在和自己的丈夫分开时，不能和别人的丈夫一起乘船或留在岸上；任何一个男人，除与自己的妻子外，不与其他女人一起乘船，也不能在对岸有别人的妻子而她的丈夫不在场时向对岸划去。你能想出一个办法，既使他们过河，又使小船来回划动的次数最少吗（阿拉伯的历史久远的趣味智力题的推广）？

在上节知道：如果不利用河中可以登陆的小岛，那么 4 对夫妇东渡是无法实现的。现在，有了河中的小岛，可以用三进数的知识，来解决这个新的问题。

我们规定八位的三进数，从它的最高位起，前 4 位表示 4 个男人，后 4 位从高到低依次表示上述 4 个男人的各自太太。他们在西岸时，用 0 表示；在东岸时，用 1 表示；在小岛时，用 2 表示。依题意，每一个八位数在第奇（或偶）数步不能重复出现（否则，可以简化，使来回划动的次数进一步减少）。

4 对夫妇最少要有 17 次的航程（共有 324 类走法），才可以实现东渡去旅行的目的。

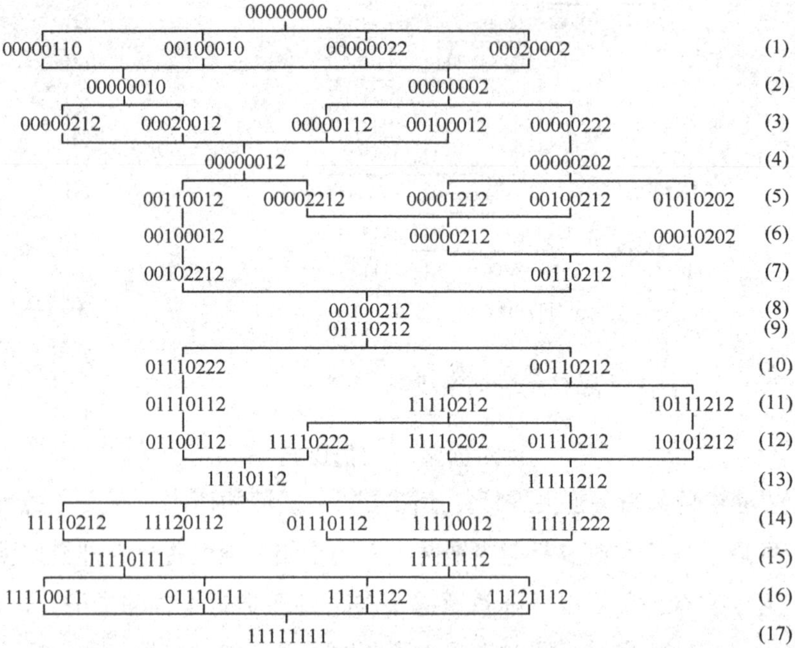

过河问题可以用演变数来研究它。但它不像九连环、七叠环、梵塔那样，都是一位演变数，也不像翻杯游戏那样，都是固定的若干位演变数，而是既有一位演变数，又有多位演变数，位数不同的演变数之间的变化。

对于这一类过河问题，如果考察一下条件发生变化时，问题的解决会朝什么方向发展是很有意义的。显然，夫妇数量的增加会使问题难以解答，甚至不可以解答。而小船座位的增加，或者中间有一个可以登陆暂留的小岛，那么却可以大大降低问题的难度。

如果河中没有一个可以暂留的小岛，那么在商定的纪律（任何一个女人，在和自己的丈夫分开时，不能和别人的丈夫一起乘船或留在岸上；任何一个男人，除与自己的妻子外，不与其他女人一起乘船，也不能在对岸有别人的妻子而她的丈夫不在场时向对岸划去）不变的情况下，使用只有两个座位的小船，两对夫妇最少要有 5 次航程；3 对夫妇最少要有 11 次航程；4 对夫妇，渡河是无法安排的。如果改用最多可坐 3 人的小船，那么 4 对夫妇最少要有 9 次航程；5 对夫妇最少要有 11 次航程；6 对夫妇，渡河是无法安排的。但是，如果改用最多可坐 4 人的小船，那么对于任意数对的夫妇，渡河总是可以安排的。

如果河中有一个可以暂留的小岛，那么使用只有两个座位的小船，对于任意数对夫妇来说，渡河都是可以安排的。

05 火柴游戏

5.1 火柴游戏

火柴游戏是我国民间几千年前流传至今的一种两人智力游戏。这个游戏据说源于中国南方闽、粤一带的“翻摊”，不过当时是用“筷子”来玩的，所以又称为“筷子游戏”。19世纪传入欧洲，外国人称之为“尼姆”(Nim)。尼姆是“拿”、“取”的意思。目前比较多的是用火柴棒来进行这类拿取游戏。

这个游戏是把若干根火柴（或别的东西，如筷子、小棒、石子等）分成几堆，堆数与各堆火柴的根数都是任意的。然后由甲、乙两个人轮流拿取这些火柴。每次可在其中任选一堆拿取，至少取一根，至多取全堆，具体根数不限。但是每次只允许在一堆中拿取，而不允许同时向两堆或两堆以上拿取。这样，双方轮流，谁能最后一次拿走剩下的火柴（或者说，拿到最后一根火柴），谁就获胜。

这种火柴游戏，以分成3堆最为常见。我国北方流行的名称为“抓三堆”，南方粤语称为“拧法”，又名“翻摊”。国外称它为Chinese Game of Nim，或者Simple Game of Nim，或者Fan Tan，或者就称为Nim。Fan Tan就是“翻摊”，Nim就是“拧法”。这些都暗示了这种游戏源于中国[①]。

这种火柴游戏的规则十分简单，但是制胜的规律却不容易发现。长久以来，人们在反复的试验中寻找着制胜的规律。直到1901年，美籍法国数学家布顿才成功地用二进数来进行分析，找到了在各种情况下，都能判定胜局与负局，以及在胜局的情况下，如何拿取才能稳操胜券的

---

① 罗见今，Nim——从古代的游戏到现代的数学，自然杂志，9卷1期，第63～67页。

规律。

如果参加这个游戏的两个人都完全不懂其中的制胜规律，那么胜负对于他们来说，仅仅只能是凭运气而已。但是，如果其中一个人懂得制胜规律，另一个人不懂得制胜规律，那么胜利就一般为前者所拥有。如果两个人都熟知其中的奥妙，那么一般来说，是先取者胜还是后取者胜，在火柴分成了几堆，游戏开始之前就已经确定了。正因为如此，这个游戏对他们来说，也就不能称为游戏了。

现在就来揭示这个火柴游戏的制胜规律。

设（a，b，c）表示3堆火柴的根数分别为a，b，c的局势。如果我方拿取之后留给对方的局势，将逼使对方失败，那么这是留给对方于我方有利的局势，称为有利局势。否则，就是留给对方于我方不利的局势，称为不利局势。玩火柴游戏，就是要想方设法使每一步都形成有利局势，这样才能夺取最后的胜利。

那么，什么样的局势是有利局势呢？显然，（0，0，c）不是有利局势，因为对方只要把c根火柴全部拿取就可以获胜了。容易知道，（0，b，b）是有利局势，因为不论对方在某一堆中拿取多少根，我方只要在另一堆中拿取同样多根，就可以取得最后的胜利。但是，当$b \neq c$时，（0，b，c）是不利局势，因为对方可以构成两堆根数相同的局势，使我方失败。我们还可以知道，（1，2，3）是有利局势，因为无论对方如何拿取，我方都可以把它变为两堆根数相同的有利局势。

上述分析的有利局势与不利局势，有什么内在的数学规律呢？

把每一堆火柴的根数用二进数表示出来，然后利用不实行进位的加法分别算出这些二进数各个对应数位上“1”的个数。如果所求各个数位上“1”的个数都是偶数，那么这个局势就称为偶式局势。否则，只要其中有某一个数位上所求的“1”的个数是奇数，就称为奇式局势。

例如，对于（0，4，6），有

各堆火柴的根数

	十进数		二进数
第一堆	0	→	0
第二堆	4	→	100
第三堆	6	→	110
各位上“1”的个数			210

所以（0，4，6）是奇式局势。

又如，对于（1，2，3），有

各堆火柴的根数

	十进数		二进数
第一堆	1	→	1
第二堆	2	→	10
第三堆	3	→	11
各位上“1”的个数			22

所以（1，2，3）是偶式局势。

我们指出，在局势（a，b，c）中，如果 a，b 两个数固定不变，那么要使（a，b，c）成为偶式局势，c 就能且仅能取一个确定的数。这是由于固定不变的 a，b 化为二进数后，在它们相应数位上“1”的个数也是固定不变的。如果某一数位上“1”的个数是偶数，那么 c 作为二进数时，这一相应数位上的数字就能且仅能为“0”，才会使（a，b，c）为偶式局势；如果某一数位上“1”的个数是奇数，那么 c 作为二进数时，这一相应数位上的数字就能且仅能为“1”，才会使（a，b，c）为偶式局势。这就是说，c 作为二进数是唯一确定的，进而 c 作为十进数也是唯一确定的数。

由于二进数有着上述这种特有的性质，因而任何一个偶式局势，只要任意改变其中一堆火柴的根数，就将变为奇式局势；而任何一个奇式局势，总可以适当改变其中某一堆火柴的根数，使它变为偶式局势。

例如，（2，4，6）是偶式局势，不论改变 2，4，6 中的哪一个，都将使它变为奇式局势。这在化为二进数后可以看得更为明白。

各堆火柴的根数

	十进数		二进数
第一堆	2	→	10
第二堆	4	→	100
第三堆	6	→	110
各位上“1”的个数			220

这里，不论改变 2，4，6 中的哪一个，都将引起相应数位上“1”的偶数个数的改变。以第二堆来说，若把 4 变为 1，就得到奇式局势（2，1，6）。

各堆火柴的根数

	十进数		二进数
第一堆	2	→	10
第二堆	1	→	1
第三堆	6	→	110
各位上“1”的个数			121

现在，若要把奇式局势（2，1，6）变为偶式局势，该怎么办呢？这里第一、第二堆不好动它，从第三堆考虑能且仅能使它变为二进数 11，即十进数 3。因此，把 6 变为 3，就可得到偶式局势（2，1，3），即（1，2，3）。

明白了上述道理之后，就比较好办了。由于火柴都取完之后，（0，0，0）是偶式局势。因此，我方如果每次拿取之后都是偶式局势，那么对方只能造成奇式局势。这样偶式局势（0，0，0）就一定由我方造成。因此可以说，偶式局势就是有利局势，奇式局势就是不利局势。谁在拿取之后造成偶式局势，并在以后每次拿取之后均继续造成偶式局势，谁就一定获胜。反之，面对偶式局势的人，只要对方不出差错，他就只能造成奇式局势而导致失败。

甲方在拿取之后造成偶式局势，不管乙方如何拿取，总要破坏这个结果，而甲方总可以恢复它，直到取得胜利。

下面把“抓三堆”火柴游戏的部分偶式局势（即有利局势）列成表 5-1。

表 5-1

(0, 1, 1)	(0, 2, 2)	(0, 3, 3)	(0, 4, 4)	(0, 5, 5)	(0, 6, 6)	(0, 7, 7)
(1, 2, 3)	(1, 4, 5)	(1, 6, 7)	(1, 8, 9)	(1,10,11)	(1,12,13)	(1,14,15)
(2, 4, 6)	(2, 5, 7)	(2, 8,10)	(2, 9,11)	(2,12,14)	(2,13,15)	(2,16,18)
(3, 4, 7)	(3, 5, 6)	(3, 8,11)	(3, 9,10)	(3,12,15)	(3,13,14)	(3,16,19)
(4, 8,12)	(4, 9,13)	(4,10,14)	(4,11,15)	(4,16,20)	(4,17,21)	(4,18,22)
(5, 8,13)	(5, 9,12)	(5,10,15)	(5,11,14)	(5,16,21)	(5,17,20)	(5,18,23)
(6, 8,14)	(6, 9,15)	(6,10,12)	(6,11,13)	(6,16,22)	(6,17,23)	(6,18,20)
(7, 8,15)	(7, 9,14)	(7,10,13)	(7,11,12)	(7,16,23)	(7,17,22)	(7,18,21)
(8,16,24)	(8,17,25)	(8,18,26)	(8,19,27)	(8,20,28)	(8,21,29)	(8,22,30)
(9,16,25)	(9,17,24)	(9,18,27)	(9,19,26)	(9,20,29)	(9,21,28)	(9,22,31)

这里的通式是：$(1,2t,2t+1)$，$(2,4t+1,4t+3)$，$(3,4t+1,4t+2)$，$(2,4t,4t+2)$，$(3,4t,4t+3)$等，其中，t 为正整数。

在此，笔者顺便谈谈组合数学中的一个著名问题。1850 年，英国数学家柯克曼(Thomas Penyngton Kirkman)提出，柯克曼女生问题(亦称柯克曼女生游戏)：一位女教师每天都要带领着她的 15 名女学生去散步。每次散步，她要求学生们排成 3 人一行，一共 5 行的队列随她前进。试问：能否制订出一周(7 天)内的排列方案，使得每一名女生和其他任何一名女生都有且仅有一次在同一行的机会？

对于柯克曼女生游戏，1851 年他给出了这样的一周内排列方案(如表 5-2 所示)。

表 5-2

星期日	星期一	星期二	星期三	星期四	星期五	星期六
1, 2, 3	1, 4, 5	1, 6, 7	1, 8, 9	1,10,11	1,12,13	1,14,15
4, 8,12	2, 8,10	2, 9,11	2,12,14	2,13,15	2, 4, 6	2, 5, 7
5,10,15	3,13,14	3,12,15	3, 5, 6	3, 4, 7	3, 9,10	3, 8,11
6,11,13	6, 9,15	4,10,14	4,11,15	5, 9,12	5,11,14	4, 9,13
7, 9,14	7,11,12	5, 8,13	7,10,13	6, 8,14	7, 8,15	6,10,12

这里，特别有趣的是，柯克曼女生游戏的排列方案(只是区组顺序有别)，恰巧是“抓三堆”Nim 中的每堆火柴数目都不大于 15 时的制胜方案(有利局势)。这当然不仅仅是巧合，中国古代 Nim 包含有深奥的数学道理，在组合数学中具有基本的重要性，它的规则的简明性与它的内涵的深刻性互为表里，自相辉映。

世界上有许多现象,光凭外观是很难洞悉它的内在本质的。似乎风马牛不相及的两件事,却有着千丝万缕的联系。

可以指出，上述制胜规律不仅适用于“抓三堆”火柴游戏，而且对4堆、5堆……的火柴游戏也是适用的。例如，(4，6，7，9) 是奇式局势。这可由下面看出：

各堆火柴的根数

	十进数		二进数
第一堆	4	→	100
第二堆	6	→	110
第三堆	7	→	111
第四堆	9	→	1001
各位上“1”的个数			1322

这时如果由甲先拿取，那么他只能将9变为5（即二进数101），得到了偶式局势（4，6，7，5）。接着，由乙不管怎样拿取，都只能得到奇式局势。读者可以自行尝试下去，看看是不是甲必胜无疑。

通过上面的分析，已经弄清了火柴游戏的制胜规律。但是，在判定偶式局势或奇式局势时，要先把每一堆火柴的根数化为二进数，然后再算出各个数位上的“1”的个数。当火柴的根数较大时，这是颇为麻烦的。为了使计算简便，我们找出了一种相抵的办法，来判定偶式局势或奇式局势。

把每一堆火柴的根数，从2的最高次的幂开始考虑，分析为若干个2的不同指数的幂的和。例如，4＝4，13＝8＋4＋1等；而不能分析为4＝2＋2，13＝4＋4＋4＋1等。这样，每一堆所分析的2的幂各不相同，当各堆所分析的2的幂都能够彼此相抵时，就是偶式局势。否则，属于奇式局势。例如，在(4,9,13)中，4，9，13所分析的2的幂：4，8＋1，8＋4＋1，是能够相抵的。因此，(4,9,13)是偶式局势。又如，在(4,12,13,14)中，4，12，13，14所分析的2的幂：4，8＋4，8＋4＋1，8＋4＋2，是不能相抵的。因此，(4,12,13,14)是奇式局势。这时若要变为偶式局势，考虑到相抵后，尚留下8，1，2。这样在第四堆中拿去9＝8＋1后，剩下5＝4＋1，便可构成偶式局势(4,12,13,5)。

这种相抵的办法是根据二进数的表示法而想出来的。例如，13 $=1101_{(2)}$，即 $13=2^3+2^2+2^0=8+4+1$。这样，各堆所分析的 2 的幂，如果能够相抵，其实质上也就是每一数位上的“1”是能够成双的。因此，能够相抵就成为偶式局势；如果不能相抵，其实质上就是至少有某一数位上的“1”是不能成双的，因此，不能相抵就成为奇式局势。

在火柴游戏中，如果开始时，堆数很多，则可以随便拿取，到了一定时候，先取得有利局势（偶式局势）的人，将获得胜利。

在火柴游戏中，如果规定谁最后一次拿取剩下的火柴（必然是一根），谁就算失败的话，那么其取胜秘诀如何呢？它的取胜秘诀与上述规律没有很大的不同。像（2，2），（1，2，3）等偶式局势仍是属于有利局势，只是在最后几步的取法上稍作改变即可。

把每一堆火柴的根数均为 1 的局势，称为全幺局势；否则称为非全幺局势。

在火柴游戏中，若规定最后取完火柴者为败，则先取者甲拿取之后留给乙逼使乙失败而获胜的有利局势是且一定是：①非全幺偶式局势；进而，②全幺奇式局势。

对于①非全幺偶式局势，容易知道：它不可能是(a)或(a,1)或(a,1,1)⋯或(a,1,⋯,1)，其中，$a\geqslant2$。因为后者一定是奇式局势，这是由于当 a 用二进数表示时，除右起第一位外，总还有某一位上的数是“1”，它是不能成双的。于是，在开始阶段，乙只能使①非全幺偶式局势变为奇式局势。随着双方轮流拿取，堆数越来越少，各堆根数越变越小，于是在经历若干回合之后，就一定会出现在乙拿取之后，呈现的是如下的非全幺奇式局势之一：(a)或(a,1)或(a,1,1)⋯或(a,1,⋯,1)，其中，$a\geqslant2$。对此，甲就可造成②全幺奇式局势(1)或(1,1,1)⋯或(1,1,⋯,1)给乙，1 有奇数个，让乙拿取，甲显然可以将最后 1 根留给乙而获胜。

在火柴游戏中，先取者甲拿取之后，如果留给乙的不是①非全幺偶式局势，或②全幺奇式局势，那么只能是非全幺奇式局势，或全幺偶式局势。对此，仿照前面的论述，乙总可以把它变为①非全幺偶式局势或②全幺奇式局势，而使甲失败。

5.2 火柴游戏的变式

火柴游戏可以有几种变式，现介绍如下：

逼子游戏

可以用围棋盘与围棋子（或象棋盘与象棋子）来玩逼子游戏。例如，黑白围棋子各取3枚，如图5-1（*a*）所示，布置在围棋盘上。一方执黑，另一方执白，轮流走子。走子的规则是：一次只能沿横线走一枚子，进退均可，最少要走一步（不能不走），所走的步数不限，但不得超越对方的棋子。当一方（如黑方）的棋子被逼成图5-1（*b*）所示的式样，而且轮到该方走子时，由于无子可走，即作为负。

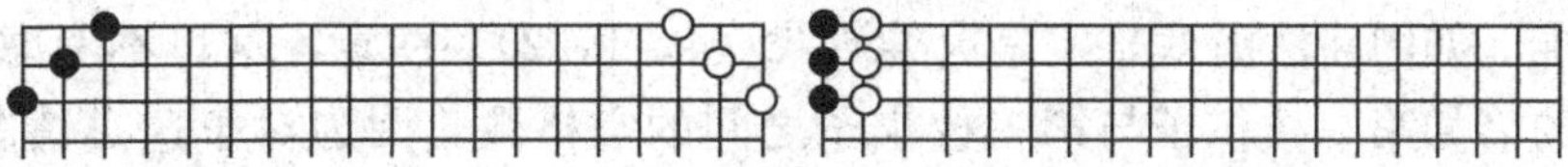

(a) (b)

图 5-1

从表面上看，这是又一种游戏。但是其实质与火柴游戏并没有两样，只不过这里每一堆的火柴根数变为每一行交点的个数。如图5-1的逼子游戏，实是火柴游戏（13,15,17）。

十格三子棋

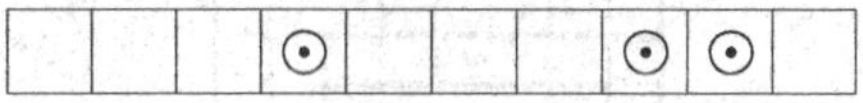

图 5-2

在成一横列的有10个方格的某几个方格里，随意放上3枚棋子（允许将几枚棋子放在同一方格内）。两方轮流按从右向左的方向任选其中一枚棋子走到任一个方格中（只能前进，不能不动或后退）。走棋子时，可以跳过别的棋子，也可以走在有棋子的方格内。谁最后把一枚棋子走到最左边的方格内，使对方无法可走，谁就获胜。

从表面上看，这是又一种游戏。但是其实质与火柴游戏并没有两样，只不过这里每一堆的火柴根数变为每一枚棋子可走的方格数。如图5-2的十格三子棋，实是火柴游戏(3,7,8)。另外，容易知道，十格三子棋的格子数可以推广，棋子数也可以推广。这就留给读者来进行了。

斗法游戏

图 5-3

在成一横列的十几个方格里（方格数可以任意画定），随意挑选某几个方格，在这些方格里各放上一枚棋子，每一个方格所放的棋子都不超过一枚（图 5-3）。随后，两方轮流按从右向左的方向任选其中一枚棋子向前走动（只能前进，不能不动或后退）。走棋子时，不能走到有棋子的方格内，也不能跳过别的棋子。谁走后使对方无法可走，谁就获胜。

从表面上看，这是又一种游戏。但是其实质与火柴游戏并没有两样，只不过这里每一堆的火柴根数变为，从右边开始，第一枚棋子与第二枚棋子之间的空格数，第三枚棋子与第四枚棋子之间的空格数，以此类推。如图斗法游戏，实是火柴游戏（4，1，2）。注意，这里不考虑紧邻的诸如第二枚棋子与第三枚棋子之间的空格数。因为对于这类情况，对方把前一枚棋子向前移动几步，我方只要移动跟对方移动紧邻的那枚棋子，“亦步亦趋”就可以了。

棋盘游戏

在 8×8 棋盘上任意摆放 3 枚棋子 A，B，C（图 5-4）。甲乙两个人按箭头所示的顺时针方向轮流将棋子朝 M 处移动，每人每次可以将其中任一棋子移动任意格。当所有棋子都移动到 M 处就算结束，且最后一个将棋子移动到 M 处者为胜。若甲先行，甲有必胜策略吗?

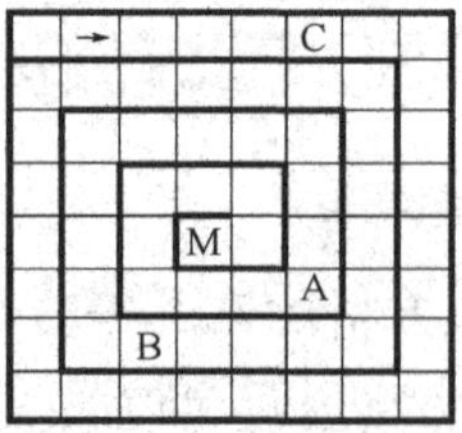

图 5-4

	十进数		二进数
A	9	→	1 0 0 1
B	21	→	1 0 1 0 1
C	58	→	1 1 1 0 1 0
各位上“1”的个数			1 2 2 1 1 2 奇 偶 偶 奇 奇 偶

这里，棋子 A，B，C 分别移动 9，21，58 步可以到达 M 处。这样，甲面对的局势为(9,21,58)。由右侧计算可以知道，这是奇式局势。于是，甲先行，甲可将棋子 C 移动 $100000_{(2)}-100_{(2)}+10_{(2)}=30$ 步，使之再移动 $11100_{(2)}=28$ 步可以到达 M 处，也就是说变为有利局势（9，21，28)，甲可获胜。

象棋游戏

图 5-5 是一盘象棋残局。如果由黑方先走，该怎么走才会获胜呢?

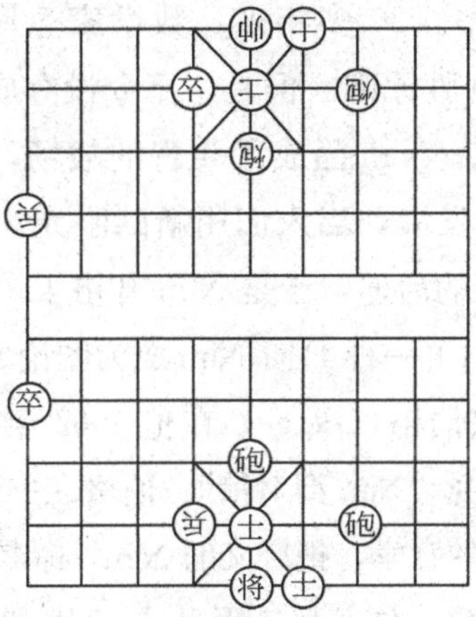

图 5-5

这是“双炮禁双炮”的闷宫棋局，原载于《竹香斋象戏谱》一书中，它与火柴游戏有异曲同工之妙。

按照中国象棋的规则，把对方憋死（无法动弹)，也算取得胜利。这盘棋双方的炮都不能离行，逼近将(帅)旁边的兵(卒)也不该移动，否则必输无疑。因此双方只有炮与边兵(卒)可动。中路两炮相隔 4 个空位，边上两炮相隔 6 个空位，边上的兵(卒)相隔 2 个空位，但实际上只能走一步（否则将被对方吃掉)。因此，如果把可移动的空位当成火柴的根数的话，那么这种棋局，相当于初始状态为(1,4,6)的火柴游戏。这不是一个有利局势，黑方先走，如果第一步走“炮七进一”，就可以稳操胜券。因为这时的状态(1,4,5)已是一个有利局势了。

Nim 规则简单，但是取胜困难，因而被人们称为“游戏中的皇后”。1901 年，美籍法国数学家布顿用一种精巧的分析方法，找到了一个非常简单的原则。于是，古代的游戏变成了一个漂亮的数学问题的解。但是，作为一种游戏却被完全破坏了。因为如果双方都知道了这个原则，游戏胜负一望即知，也就索然无味了。但是，这一下可惹恼了一位丹麦的科学家和发明家皮特·海因（Piet Hein），他决心恢复 Nim 作为数学皇后的古老尊严，到 19 世纪 50 年代，终于大功告成。他把 Nim 的规则改进成为一种新的 Nim，既保留了游戏规则的简易性，又使布顿发现的制胜原则对这个新的 Nim 失效。皮特·海因的新规则由加德纳（Cardner）写成文章发表在《科学的美国人》上，并收入他的一本关于数学谜题与游戏的书中。20 多年来，数学家企图破解这一新的 Nim，尽力寻找一个一般的制胜原则。但是，至今没有成功。

由于数学家的介入，Nim 已成了斗智的战场，更重要的是随着对策论、图论和组合数学的发展，当人们用新的眼光观察 Nim 时，它已作为一种数学模型给人以新的启迪，于是 Nim 升格了。在 18 世纪末，组合数学家穆尔（Moore）提出了一种 P 阶 Nim 成为图论 Nim 型对策第三定理的重要例子。法国数学家伯格（Berge）在他 1962 年版的《图论及其应用》中，有一章主要就是研究“Nim 型对策”。伯格在书中说，为了纪念这个人们所熟悉的游戏所定义的数学，把广义的 Nim，命名为“Nim 型对策”。

双人博弈往往对某一方有利，因此人们用各种限制来取消这种优势。例如，修改比赛规则（如围棋中改变贴目的多寡），还可以采用随机的方法（如掷骰子来确定谁先拿取）。这类“随机博弈”究竟对谁有利往往与概率（机会）有关。

5.3 火柴游戏的变种

前面，介绍的火柴游戏，可以称之为“翻摊火柴游戏”。它是最为原始、最为基本的火柴游戏。它的各种变式在实质上与它本身并没有两样，只不过是形式变了，“换汤不换药”而已。从数学上讲，它们都是同构的，有着异曲同工之妙。

现在，介绍翻摊火柴游戏的一种变种，通常把它称为“巴什火柴游戏”（又称为巴什博弈）。早在 1612 年，巴什就提出了这种火柴游戏①。

---

① 1612 年，巴什用另一种形式提出了巴什博弈：两个人轮流报数，每次至少报 1 个，至多报 10 个，同时把所报的数一一累加起来，谁先得到 100，谁就获胜。

它跟翻摊火柴游戏的共同之处在于，都是把若干根火柴，分成几堆，堆数与各堆火柴的根数都是任意的。然后，由甲、乙两个人轮流拿取这些火柴。每次只允许在一堆中拿取，而不允许同时向两堆或两堆以上拿取。但是，拿取的要求变了：每次可在其中任选一堆拿取，至少拿取一根，至多拿取事先约定的 n 根（n 为具体的有限数），而不是根数不限。这样，双方轮流，谁能最后一次拿走剩下的火柴（或者说，拿到最后一根火柴），谁就获胜。

巴什火柴游戏是火柴游戏的又一品种。从数学上讲，巴什火柴游戏与翻摊火柴游戏并不是同构的。

巴什火柴游戏，也是以分成 3 堆最为常见。现在，先来看一看较为简单的情况。

例如，有 3 堆火柴（2，3，4），两人轮流拿取，要求每人可从任一堆中，每次至少拿取 1 根，至多拿取 4 根，不能不取，不能多取。谁最后取之谁胜。请问，谁有必胜策略?

这里，从表面上看，它有约定至多拿取的根数，但是这三堆火柴的根数都没有超过至多拿取的 4 根。从实质上看，它与翻摊火柴游戏并没有什么不同，可以采用翻摊火柴游戏的办法解决之。

翻摊火柴游戏的办法是：把每一堆火柴的根数用二进数表示出来，然后利用不实行进位的加法分别算出这些二进数各个对应数位上“1”的个数，借以判明该局势是偶式局势，还是奇式局势。翻摊火柴游戏告诉我们：偶式局势就是有利局势，奇式局势就是不利局势。谁在拿取之后造成偶式局势，并在以后每次拿取之后均继续造成偶式局势，谁就必然获胜。反之，面对偶式局势的人，只要对方不出差错，他就只能造成奇式局势而导致失败。

对于（2，3，4），有

各堆火柴的根数

	十进数		二进数
第一堆	2	→	1 0
第二堆	3	→	1 1
第三堆	4	→	1 0 0
各位上“1”的个数			1 2 1

根据翻摊火柴游戏的制胜规律，(2，3，4) 是奇式局势，先取者有必胜策略。

现在，再来看一看较为复杂的情况。

例如，有 3 堆火柴 (3，5，6)，两人轮流拿取，要求每人可从任一堆中，每次至少拿取 1 根，至多拿取 4 根，不能不取，不能多取。谁最后取之谁胜。请问，谁有必胜策略?

这里，有两堆火柴的根数超过了约定至多拿取的 4 根。如果仍然采用翻摊火柴游戏的办法，那么将会得到正确的结论吗?

对于 (3，5，6)，有

各堆火柴的根数

	十进数		二进数
第一堆	3	→	11
第二堆	5	→	101
第三堆	6	→	110
各位上“1”的个数			222

这时，面对偶式局势 (3，5，6)，后取者乙是否有必胜策略呢? 事实上，并非如此。先取者甲可在第一堆中取 2 根火柴，若乙取剩余的 1 根，则甲取第三堆中的 1 根，成为两堆火柴的偶式局势，甲有必胜策略；若乙取第二堆或第三堆中的 k 根，则甲取该堆中的 $5-k$ 根，剩下 (1，0，6) 或 (1，5，1)，不论乙如何拿取，甲都有必胜策略。

旧办法不灵了，不能得出正确的结论，该怎么办呢?

这里可以采用逆向推理的思维方法。逆向推理的实质是从结果出发，一步步往前追溯原因，沟通了原因和结果之间的联系。因而，逆向推理常常成为一些对策游戏的取胜之道。

现在，从只有一堆火柴的最初情况出发。如果我方取后剩下的火柴不足 5 根（这里，5 是比约定至多拿取的根数 $n=4$ 多 1 的数），那么对方可以一次拿取剩下的所有火柴。因此，火柴不足 5 根都是不利局势。

如果我方取后剩下 5 根火柴，那么不论对方取多少根，我方一定可以一次拿取剩下的所有火柴，获得胜利。因此，5 根火柴是有利局势。

由此可知，当一堆火柴根数不是 5 的倍数时，先取者总可以把它变为 5 的倍数，进而夺取最后的胜利；当一堆火柴根数是 5 的倍数时，先取者只能把它变为不是 5 的倍数，总有火柴剩下，让后取者最后获胜。

这里启示我们：如果某一堆火柴的根数超过约定至多拿取的根数 n，那么就应该先减去（$n+1$）的倍数。于是，可以采用如下新办法：把每一堆火柴的根数除以（$n+1$）后得到的余数用二进数表示出来，然后再采用翻摊火柴游戏的办法，利用不实行进位的加法分别算出这些二进数各个对应数位上“1”的个数，用以判明所面对的局势是偶式局势，还是奇式局势。

现在，来考察 3 堆火柴（3，5，6）。先采用“取余法”，把它变为（3，0，1），然后判明所面对的局势。这里，

各堆火柴的根数

	十进数		二进数
第一堆	3	→	1 1
第二堆	0	→	0
第三堆	1	→	1
各位上“1”的个数			1 2

因此，（3，0，1）是奇式局势，先取者有必胜策略。

又如，有 4 堆火柴（3，5，6，12），两人轮流拿取，要求每人可从任一堆中，每次至少拿取 1 根，至多拿取 4 根，不能不取，不能多取。谁最后取之谁胜。请问，谁有必胜策略？

先采用“取余法”，把（3，5，6，12）变为（3，0，1，2），然后判明所面对的局势。这里，

各堆火柴的根数

	十进数		二进数
第一堆	3	→	1 1
第二堆	0	→	0
第三堆	1	→	1
第四堆	2	→	1 0
各位上“1”的个数			2 2

因此，（3，5，6，12）是偶式局势，后取者有必胜策略。

至此，可以对巴什火柴游戏进行一番总结。

巴什火柴游戏的潜在做法是：在双方约定每一次至多拿取的根数为 n 之后，先把每一堆火柴的根数除以（$n+1$）后得到的余数用二进数表

示出来，然后利用不实行进位的加法分别算出这些二进数各个对应数位上“1”的个数，用以判明所面对的局势是偶式局势，还是奇式局势。

巴什火柴游戏的制胜规律是：面对奇式局势，先取者有必胜策略；面对偶式局势，后取者有必胜策略。

巴什火柴游戏的必胜操作是：面对奇式局势，先取者甲把奇式局势变为偶式局势。这时，后取者乙若在超过 n 根的火柴堆中拿取的话，甲就也在这一堆中拿取，让这一堆火柴的根数除以（$n+1$）后得到的余数不变，仍然保持为偶式局势；乙若在不超过 n 根的火柴堆中拿取的话，面对乙把偶式局势变为奇式局势，甲又可以把奇式局势变为偶式局势。在随后的拿取过程中，甲只要不出现失误，那么就可以稳操胜券。类似地，面对偶式局势，后取者也可以有必然获胜的具体操作。

巴什火柴游戏与翻摊火柴游戏不同的是：巴什火柴游戏是利用每一堆火柴的根数除以（$n+1$）后得到的余数，而翻摊火柴游戏是直接利用每一堆火柴的根数。如果将翻摊火柴游戏理解为双方约定每一次至多拿取的根数为超过各堆火柴之最多的根数 n 的话，那么就沟通了两者之间的联系。

在巴什火柴游戏中，如果规定谁最后一次拿取剩下的火柴（必然是一根），谁就算失败的话，那么其取胜秘诀如何呢？类似这样的问题，在翻摊火柴游戏中已经探讨过。读者如有兴趣，可自行再探讨之。

翻摊火柴游戏，还有许多变种。现举数例，以见一斑。

（1）有一堆给定根数的火柴，两人轮流拿取，要求每人每次可以拿取 1、2 或 4 根，不能拿取 3 根。谁最后取之谁胜。请问，谁有必胜策略？

（2）有一堆给定根数的火柴，两人轮流拿取，规定每人每次拿取火柴的根数为当时火柴根数的约数，谁取最后一根火柴，谁为负。请问，谁有必胜策略？

（3）求偶避奇（或求奇避偶）：有一堆总根数为奇数的火柴，两人轮流拿取，要求每人每次至少拿取 1 根，至多拿取 4 根。不能不取，不能多取。当全部取完后，谁手中火柴的根数为偶数（或奇数），谁就获胜。请问，能否在事先知道火柴总根数的情况下，就能判断出先取者能否获胜？怎样寻求制胜的诀窍？

(4)“斐波那契尼姆”：有一堆给定根数的火柴，两人轮流拿取。先取者最少取 1 根，实际取多少没有限定，但不能把整堆火柴全部取走。然后，轮到拿取的一方所取火柴的根数最少 1 根，最多不能超过对方刚才所取火柴根数的 2 倍。这样交替地进行下去，直到全部火柴被取完为止。规定谁可以一次拿取剩下的所有火柴，谁就获胜。请问，谁有必胜策略?

(5) 威佐夫游戏[①]：有两堆火柴，每堆火柴的根数是给定的，但互不相等。两人轮流拿取。规定每人每次可从一堆中拿取任意多根（包括全部）火柴；也可以从两堆中同时拿取同样根数的火柴。不管怎样，轮到的一方都不能不取。规定谁能够一次拿取剩下的所有火柴，谁就获胜。请问，谁有必胜策略?

这些火柴游戏看似简单，实则奥妙无穷。各种火柴游戏都是一个最优控制的问题，实际上就是要求我方找出最佳的斗智策略，并在拿取过程中，不出现失误，才能夺取最后的胜利。否则，一旦失误，被对方发现，我方立刻由主动变为被动，就无法摆脱失败的命运。如果双方都知道其中的奥秘，那么玩起来就会索然无味了。

① 1907 年，数学家威佐夫（Wythoff）发明了这种两人玩的游戏。

06 配对游戏

在日常生活中，有时需要查清配对。例如，开关与电灯的配对，电缆两头电线的配对等。配对游戏是与生活密切相关的游戏，既能够解决日常生活中的实际问题，又有开动脑筋进行思考的游戏乐趣。

6.1 拉线开关游戏

这里，请大家先看这样的一道问题：

礼堂里有 12 盏电灯，12 只拉线开关。如果一次可以拉动一根或几根拉线，那么最好的办法是怎样拉动，拉动几次，就能知道哪只开关与哪盏电灯配对（即分清哪只开关管哪盏电灯）?

这个问题，要是采用拉动每只拉线开关的办法，要拉动 11 次，才能保证达到目的（当只剩下 1 盏电灯，1 只拉线开关时，不用拉就知道：这只开关是管这盏电灯的）。但是，这样拉动的次数太多，其实只要拉动 4 次，就一定可以达到目的。现在用二进数的知识来解决这个问题。大家知道，每只拉线开关不外乎两种情况，要么不拉动，用“0”表示；要么拉动，用“1”表示。这里先将拉线开关排序，12 只拉线开关依次编号为⓪①②③④⑤⑥⑦⑧⑨⑩⑪，并用四位二进数进行如表 6-1 的编码[①]。

表 6-1

拉线开关编号	四位二进数编码			
	第一位	第二位	第三位	第四位
⓪	0	0	0	0
①	0	0	0	1

① 对于编码，人们习惯从左到右，规定它的位序。这样做是有不少方便的。

续表

拉线开关编号	四位二进数编码			
	第一位	第二位	第三位	第四位
②	0	0	1	0
③	0	0	1	1
④	0	1	0	0
⑤	0	1	0	1
⑥	0	1	1	0
⑦	0	1	1	1
⑧	1	0	0	0
⑨	1	0	0	1
⑩	1	0	1	0
⑪	1	0	1	1

另外，在拉线开关拉动的情况下，每盏电灯也不外有两种变化情况[①]，要么不变，用“0”表示；要么变动（由亮变暗，或者由暗变亮），用“1”表示。现在将电灯排序，12 盏电灯依次编号为⓪①②③④⑤⑥⑦⑧⑨⑩⑪。这一组编号不管它与拉线开关的编号是否相同。

接着，在上表 6-1 四位二进数编码中，将第一位为“1”的开关，即⑧⑨⑩⑪进行第一次拉动，这时有 4 盏电灯的亮暗有了变化；第二位为“1”的开关，即④⑤⑥⑦进行第二次拉动，这时有 4 盏电灯的亮暗有了变化；第三位为“1”的开关，即②③⑥⑦⑩⑪进行第三次拉动，这时有 6 盏电灯的亮暗有了变化；第四位为“1”的开关，即①③⑤⑦⑨⑪进行第四次拉动，这时有 6 盏电灯的亮暗有了变化。在每一次拉动中，把每盏电灯亮暗的变化情况都登记起来。然后，再来确定电灯与拉线开关的对应关系。举个例子来说，我们登记得到了表 6-2。

① 从考察每盏电灯亮暗的变化情况入手，不同于单纯考察每盏电灯的亮与暗，它并不要求开始时所有的电灯都是关着的或者亮着的，也不要求开关拉动后需要再拉回原来的状态。这样操作简便，且有较为广泛的适用性。

表 6-2

电灯编号	拉线拉动时电灯亮暗变化情况				对应开关编号
	第一次	第二次	第三次	第四次	
⓪	0	0	0	1	①
①	0	1	1	1	⑦
②	1	0	1	1	⑪
③	0	0	1	1	③
④	0	0	0	0	⓪
⑤	0	1	1	0	⑥
⑥	1	0	0	1	⑨
⑦	0	0	1	0	②
⑧	1	0	0	0	⑧
⑨	0	1	0	0	④
⑩	0	1	0	1	⑤
⑪	1	0	1	0	⑩

由于一只拉线开关只控制一盏电灯，一盏电灯也只受一只拉线开关控制，因此，我们可以按照拉线拉动时电灯亮暗变化的情况，确定对应的拉线开关。例如，编号为⑤的电灯，在第二次、第三次拉动中，亮暗有了变化，在第一次、第四次拉动中，亮暗没有变化。这样，它相应的四位二进数编码是 0110，对应的拉线开关是⑥。同理，可以确定其他电灯所对应的拉线开关，填写成上表最右端的栏目。

把这个问题推广到一般情况，是不难解决的。

现在，我们关心与此相关的另一个问题：一般地说，对于 n 盏电灯，n 只拉线开关最少要拉动多少次才能知道哪只开关管哪盏电灯。

我们先看最简单的情况。当只有 1 盏电灯，1 只拉线开关时，显然，不用拉就可以知道：这只开关是管这盏电灯的。当有 2 盏电灯，2 只拉线开关时，我们只要拉一根线，就可以知道：这 2 只拉线开关分别是管哪盏电灯的。当有 3 盏电灯，3 只拉线开关时，第一次不论拉动一根或两根线，均不能解决问题，必须再拉动一次，才能解决问题。

这就是说，当 n 盏电灯、n 根拉线时，假设所需最少拉动的次数为 $f(n)$，则 $f(1)=0$，$f(2)=1$，$f(3)=2$。

当 $n=4$ 时，不妨设电灯原来都是关着的，并给拉线排序。第一次拉动第 1，2 两根拉线（不必再拉回原来的状态，下同），第二次拉动第 1，3 两根拉线，则第 1 根拉线对应的电灯状态是“亮”“暗”；第 2 根拉线对应的电灯状态是“亮”“亮”；第 3 根拉线对应的电灯状态是“暗”“亮”；第 4 根拉线对应的电灯状态是“暗”“暗”。因此 $f(4)=2$。

当 $n=5$ 时，第一次拉动 1（或 4）根拉线，那么问题就转化为 $n=4$ 情况。由于 $f(4)=2$，可知 $f(5)=3$。

这样一一列举，太过烦琐。

我们知道，开关拉动一次，可给出 2 个一位二进数 0，1；拉动两次，可给出 2^2 个二位二进数 00，01，10，11……拉动 k 次，可以给出 2^k 个 k 位二进数，00…00，00…01，00…10，…，11…10，11…11。

因此，拉动 k 次，最多可给出 2^k 个 k 位二进数，使它们与电灯亮暗的变化情况相对应，即可区分出 2^k 盏电灯。因此，当 $2^k<n\leqslant 2^{k+1}$ 时，至少就应拉动 $k+1$ 次，才能解决问题。反之，由 $2^k<n\leqslant 2^{k+1}$，考虑到 n 是正整数，可得 $2^k\leqslant n-1<2^{k+1}$，进而取其对数得，$k\leqslant \log_2(n-1)<k+1$，即 $k=\log_2(n-1)$。这就是说，若 $2^k<n\leqslant 2^{k+1}$，则 $f(n)=k+1=\log_2(n-1)+1$。

6.2 对应标签游戏

现在请大家看另一道问题：

为了在河的两岸之间架设电线，有个电工带着测试器（欧姆表或蜂鸣器），划船把 n 根（$n\geqslant 3$）电线拉过了河，准备接到对岸的配电盘上。但是，他在原岸忘了在线头的两端贴上对应的标签，结果造成了接线的困难。请问，在不把 n 根电线重新拉回原岸的情况下，他应如何用最少的过河次数来完成贴上对应标签的任务？

为了完成贴上对应标签的任务，电工可以过河两次运用二进数编码分 3 个步骤来完成：

(1) 在对岸，当 n 为奇数时，留下 1 根电线；当 n 为偶数时，留下 2 根电线，而把其余的电线每两根拧在一起并把线头接通。接着，当 n 为奇数时，取 $k=\log_2(n-2)+1$；当 n 为偶数时，取 $k=\log_2(n-3)+1$，将带

来的标签填上 k 位二进数编码①。

0…000
0…001
0…010
0…011
0…100
0…101
……

然后，带着测试器及标签划船回原岸。

（2）在原岸，利用测试器通过连通与否来找出对岸已拧在一起并接通线头的每两根电线，把找到的各对电线分别也拧在一起（但不把线头接通）。同时，将每一对电线都分别贴上写有 k 位二进数编码的标签 0…000与 0…001，0…010 与 0…011，…（即每一对电线分别贴上右起第一位不同，其他各位均相同的 k 位二进数编码）。另将无法连通而留下的 1 根或 2 根电线，贴上标签 A 或分别贴上标签 A，B。接着，将贴有 A 与 0…000，0…001 与 0…010，0…011 与 0…100，…，每两根电线的线头分别接通（但不必把线头拧在一起）。然后，再带着测试器及剩余标签划船到对岸。

至此，可知电线接通的情况如下：

在原岸接通	在对岸接通
A 与 0…000	0…000 与 0…001
0…001 与 0…010	0…010 与 0…011
0…011 与 0…100	……

若 n 为偶数，则还留有 B 没有跟其他电线接通。

（3）在对岸，对于留有 1 根的电线，贴上标签 A；对于留有 2 根的电线，先利用测试器找出无法与其他电线连通而与原岸 B 相应的电线（贴上标签 B），而留下的另一根电线便是原岸的 A（贴上标签 A）。接

① 当 n 为奇数时，由 $2^{k-1}<n-1\leqslant 2^k$，可得 $2^{k-1}\leqslant n-2<2^k$，进而取对数得，$k-1\leqslant\log_2(n-2)<k$，即 $k=\log_2(n-2)+1$；当 n 为偶数时，由 $2^{k-1}<n-2\leqslant 2^k$，仿照前面的办法，可得 $k=\log_2(n-3)+1$。

着，把原先接通的线头分别断开（但仍拧在一起），找出与A连通的电线，贴上标签0…000，与0…000拧在一起的电线贴上标签0…001；找出与0…001连通的电线，贴上标签0…010，与0…010系在一起的电线贴上标签0…011……这样一直找下去，便把所有的电线都区别开来了。

这里提供的办法，是具有通用性的办法。

现在，顺便再提供一种解决某种特殊情况的办法。当n为“正三角形数”，即$n=1, 3, 6, 10, 15, 21, 28, 36, 45, \cdots, t(t+1)\div 2$(其中，$t$为正整数）时，可用如下方法进行（这里以$n=10$为例）：

(1) 在对岸，用跨接线把10根电线分成1根，2根，3根，4根等4个组，标上每一根电线的组别。然后，带着测试器及标签划船回原岸。

(2) 在原岸，利用测试器通过连通与否来找出每一根电线属于对岸的哪一组。不跟其他电线相通的电线是第一组，贴上标签1；只能彼此相通的两根电线是第二组，贴上标签2，3；只能两两相通的3根电线是第三组，贴上标签4，5，6；照此继续办理下去，直至全部测试完毕。然后，按如下办法进行第二次分组：

	1			
	2	3		
第一次分组法	4	5	6	
	7	8	9	10

第二次分组法

分组的结果，使得第二次分组的每一组内的电线在对岸分属于第一次分组的不同的组。同时，把第二次分组的每一组内的电线用跨接线接通。然后，再带着测试器及剩余标签划船到对岸。

(3) 在对岸，先把原先用跨接线连接的电线分开（但所标的第一次分组的组别不要变动）。接着，利用测试器仿照前面的办法，测试出每一根电线第二次分组的组别。这样，每一根电线都有第一、二次两种组别。由于每一根电线在两种组别中都有独特的位置，据此就可以给每一根电线贴上标签。例如，第一次分在第三组、第二次分在第二组的电线，肯定在原岸的标签是6，因此这边也应贴上标签6。

07 戥秤称珠游戏

称珠问题在数学游戏和智力竞赛中经常遇到，有的还是较古老也较需要动脑筋的问题。这类问题，种类繁多，构思精巧，解法独特，对发展智力、锻炼意志、解决实际问题有着很好的推动作用。这类问题的主要旨趣是：用称出质量的戥秤①（或杆秤、案秤、磅秤、电子秤、弹簧秤、健康秤、地秤等）或者用比较轻重的天平（不带砝码），在若干颗珠中至少称量几次，总能确定是否混杂有伪珠，进而把伪珠找出来。每颗真珠的质量（简称颗重）均相等，而伪珠是指其形状、外壳、颜色与真珠无异，不通过秤具就不能直接辨认出来的珠。这类问题，通常是至多混杂一颗伪珠（或者明确混杂一颗伪珠）。至于伪珠的颗重比真珠轻或重，有的已知，有的未知。当明确混杂一颗伪珠时，一般只要求找出伪珠即可（为避免累赘的叙述，以后一般把这类问题简述为“找出”）；当至多混杂一颗伪珠时，往往要求确定是否混杂有伪珠，进而把伪珠找出来，知道真珠、伪珠的颗重，或者知道伪珠比真珠轻或重（简述为“确定、找出、知道”）。此外，有时也会遇到伪珠有若干颗，需将它们逐一找出来或者其他类型的问题。

现在先来探讨从称出质量入手的戥秤称珠游戏。以后还将探讨从比

---

① 戥秤，称金银珠宝或中药等贵重物品的小秤，也叫戥子、厘戥。杆秤，又称作市秤。磅秤，又称作台秤。

在人们的日常生活和贸易中，人们常说某个物品有多少千克。这里说的重量实际上是质量。因为使用杆秤或磅秤，跟天平一样都是属于杠杆类量具，只能测量物体的质量。千克、克都是质量的单位。

国际计量大会早就建议在科学术语中取消“重量”一词。1984 年 4 月 27 日公布的《中华人民共和国法定计量单位使用方法》接受国际计量大会通过的规定，在科学技术领域中不再采用“重量”一词，今后凡在指力的场合，“重量”应改为“重力”。在日常生活和贸易中采用的“重量”一词今后不再具有力的含义。它只是“质量”的同义词。

本书根据上述情况，采用“质量”一词。请读者留意。

较轻重入手的天平称珠游戏。

7.1 从7颗珠谈起

有这样的一个问题：在7颗珠中，至多混杂有1颗伪珠。真珠的颗重均相等，伪珠的颗重与真珠不同。此外，在其他方面看不出它们的区别。现有一杆很准的戥秤，在下列条件下，至少要称几次，才总能确定是否混杂有伪珠，进而把伪珠找出来，知道真珠、伪珠的颗重。

(1) 已知真珠的颗重；

(2) 已知伪珠的颗重比真珠轻；

(3) 只知伪珠的颗重与真珠不同。

这个问题，要是采用一颗颗用戥秤称量的办法，要称7次，才能保证达到目的。但是，这样的称量次数太多，我们只要称3次，顶多4次，就一定可以“确定、找出、知道”。

(1) 现在，先探讨在已知真珠颗重条件下的解决办法。

我们用二进数的知识来解决这个问题。把7颗珠分别编上序号：①②③④⑤⑥⑦，并配以三位二进数编码表示如表7-1所示。

表7-1

序号	三位二进数编码		
	第一位	第二位	第三位
①	0	0	1
②	0	1	0
③	0	1	1
④	1	0	0
⑤	1	0	1
⑥	1	1	0
⑦	1	1	1

然后，从编码第一位起，遇“0”不上秤称；遇“1”上秤称。这样，在上述三位二进数编码中，第一次称的是各个编码第一位为“1”的珠，即④⑤⑥⑦四颗珠；第二次称的是第二位为“1”的珠，即②③⑥⑦四颗珠；第三次称的是第三位为“1”的珠，即①③⑤⑦四颗珠。

每称一次，都可以通过计算，求出每颗珠的平均质量（简称均重）。

显然，称的时候，有的质量正常（均重等于真珠的颗重），有的质量不正常（均重不等于真珠的颗重）。根据3次称量的结果，总能“确定、找出、知道”。例如，称3次，每一次都正常。由于没有采用三位二进数编码000，每一颗珠都有上秤称过。因此，这就等于告诉我们：没有伪珠混杂在内。又如，称三次，第一、第二次不正常，第三次正常。这就等于告诉我们：伪珠第一、第二次有上秤称，第三次没上秤称。也就是说，伪珠的三位二进数编码应是110。由于上述与110相配的序号是⑥。因此可以作出判断：⑥是伪珠。然后，在某一次不正常的质量中，利用已知的真珠颗重，总能算出伪珠的颗重。

我们在已知真珠颗重的条件下，当7颗珠至多混杂有1颗伪珠时，用戥秤称3次，圆满地解决了“确定、找出、知道”的问题。在探讨的过程中，我们也知道了：在已知真珠颗重的条件下，当7颗珠明确混杂有1颗伪珠时，用戥秤称3次，同样可以圆满地解决“找出”的问题。

(2) 其次，探讨在已知伪珠的颗重比真珠轻的条件下（如果伪珠的颗重比真珠重，亦可作出类似的解答），如何解决这个问题。

沿用前面的办法，着重考虑二进数知识的运用。把7颗珠分别编上序号：①②③④⑤⑥⑦，并配以如前所示的三位二进数编码。接着，在前面确定的以④⑤⑥⑦称第一次，以②③⑥⑦称第二次，以①③⑤⑦称第三次，同时求出每一次称珠时的均重的基础上来加以考虑。

显然，称了3次，每次称时珠的颗数相同，当至多混杂一颗伪珠或者明确混杂一颗伪珠时，三者的均重不可能互不相等（否则，伪珠的颗数将超过一颗）。这样，在3次称量中，根据其中一次或两次均重相对较轻，另两次或一次均重相对较重的结果，总能“确定、找出、知道”。例如，称3次，第一次均重相对较轻，第二、第三次均重相对较重。这就等于告诉我们：伪珠第一次有上秤称，第二、第三次没上秤称。也就是说，伪珠的三位二进数编码是100。由于上述与100相配的序号是④。因此可以作出判断：④是伪珠。找出伪珠之后，由于在均重相对较重的那一次称量中，每一颗珠都是真珠，因而珠的均重就是真珠的颗重；进而利用真珠的颗重，在均重相对较轻的一次称量中，总能算出伪珠的颗重。

还有，在3次称量中，当三者的均重都相等时，有两种可能：若明确混杂一颗伪珠，则3次都上秤称过的⑦是伪珠，但真珠、伪珠的颗重未明；若至多混杂一颗伪珠，则⑦可能是真珠，也可能是伪珠，需要单独将⑦再称一次才能确定它是否伪珠。若是伪珠，进而也就知道了伪珠的颗重，接着利用伪珠的颗重，可算出真珠的颗重。

至此可以得到：在已知伪珠的颗重比真珠轻的条件下，对于7颗珠，当明确混杂一颗伪珠时，用戥秤称3次，总能找出伪珠（尽管有时真珠、伪珠的颗重未明）；当至多混杂一颗伪珠时，用戥秤要称4次，总能确定是否混杂有伪珠，进而把伪珠找出来，知道真珠、伪珠的颗重。

（3）最后，探讨在只知伪珠的颗重与真珠不同的条件下，如何解决这个问题。

在伪珠的颗重与真珠不同的条件下，能不能也是用戥秤称3次，在7颗珠中，当明确混杂一颗伪珠时，解决“找出”的问题？或者当至多混杂一颗伪珠时，解决“确定、找出、知道”的问题呢？对于前者，我们的回答是：能，不过较复杂一些罢了；对于后者，我们的回答是：不完全能，有的需要再称一次才能解决问题。

仍然仿照前面的办法，用二进数的知识来探讨这个问题。把7颗珠分别编上序号：①②③④⑤⑥⑦，并配以如前所示的三位二进数编码。接着，在前面确定的以④⑤⑥⑦称第一次，以②③⑥⑦称第二次，以①③⑤⑦称第三次，同时求出每一次称时珠的均重的基础上来加以考虑。

先指出一个规律：如果明确混杂一颗伪珠，且两次称时珠的颗数相同，那么，当均重相等时，伪珠必在两次称时都未出现过的或都有出现过的之中，而在且仅在其中出现过一次的均为真珠；当均重不等时，伪珠必在且仅在两次称的某一次中出现，而两次称时都未出现过的或都有出现过的均为真珠。例如①，

$$[④⑤⑥⑦]=4a,\qquad [②③⑥⑦]=4b,$$

① 以［④⑤⑥⑦］$=4a$表示称量④⑤⑥⑦时，质量为$4a$，其中a是它们的均重。其他类推。

在明确混杂一颗伪珠的条件下，当 $a=b$ 时，伪珠要么是未上秤的①，要么可能是⑥⑦中的某一颗，而在且仅在其中出现过一次的②③④⑤都是真珠（读者不难知道，若②③④⑤中的某一颗是伪珠，就不可能均重相等）；当 $a\neq b$ 时，伪珠就只能是②③④⑤中的某一颗，而①以及⑥⑦必是真珠无疑。

还要指出另一个规律：如果明确混杂一颗伪珠，且两次称时珠的颗数不同，那么当均重相等时，伪珠必是未称的珠，而已称的珠均为真珠（均重即为真珠的颗重）；当均重不等时，伪珠必是已称的珠，而未称的珠均为真珠。例如，

[④⑤⑥⑦]$=4a$，　[②⑥⑦]$=3b$，

在明确混杂一颗伪珠的条件下，当 $a=b$ 时，伪珠必在未称过的①③之中，而已称过的②④⑤⑥⑦都是真珠；当 $a\neq b$ 时，伪珠必在已称过的②④⑤⑥⑦之中，而未称过的①③都是真珠。

这两个规律可以列成表 7-2。

表 7-2

	均重相等	均重不等
颗数相同	唯一混杂在内的伪珠必在两次称时都未出现过的或都有出现过的之中；在且仅在其中出现过一次的均为真珠	唯一混杂在内的伪珠必在且仅在两次称的某一次中出现；两次称时都未出现过的或都有出现过的均为真珠
颗数不同	唯一混杂在内的伪珠必是未称的珠，而已称的均为真珠	唯一混杂在内的伪珠必是已称的珠；而未称的均为真珠

显然，上述两个规律，后者较为直截了当。一般用后者来探讨所提出的问题。为使第二、第三次称时，珠的颗数与第一次不同，把本该第二、第三次上秤称的③拿起来。同时，在第一次称[④⑤⑥⑦]$=4a$，第二次称[②⑥⑦]$=3b$ 之后，为使第三次称时，珠的颗数与第一、第二次不同，第三次只宜用 1 或 2 颗珠来称。这样，已经拿起来的③不必再上秤称了；已经断定为真珠的，也可以根据具体情况，决定是否再上秤称（即第三次称的只能是①⑤⑦中的 1 或2 颗）。

现在来探讨前面提出的问题。对于第一次称[④⑤⑥⑦]$=4a$，第二次称[②⑥⑦]$=3b$，当 $a=b$ 时，②④⑤⑥⑦可断定为真珠，真珠颗重为 a。这样，第三次称时，可只用①来称。设[①]$=c$。若 $a\neq c$，说明

①是伪珠，伪珠颗重为 c。若 $a=c$，说明①是真珠。这时，当明确混杂一颗伪珠时，伪珠只能是拿起来的③，需要再称一次才能知道伪珠的颗重；当至多混杂一颗伪珠时，拿起来的③可能是伪珠，同样需要再称一次，并与真珠颗重 a 进行比较，才能确定③是否伪珠，进而知道伪珠的颗重。

当 $a\neq b$ 时，①③可断定为真珠。为此，第三次称时，可只用⑤⑦来称。设［⑤⑦］$=2d$。若 $a=d$，则④⑤⑥⑦都是真珠，真珠颗重为 a；②是伪珠，伪珠颗重为 $3b-2d$。若 $b=d$，则②⑤⑥⑦都是真珠，真珠颗重为 b；④是伪珠，伪珠颗重为 $4a-3b$。若 $a\neq d$，$b\neq d$，则②④是真珠，伪珠在⑤⑥⑦之中。这时如何进一步辨别呢？

这里⑥只在第一、二次出现，第三次没有出现。若⑥是伪珠，便有 $4a-3b=$［④⑤⑥⑦］－［②⑥⑦］＝［④⑤］－［②］＝真珠颗重，而⑤⑦是真珠，真珠颗重为 d。因此，$4a-3b=d$。反之，当 $4a-3b=d$ 时，有 2［④⑤⑥⑦］－2［②⑥⑦］＝［⑤⑦］，即［④④⑤］－［②②］＝［⑦］。由于已断定②④为真珠，⑤⑦又不能同为伪珠。因此，只能⑥为伪珠。总之，当且仅当 $4a-3b=d$ 时，⑥为伪珠，真珠颗重为 d，伪珠颗重为 $3b-2d$。注意：当 $a\neq b$ 时，由 $4a-3b=d$，可知 $a\neq d$，$b\neq d$。因此，不必再注明 $a\neq d$，$b\neq d$。

同理可以断定，当且仅当 $2a-d=b$ 时，⑤为伪珠，真珠颗重为 b，伪珠颗重为 $4a-3b$；当且仅当 $3b-2a=d$ 时，⑦为伪珠，真珠颗重为 $4a-3b$，伪珠颗重为 $4d-3b$。

以上称量方案，可以简明地综述如下：

［④⑤⑥⑦］$=4a$ ［②⑥⑦］$-3b$	当 $a=b$ 时 ［①］$=c$	若 $a=c$	则③可能是伪珠
		若 $a\neq c$	则①是伪珠
	当 $a\neq b$ 时 ［⑤⑦］$=2d$	若 $a=d$	则②是伪珠
		若 $b=d$	则④是伪珠
		若 $4a=3b+d$	则⑥是伪珠
		若 $2a=b+d$	则⑤是伪珠
		若 $2a=3b-d$	则⑦是伪珠

这个称量方案可以让我们在 7 颗珠中，用戥秤称 3 次，当每一次称量的均重不全相等时，找出混杂在内的唯一的一颗伪珠，知道真珠、伪

珠的颗重；当每一次称量的均重全部相等时，这个均重就是真珠的颗重，伪珠只可能是拿起来的③。这时，若明确混杂一颗伪珠，则③是伪珠，需要再称一次，才能知道伪珠的颗重；若至多混杂一颗伪珠，则也需要再称一次，通过与真珠颗重的比较，确定③是否伪珠，进而知道伪珠的颗重。

如果拿起来的不是原定第二、三次要上秤称的③，而是原定第一、三次要上秤称的⑤，那么还可以得到如下的称量方案。不过，当⑤可能是伪珠时，仍需要再称一次才能解决问题。

[④⑥⑦]$=3a$
[②③⑥⑦]$=4b$

- 当 $a=b$ 时，[①]$=c$
  - 若 $a=c$，则⑤可能是伪珠
  - 若 $a\neq c$，则①是伪珠
- 当 $a\neq b$ 时，[③⑦]$=2d$
  - 若 $a=d$，则②是伪珠
  - 若 $b=d$，则④是伪珠
  - 若 $a=2b-d$，则③是伪珠
  - 若 $3a=4b-d$，则⑥是伪珠
  - 若 $3a=2b+d$，则⑦是伪珠

至此，人们可能会问：是否有着另一个称量方案，在伪珠的颗重与真珠不同的条件下，也是用戥秤称 3 次，在 7 颗珠中总能“确定、找出、知道”呢？我们的回答是：这样的称量方案是不存在的。由于在后面的论述中需要涉及这样的结论，因此，在这里有必要谈谈不存在的理由。

假设存在这样的称量方案：在伪珠的颗重与真珠不同的条件下，对于 7 颗珠，用戥秤称 3 次，总能“确定、找出、知道”。那么，可以用三位二进数编码表示之。其中，第一、第二、第三位分别表示第一、第二、第三次称的珠，不上秤称用“0”记之，上秤称用“1”记之。这样，表示三次都不上秤称的三位二进数编码 000 是不会出现的（否则，当它是伪珠时，由于都没有上秤称，就无法知道它的颗重，需要再称一次才能解决问题），7 颗珠①②③④⑤⑥⑦，能且仅能分别用三位二进数编码 001，010，011，100，101，110，111 来表示。这就说明，第一次称[④⑤⑥⑦]$=4a$，第二次称[②③⑥⑦]$=4b$。进而，对于 $a=b$ 这种情况，②③④⑤是真珠，伪珠在①⑥⑦之中。这样，第三次称就应含有①⑦两珠（应该含有①，否则①将成为 000；应该含有⑦，否则⑥⑦

就没有区别；不能再含有⑥，否则无法区别⑥⑦）。不论第三次称时珠的颗数是 2，3，还是 4，假设称得的均重为 c，当 $a \neq c$ 时，都会出现：①可能是伪珠，⑥也可能是伪珠，无法区分它们。因此，假设的称量方案是行不通的，也就是说它是不存在的。

至此，可以得到这样的结论：在伪珠的颗重与真珠不同的条件下，对于 7 颗珠，当明确混杂一颗伪珠时，用戥秤称 3 次，总能找出伪珠（知道真珠的颗重，而伪珠的颗重有时未明）；当至多混杂一颗伪珠时，用戥秤要称 4 次，才能确定是否混杂有伪珠，进而把伪珠找出来，知道真珠、伪珠的颗重。

综上所述，在 3 种不同的条件下，对于 7 颗珠，当明确混杂一颗伪珠时，解决了“找出”的问题；当至多混杂一颗伪珠时，解决了“确定、找出、知道”的问题。这里各种不同的情况，用戥秤称的次数，以及所能解决的问题存在着微妙的差异。这里，“伪珠的颗重与真珠不同”“至多混杂一颗伪珠”是最为宽松的条件，其他各种条件都被它所包容。因此，在其他各种条件下的称量次数及其所能解决的问题，都不会超过在“伪珠的颗重与真珠不同”“至多混杂一颗伪珠”条件下的称量次数及其所能解决的问题。由此，特别要明确如下 3 点：首先，由于“明确混杂一颗伪珠”，都可以作为“至多混杂一颗伪珠”来对待，因此，在同等条件下，“明确混杂一颗伪珠”的称量次数及其所能解决的问题，不会超过“至多混杂一颗伪珠”的称量次数及其所能解决的问题。其次，由于“伪珠的颗重与真珠不同”包含有“已知真珠颗重”与“未知真珠颗重”两种情况，因此，在同等条件下，“已知真珠颗重”的称量次数及其所能解决的问题，不会超过“伪珠的颗重与真珠不同”的称量次数及其所能解决的问题。再次，由于“伪珠的颗重比真珠轻”，都可以作为“伪珠的颗重与真珠不同”来处理，因此，在同等条件下，“伪珠的颗重比真珠轻”的称量次数及其所能解决的问题，不会超过“伪珠的颗重与真珠不同”的称量次数及其所能解决的问题。

细心的读者可能在比较中会发现，对于 7 颗珠，在同样是“明确混杂一颗伪珠”的前提下，“伪珠的颗重比真珠轻”与“伪珠的颗重与真珠不同”，两者共同之处都是用戥秤称 3 次，总能找出伪珠，伪珠的颗重未必都能知道。但是，前者真珠的颗重有时未明；而后者真珠的颗重却都能知道。这是否有违前面“不会超过”的论述呢？这里必须作些说明，由于当明确混杂一颗伪珠时，一般只要求“找出”即可。因此，是否知道真珠的颗重，并不重要。在日常生活中，一般追求称量过程尽可能简单，这里前者所采用的称量过程，明显比后者简单得多。对于这个问题，如果要求前者也是都能知道真珠的颗重，那么将前者改用后者的称量过程就可以达到目的。至于这里为什么会出现这种情况，需要从称法的角度再作探讨。

在前面（1）、（2）介绍的称法中，事先将各颗珠进行编码，然后按照编码的情况逐次称量，这样的称法叫做编码称法。它的特点是：需要先用进位数来进行编码，并按照这样的编码来称量；由于每一次称量的对象都是根据编码确定的，因而每一次称量都是彼此独立的，不受前一次称量结果的影响，它的称量顺序是可以更动的；但是，它的称量次数是固定不变的。它是一种把问题编成符号化、形式化的程序后，机器可以接受的称法。

在现实生活中还可以看到另一种称法。现以上述在已知真珠颗重条件下的问题为例来加以说明。至于在其他条件下的问题如何运用这一种称法，留给读者思考。

把 7 颗珠对分成接近相等的 3 颗与 4 颗两个部分，第一次拿 3 颗（或 4 颗）来称，看看其质量是否正常。如果正常，说明未称的珠中可能含有伪珠；如果不正常，说明已称的珠中肯定含有伪珠。接着，把可能含有伪珠或者肯定含有伪珠的那一部分，再对分成相等（当那一部分珠的颗数为偶数时）或者接近相等（当那一部分珠的颗数为奇数时）的两个部分，拿其中的一个部分来称……这样经过 3 次称量，如果有某几次质量不正常，那么就可以肯定混杂有伪珠，进而把伪珠找出来；如果 3 次称量的质量都正常，每一颗珠都有上秤称过，那么就说明没有伪珠混杂在内（如果不是每一颗珠都上秤称过，那么未称的珠就可能是混杂的伪珠）。

这里介绍的另一种称法是：在第一次称量的基础上，根据前一次称量的结果，确定下一次称量的对象，直至求出答案为止，这样的称法叫做关联称法。对分只是关联称法中一种常见的方式。关联称法还有其他方式①。关联称法的特点是：每称一次，就要弄清哪些是真珠，伪珠可以缩小到哪个较小的范围内；它不必进行编码，除第一次外，后面每一次的称量对象都要依据上一次的称量结果而定，它们彼此之间是相互关联的，前一次称量的结果不同，后一次称量的对象也就不同，要随着情况的变化而变化。

对于上述问题，当至多混杂一颗伪珠时，编码称法总能“确定、找出、知道”；而关联称法却未必如此。例如，上述问题第一次拿 3 颗珠来称，如果质量正常，那么伪珠可能在未称的 4 颗中。接着，从未称的珠中拿出 2 颗来称第二次，如果质量仍正常，那么伪珠可能在未称的 2 颗中。第三次再拿出其中的 1 颗来称，如果质量还是正常，那么已称的（3＋2＋1＝）6 颗珠就都是真珠，而剩下未称的哪一颗是否伪珠，无法确定，需要再称一次才能解决问题。

另外，关联称法在已经找出伪珠的情况下，却未必如同编码称法那样，都能知道伪珠的颗重。例如，上述问题第一次拿 3 颗珠来称，如果质量正常，那么伪珠可能在未称的 4 颗中。接着，从未称的珠中拿出 2 颗来称第二次，如果质量不正常，那么伪珠肯定在已称的 2 颗中。第三

---

① 比较常见的还有取幂式关联称法。现举一例说明之。例如，在 11 枚金币中，至多混杂有 1 枚伪币。真币的枚重均相等，伪币与真币的枚重不同。在已知真币枚重的条件下，采用取幂式关联称法，说明用戥秤至少称几次，才能完全有把握把伪币查出来？其具体称法如何？能知道伪币的枚重吗？

我们指出，从完全有把握把伪币查出来着想，至少称 4 次才能解决问题，其取幂式关联称法是：从 11 枚金币中任取（2^3＝）8 枚（系最接近 11 的 2 的幂），称第一次。若质量不正常，则肯定混杂有伪币，伪币在已称的币中。接着，把已称的币平均分成两部分，每一部分（2^2＝）4 枚。从中任取一个部分，称第二次。若质量正常，则伪币在未称的那一部分；若质量不正常，则伪币在已称的那一部分。这样，称一次，就把伪币所在的范围缩小到原先的一半。照此办理，称 3 次，就剩下 2 枚币。再从中任取 1 枚来称第四次，若质量正常，则另一枚是伪币，这时不知道另一枚币的枚重，需要再称一次才能解决问题；若质量不正常，则这一枚就是伪币，同时也就知道了伪币的枚重。

第一次称时，若质量正常，则已称的都是真币，伪币可能在未称的（11－8＝）3 枚中。接着，在已确定为真币的 8 枚中取出若干枚，把 3“凑”成它最接近的 2 的幂。显然，这是能够办到的。对于“凑”成后的（2^2＝）4 枚币，我们仿照前面的办法，把 4 枚币平均分成两部分，每一部分 2 枚。从中任取一个部分，称第二次。照此办理，称第三次后，就可以得到一枚币：当前面得到的有肯定的范围时，它肯定是伪币，同时也就知道了伪币的枚重；当前面得到的都是可能的范围时，它可能是伪币，需要再称一次才能确定是否伪币，并知道它的枚重。顺便指出，在某些情况下，实际称量的总次数可能少于 4 次。这是使用取幂式关联称法的长处。

次再拿出其中的 1 颗来称，如果质量正常，那么就可以断定未称的另一颗是伪珠。不过，这时还不知道伪珠的颗重，也是需要再称一次才能解决问题。

关联称法尽管有着上述的不足。然而，在日常生活中，采用关联称法有时也有它的好处。关联称法的称量次数不像编码称法那样固定不变。如果情况凑巧，关联称法的称量次数会少一些。例如，上述问题第一次拿 3 颗珠来称，如果质量不正常，那么伪珠在已称的珠中。进而，把这 3 颗珠再对分成 1 颗与 2 颗两个部分。第二次拿 1 颗珠来称，如果质量仍不正常，说明这颗珠就是伪珠。这样，情况凑巧，称两次就找出了伪珠，同时也就知道了伪珠的颗重。这种凑巧的情况在编码称法中是不会出现的。

一般地说，关联称法的操作比较简单，它不像编码称法那样，每次都要动用很多的珠，这未免太麻烦了。但是，编码称法的设计比较程序化，有一定的规律可循，它不像关联称法那样，思路比较“野”，而且对于同一个问题，共有几种编码称法，是比较好把握的。编码称法与关联称法未必是一一对应的。总之，两种称法各有利弊，要因题制宜采用它们。

本书以探讨称珠游戏的编码称法为主，但也不完全排斥关联称法。在前面（3）介绍的称法中，就体现了编码称法与关联称法两者相辅相成的有机结合。这种两者有机结合的称法，有时比单纯使用一种称法来得更为优越。

7.2 推广到一般情况

前面探讨了用戥秤称，珠的颗数 $m=7$，在 3 种不同条件下，当明确混杂一颗伪珠时，如何解决“找出”的问题；或者当至多混杂一颗伪珠时，如何解决“确定、找出、知道”的问题。如果把上述问题推广到一般，将会有怎样的结论呢？

先来探讨已知真珠颗重的情况。

显然，在已知真珠颗重的条件下，当明确混杂一颗伪珠时，对于 $m=1$，不用称，它就是伪珠了，对于 $m=2$，需要称 1 次，才能从中“找出”；当至多混杂一颗伪珠时，对于 $m=1$，需要称 1 次，并与真珠的颗重进行比较，才能“确定、找出、知道”。因此规定：在已知真珠颗重的条件下，当明确混杂一颗伪珠时，探讨珠的颗数 $m \geqslant 2$ 的情况；当至多混杂一颗伪珠时，探讨珠的颗数 $m \geqslant 1$ 的情况。与这两者相应的是，探讨称量次数 $n \geqslant 1$ 的情况。

现在来看看，在已知真珠颗重的条件下，用戥秤称 n 次（$n \geqslant 1$），至多能在多少颗珠中，确定是否混杂有唯一的一颗伪珠，进而把伪珠找出来？

依次把每一次不上秤称的珠，标记一个“0”；上秤称的珠，标记一个“1”。这样，称了 n 次以后，每颗珠就标有 n 个有序的数字（0 或 1）。也就是说，每一颗珠对应一个 n 位二进数。由于 n 位二进数最多只能表示 2^n 个不同的自然数，如果珠的颗数多于 2^n 颗，那么根据狄利克雷抽屉原理，就至少有两颗珠对应于同一个 n 位二进数。换句话说，就会至少有两颗珠在整个 n 次称量的过程中是“同上同下”的。当伪珠恰是其中的一颗时，就无从辨别出来。因此，称 n 次只可能在不超过 2^n 颗珠中，确定是否混杂有唯一的一颗伪珠，进而把伪珠找出来。那么，这种可能办得到吗？对此，用编码称法来证明，至于关联称法的情况留给读者思考。

对于珠的颗数 $m \leqslant 2^n$，当 $m = 2^n$ 时，用所有的 n 位二进数作为编码；当 $m < 2^n$ 时，用除 n 个 0 组成的 n 位二进数外的其他 n 位二进数作为编码（当 $m < 2^n$ 时，编码未必要求是连续的 n 位二进数）。这样称 n 次，如果每一次都正常，说明已称的都是真珠。这时若没有以 n 个 0 组成的 n 位二进数作为编码，那就没有伪珠了；若有以 n 个 0 组成的 n 位二进数作为编码，那么当明确混杂一颗伪珠时，伪珠就只能是以此为编码的珠，但尚不知道伪珠的颗重。否则，当至多混杂一颗伪珠时，就不能断定以 n 个 0 组成的 n 位二进数为编码的珠是否伪珠，需要再称一次，才能作出断定，进而知道它的颗重。

如果称 n 次，有某几次（甚至 n 次）不正常，说明一定含有伪珠，伪珠在这某几次称量中都有出现；而在其他几次称量中都没有出现。这样，可以根据伪珠在 n 次称量中，出现与否的情况，确定其相应的编码，把伪珠找出来。进而，在某一次其结果为不正常的称量中，利用已知的真珠颗重，总可以算出伪珠的颗重。

综上所述，在已知真珠颗重的条件下，用戥秤称 n 次（$n \geqslant 1$），当明确混杂一颗伪珠时，能且仅能在 m 颗珠中（$2 \leqslant m \leqslant 2^n$），把伪珠找出来（未必都能知道伪珠的颗重）；当至多混杂一颗伪珠时，能且仅能在

m 颗珠中（$1\leqslant m\leqslant 2^n-1$），确定是否混杂有伪珠，进而把伪珠找出来，知道伪珠的颗重。

现在，探讨上述问题之逆：在已知真珠颗重的条件下，当明确混杂一颗伪珠时，在 m 颗珠中（$m\geqslant 2$），用戥秤至少称几次，总能“找出”[①]；当至多混杂一颗伪珠时，在 m 颗珠中（$m\geqslant 1$），用戥秤至少称几次，总能“确定、找出、知道”呢？

已经知道，在已知真珠颗重的条件下，当明确混杂一颗伪珠时，称 n 次（$n\geqslant 1$），只能在不超过 $m=2^n$ 颗珠中“找出”；称 $n-1$ 次，只能在不超过 $m=2^{n-1}$ 颗珠中“找出”。因此，在已知真珠颗重的条件下，当明确混杂一颗伪珠时，对于给定的 m 颗珠（$2^{n-1}+1\leqslant m\leqslant 2^n$），用戥秤至少称 $n=\log_2(m-1)+1$ 次[②]，总能把伪珠找出来。

我们知道，在已知真珠颗重的条件下，当至多混杂一颗伪珠时，称 n 次（$n\geqslant 1$），只能在不超过 $m=2^n-1$ 颗珠中“确定、找出、知道”；称 $n-1$ 次，只能在不超过 $m=2^{n-1}-1$ 颗珠中“确定、找出、知道”。因此，在已知真珠颗重的条件下，当至多混杂一颗伪珠时，对于给定的 m 颗珠（$2^{n-1}\leqslant m\leqslant 2^n-1$），用戥秤至少称 $n=\log_2 m+1$ 次[③]，总能确定是否混杂有伪珠，进而把伪珠找出来，知道伪珠的颗重。

如果按部就班，接着探讨在已知伪珠的颗重比真珠轻的条件下的情况，然后再探讨在只知伪珠的颗重与真珠不同的条件下的情况，那将是相当麻烦的。现在，一竿子插到底，先探讨包容以上各种情况的问题：在伪珠的颗重与真珠不同的条件下，当至多混杂一颗伪珠时，用戥秤称 n 次，至多在多少颗珠中，才总能“确定、找出、知道”呢？

显然，在伪珠的颗重与真珠不同的条件下，当至多混杂一颗伪珠时，对于 $m=1$，2，由于没有可供比较的参照标准，即使称出各珠的颗

---

① 这里采用“至少称几次，总能……”的说法，表明再多称一次或几次，也总能解决问题，但是这不是我们追求的目标；同时，亦表明再少称一次或几次，就不会达到总能解决问题的目的。尽管用戥秤称，有时称一、两次就可以解决问题，但是这是偶有的现象，与我们追求的普遍适用的结论不同。读者务必区分清楚。

② 由 $2^{n-1}+1\leqslant m\leqslant 2^n$，考虑到 m 是整数，可得 $2^{n-1}\leqslant m-1<2^n$。进而取对数得，$n-1\leqslant\log_2(m-1)<n$，即 $n-1=\log_2(m-1)$。因此，$n=\log_2(m-1)+1$。

③ 由 $2^{n-1}\leqslant m\leqslant 2^n-1$，$m$ 是整数，可得 $2^{n-1}\leqslant m<2^n$。进而取对数得，$n-1\leqslant\log_2 m<n$，即 $n-1=\log_2 m$。因此，$n=\log_{2m}+1$。

重，都无从断定它是否伪珠；对于 $m=3$，通过试验容易知道：称 2 次，无法总能“确定、找出、知道”，称 3 次，才总能“确定、找出、知道”。因此规定：在伪珠的颗重与真珠不同的条件下，当至多混杂一颗伪珠时，探讨珠的颗数 $m\geqslant 3$ 的情况，与此相应的是，探讨称量次数 $n\geqslant 3$的情况。

前面得到：在已知真珠颗重的条件下，当至多混杂一颗伪珠时，称 n 次（$n\geqslant 3$），在珠的颗数 m 不超过 2^n-1 中，总能“确定、找出、知道”。根据这个结论，在伪珠的颗重与真珠不同的条件下，当至多混杂一颗伪珠时，称 n 次（$n\geqslant 3$），总能“确定、找出、知道”的珠的颗数 m，显然也不应超过 2^n-1。否则，后者能够“确定、找出、知道”，前者也能“确定、找出、知道”，将导致矛盾。那么，在伪珠的颗重与真珠不同的条件下，当至多混杂一颗伪珠时，称 n 次（$n\geqslant 3$），在 m 颗珠中（$3\leqslant m\leqslant 2^n-1$），总能“确定、找出、知道”吗？

先探讨 $n=3$ 的情况，称 3 次，在 $m=3$，4，5，6，7 颗珠中，是否总能“确定、找出、知道”？

称 3 次，在 3 颗珠中，把每一颗珠逐一称过，总能“确定、找出、知道”。这是毫无疑问的。对于 $m=7$，在前面论述过，称 3 次，并非总能“确定、找出、知道”。现在，对于 $m=4$，5，6，我们指出，在伪珠的颗重与真珠不同的条件下，当至多混杂一颗伪珠时，称 3 次，总能“确定、找出、知道”。其具体方案，可以利用二进数的知识，仿照上述 $m=7$ 的办法进行编造。然而，更为简单的办法是在上述 $m=7$ 的方案的基础上产生。下面分别指出，$m=6$，5，4 的某一种称量方案。

$m=6$ 的称量方案：

[④⑤⑥⑦]$=4a$
[②⑥⑦]$=3b$

- 当 $a=b$ 时 [①]$=c$
  - 若 $a=c$　则没有伪珠
  - 若 $a\neq c$　则①是伪珠
- 当 $a\neq b$ 时 [⑤⑦]$=2d$
  - 若 $a=d$　则②是伪珠
  - 若 $b=d$　则④是伪珠
  - 若 $4a=3b+d$　则⑥是伪珠
  - 若 $2a=b+d$　则⑤是伪珠
  - 若 $2a=3b-d$　则⑦是伪珠

$m=5$ 的称量方案：

$[④⑤]=2a$，$[②③]=2b$

- 当 $a=b$ 时，$[①]=c$
  - 若 $a=c$　　则没有伪珠
  - 若 $a\neq c$　　则①是伪珠
- 当 $a\neq b$ 时，$[①③⑤]=3d$
  - 若 $a=d$　　则②是伪珠
  - 若 $b=d$　　则④是伪珠
  - 若 $2a+b=3d$　　则⑤是伪珠
  - 若 $a+2b=3d$　　则③是伪珠

$m=4$ 的称量方案：

$[④]=a$，$[②③]=2b$

- 当 $a=b$ 时，$[①]=c$
  - 若 $a=c$　　则没有伪珠
  - 若 $a\neq c$　　则①是伪珠
- 当 $a\neq b$ 时，$[③]=d$
  - 若 $b=d$　　则④是伪珠
  - 若 $a=d$　　则②是伪珠
  - 若 $a=2b-d$　　则③是伪珠

至此已经知道，$n=3$ 时，除了 $m=7$ 的情况有所特别外，在 $m=3$，4，5，6 中，均能"确定、找出、知道"。如何把这些结论进一步加以推广呢？

为此指出如下关于推广的规律：在伪珠的颗重与真珠不同的条件下，当至多混杂一颗伪珠时，如果称 n 次（$n\geqslant 3$），可在 m 颗珠中，确定是否混杂有伪珠，进而把伪珠找出来，知道真珠、伪珠的颗重，那么称 $n+1$ 次也可在 $2m$ 或 $2m+1$ 颗珠中，确定是否混杂有伪珠，进而把伪珠找出来，知道真珠、伪珠的颗重。

事实上，可将 $2m$ 颗珠，分成 m 组，每组 2 颗珠；或者在 $2m+1$ 颗珠中，任意留下 1 颗珠，然后将 $2m$ 颗珠，分成 m 组，每组 2 颗珠。这样，根据题设条件，称 n 次（$n\geqslant 3$），可在 m 组中，确定是否有着唯一的一组含有伪珠。如果有着含有伪珠的组，那么可以找出这个组，并知道不含有伪珠的组与含有伪珠的组的质量。这样，真珠、伪珠的颗重也就可以算出来了。接着，在含有伪珠的组中，任取一颗珠称第 $n+1$ 次，便可找出伪珠。如果没有含有伪珠的组，那么已称的都是真珠，从中可知真珠的颗重。这时，若珠的颗数为 $2m$，便可断定不含有伪珠了；若珠的颗数为 $2m+1$，那么将留下而未称的那一颗珠，称第 $n+1$ 次，就可以确定它是否伪珠，进而把伪珠找出来，也就知道了伪珠的颗重。

根据上述推广规律，对于 $m=3$，该结论没有在 $m=6$ 中推广的必要（如果加以推广，得到的将是：称 4 次，可在 $m=6$ 中，总能“确定、找出、知道”。这里称量次数超过前面得到的 3 次，因而不是最佳的方案）。对于 $m=4$，5，6 的结论，可以将其推广到 $m=8$，9，10，11，12，13，进而再推广到 $m=16\sim27$，…。然而，对于 $m=7$，在伪珠的颗重与真珠不同的条件下，当至多混杂一颗伪珠时，称 3 次，并非都是总能“确定、找出、知道”。因此，$m=7$ 的结论不具备推广的条件。这样，$m=14$、15，就需另行探讨。

当 $m=14$ 时，把 14 颗珠分别编上序号：②③④⑤⑥⑦⑧⑨⑩⑪⑫⑬⑭⑮；当 $m=15$ 时，多出一颗珠的序号为①，并配以四位二进数编码表示如表 7-3 所示。

表 7-3

序号	四位二进数编码			
	第一位	第二位	第三位	第四位
①	0	0	0	1
②	0	0	1	0
③	0	0	1	1
④	0	1	0	0
⑤	0	1	0	1
⑥	0	1	1	0
⑦	0	1	1	1
⑧	1	0	0	0
⑨	1	0	0	1
⑩	1	0	1	0
⑪	1	0	1	1
⑫	1	1	0	0
⑬	1	1	0	1
⑭	1	1	1	0
⑮	1	1	1	1

接着，按照四位二进数编码左起三位数相同的情况，把珠分成 7 组：(1)［当 m=14 时为（②③）；当 $m=15$ 时为（①②③）］，(2)（④⑤），(3)（⑥⑦），(4)（⑧⑨），(5)（⑩⑪），(6)（⑫⑬），(7)（⑭⑮）。第一次以四位二进数编码第一位为“1”的珠称之，设［(4)(5)(6)(7)］=8a，

第二次以四位二进数编码第二位为“1”的珠称之，设[(2)(3)(6)(7)]$=8b$。

若 $a=b$，则伪珠在（1）（6）（7）中，即在②③⑫⑬⑭⑮或①②③⑫⑬⑭⑮中，其他为真珠。这时已知［⑫⑬⑭⑮●●●●］$=8a$，其中，●是真珠。第三次以四位二进数编码第三位为“1”的珠（已断定为真珠的除外）称之，设［②③⑭⑮］$=4c$。当 $a=c$ 时，真珠颗重为 a。这时，若 $m=14$，没有①，则都是真珠，没有伪珠；若 $m=15$，则第四次以四位二进数编码第四位为“1”的珠（已断定为真珠的除外）称之，设［①］$=d$。若 $a=d$，则没有伪珠；若 $a\neq d$，则①是伪珠，伪珠颗重为 d。当 $a\neq c$ 时，伪珠必在②③⑫⑬⑭⑮之中，第四次以四位二进数编码第四位为“1”的珠（已断定为真珠的除外）称之，设［③⑬⑮］$=3e$。若 $a=e$，则②是伪珠，真珠颗重为 a，伪珠颗重为 $4c-3e$；若 $a=4c-3e$，则③是伪珠，真珠颗重为 a，伪珠颗重为 $3e-2a$；若 $c=e$，则⑫是伪珠，真珠颗重为 c，伪珠颗重为 $8a-7c$；若 $8a=5c+3e$，则⑬是伪珠，真珠颗重为 c，伪珠颗重为 $3e-2c$；若 $2a=c+e$，则⑭是伪珠，真珠颗重为 e，伪珠颗重为 $4c-3e$；若 $2a=5c-3e$，则⑮是伪珠，真珠颗重为 $4c-3e$，伪珠颗重为 $9e-8c$。

若 $a\neq b$，则伪珠必在（2）(3)(4)(5）之中，第三次以四位二进数编码第三位为“1”的珠（已断定为真珠的除外）称之，设［(3)（5)］$=4f$。当 $a=f$ 时，伪珠在（2）（④⑤）中，真珠颗重为 a，伪珠颗重为 $8b-7a$。第四次以四位二进数编码第四位为“1”的珠（已断定为真珠的除外）称之，设[⑤]$=g$,若 $a=g$，则④为伪珠；若 $a\neq g$，则⑤为伪珠。当 $a=2b-f$ 时，伪珠在（3）中，真珠颗重为 a，伪珠颗重为 $4f$ $3a$；当 $b=f$ 时，伪珠在（4）中，真珠颗重为 b，伪珠颗重为 $8a-7b$；当 $2a=b+f$ 时，伪珠在（5）中，真珠颗重为 b，伪珠颗重为 $4f-3b$。当伪珠在（3）或（4）或（5）中时，可仿照前面办法找出伪珠，知道真珠、伪珠的颗重。

我们探讨了 $m=14$，15 的情况，由此可知它们具备推广的条件，根据上述关于推广的规律，可以将其推广到 $m=28$，29，30，31，然后再推广到……

综上所述，可以得到如下的结论：在伪珠的颗重与真珠不同的条件下，当至多混杂一颗伪珠时，若用戥秤称的次数 $n=1$ 或 2，得不到有意义的结果；若 $n=3$，在 $m=3\sim6$ 中，总能确定是否混杂有伪珠，进而把伪珠找出来，知道真珠、伪珠的颗重；若 $n=4$，在 $m=7$ 中，总能确定是否混杂有伪珠，进而把伪珠找出来，知道真珠、伪珠的颗重；若 $n\geqslant4$，在 m 颗珠中（$2^{n-1}\leqslant m\leqslant2^n-1$），总能确定是否混杂有伪珠，进而把伪珠找出来，知道真珠、伪珠的颗重。

根据上述结论还可以得到：在伪珠的颗重与真珠不同的条件下，当至多混杂一颗伪珠时，若珠的颗数 $m=1$ 或 2，探讨用戥秤称的次数没有什么意义；若 $m=3\sim6$，用戥秤称 $n=3$ 次，总能确定是否混杂有伪珠，进而把伪珠找出来，知道真珠、伪珠的颗重；若 $m=7$，称 $n=4$ 次，总能确定是否混杂有伪珠，进而把伪珠找出来，知道真珠、伪珠的颗重；若 m 满足 $2^{n-1}\leqslant m\leqslant2^n-1(n\geqslant4)$，称 $n=\log_2m+1$ 次①，总能确定是否混杂有伪珠，进而把伪珠找出来，知道真珠、伪珠的颗重。

现在在前面论述的基础上，探讨“明确混杂一颗伪珠”的问题。

显然，在伪珠的颗重与真珠不同的条件下，当明确混杂一颗伪珠时，对于 $m=1$，不用称，它就是伪珠了；对于 $m=2$，由于没有可供比较的参照标准，即使称出各珠的颗重，也无从知道它是否伪珠；对于 $m=3$，通过试验容易知道：称 2 次，无法总能“找出”，称 3 次，才总能“找出”。因此规定：在伪珠的颗重与真珠不同的条件下，当明确混杂一颗伪珠时，探讨珠的颗数 $m\geqslant3$ 的情况，与此相应的是，探讨称量次数 $n\geqslant3$ 的情况。那么，在伪珠的颗重与真珠不同的条件下，当明确混杂一颗伪珠时，用戥秤称 n 次（$n\geqslant3$），至多在多少颗珠中，才总能“找出”呢？

前面得到：在已知真珠颗重的条件下，当明确混杂一颗伪珠时，称 n 次（$n\geqslant3$），在珠的颗数 m（$m\geqslant3$）不超过 2^n 中，总能“找出”。根据这个结论，在伪珠的颗重与真珠不同的条件下，当明确混杂一颗伪珠时，称 n 次（$n\geqslant3$），总能“找出”的珠的颗数 m（$m\geqslant3$），显然也不应超过 2^n。否则，后者能够“找出”，前者也能“找出”，将导致矛盾，

① 由 $2^{n-1}\leqslant m\leqslant2^n-1$，可得，$2^{n-1}\leqslant m<2^n$，$n-1\leqslant\log_2m<n$，即 $n-1=\log_2m$。因此，$n=\log_2m+1$。

那么在伪珠的颗重与真珠不同的条件下，当明确混杂一颗伪珠时，称 n 次（$n\geqslant3$），在 $m=2^n$ 颗珠中，总能“找出”吗？回答：不能。可以用数学归纳法来证明这个论断。

不妨从 n=1 开始证明。经过直接验证，不难知道：称 1 次无法从 $2^1=2$ 颗珠中找出 1 颗伪珠。

假设称 n−1 次无法从 2^{n-1} 颗珠中找出混杂在内的 1 颗伪珠，那么称 n 次也无法从 2^n 颗珠中找出混杂在内的 1 颗伪珠。

事实上，把 2^n 颗珠表成序号为 $0\sim2^n-1$ 所对应的 n 位二进数（表 7-4）。

表 7-4

序号	n 位二进数编码			
	第一位	…	第 $n-1$ 位	第 n 位
0	0	…	0	0
1	0	…	0	1
2	0	…	1	0
3	0	…	1	1
⋮	⋮		⋮	⋮
2^n-2	1	…	1	0
2^n-1	1	…	1	1

以上述各个 n 位二进数编码第一位为“1”的珠，拿来称第一次；第二位为“1”的珠，拿来称第二次……每称一次，都可通过计算，求出它们的均重。以 a_1，a_2 分别表示第一、第二次称的均重。假设称 n 次能够从 2^n 颗珠中找出混杂在内的 1 颗伪珠，那么对于 $a_1=a_2$ 这种情况，称 n 次也是能够从 2^n 颗珠中找出混杂在内的 1 颗伪珠的。但是，当 $a_1=a_2$ 时，伪珠或者两次都未上秤称，或者两次都有上秤称。也就是说，伪珠编码的第一、第二位上的数必为 00 或 11。现在，把 2^n 颗珠分为两部分：第一部分，所有第一、第二位上的数为 00 或 11 的珠（伪珠含在其中）；第二部分，所有第一、第二位上的数为 01 或 10 的珠。不难知道：这两部分珠的颗数相等，都是 2^{n-1} 颗珠，于是问题变为，对于第一部分来说，称 $n-1$ 次可以在 2^{n-1} 颗珠中找出混杂在内的 1 颗伪珠。

这与归纳法假设矛盾。因此，在伪珠的颗重与真珠不同的条件下，当明确混杂1颗伪珠时，称n次无法在2^n颗珠中找出伪珠。

既然如此，那么在伪珠的颗重与真珠不同的条件下，当明确混杂1颗伪珠时，称n次($n\geqslant 3$)，在m颗珠中($3\leqslant m\leqslant 2^n-1$)，总能“找出”吗？

我们知道，在伪珠的颗重与真珠不同的条件下，当至多混杂1颗伪珠时，称3次，在$m=3$，4，5，6颗珠中，总能“确定、找出、知道”。前面已经介绍过它们的称量方案。现在，在伪珠的颗重与真珠不同的条件下，当明确混杂一颗伪珠时，采用这些称量方案，称3次，在$m=3$，4，5，6颗珠中，也一定总能“找出”，只不过不会出现其中的“没有伪珠”而已。至于$m=7$的情况，7.1节已经说明，在伪珠的颗重与真珠不同的条件下，当明确混杂1颗伪珠时，称3次，总能“找出”(尽管有时伪珠的颗重未明)。

如果称量次数$n\geqslant 4$，将会有什么样的情况呢？前面有过这样的结论：在伪珠的颗重与真珠不同的条件下，当至多混杂1颗伪珠时，若称量次数$n\geqslant 4$，在珠的颗数m（$m\geqslant 3$）不超过2^n-1中，总能“确定、找出、知道”。现在把“明确混杂1颗伪珠”当作“至多混杂1颗伪珠”来对待，容易知道：在伪珠的颗重与真珠不同的条件下，当明确混杂1颗伪珠时，称n次（$n\geqslant 4$），在珠的颗数m（$m\geqslant 3$）不超过2^n-1中，也一定总能“找出”。

综上所述，可以得到这样的结论：在伪珠的颗重与真珠不同的条件下，当明确混杂1颗伪珠时，若用戥秤称的次数$n=1$或2，得不到有意义的结果；若$n=3$，在$m=3\sim 7$中，总能把伪珠找出来；若$n\geqslant 4$，在m颗珠中（$2^{n-1}\leqslant m\leqslant 2^n-1$），总能把伪珠找出来。

根据上述结论，可以得到：在伪珠的颗重与真珠不同的条件下，当明确混杂一颗伪珠时，若珠的颗数$m=1$，不用戥秤称，它就是伪珠了；若$m=2$，不论称多少次，都无法确定哪一颗是伪珠；若$m=3\sim 7$，用戥秤称$n=3$次，总能把伪珠找出来；若m满足$2^{n-1}\leqslant m\leqslant 2^n-1$，称$n=[\log_2 m]+1$次①，总能把伪珠找出来。

---

① 由$2^{n-1}\leqslant m\leqslant 2^n-1$，可得，$2^{n-1}\leqslant m<2^n$，$n-1\leqslant \log_2 m<n$，即$n-1=\log_2 m$。因此，$n=\log_2 m+1$。

如果把在伪珠的颗重与真珠不同的条件下，当至多混杂一颗伪珠时得到的结论，与当明确混杂一颗伪珠时得到的结论进行比较。不难发现：在用戥秤称的次数$n\geqslant 3$的前提下，两者就是在$m=7$时有所不同，此外都是相同的。这里相同的部分完全可以用前者的称量方案，来进行后者的称量（只不过不会出现“没有伪珠”而已）。

最后探讨在已知伪珠的颗重比真珠轻的条件下的情况。

显然，在伪珠的颗重比真珠轻的条件下，当明确混杂一颗伪珠时，对于$m=1$，不用称，它就是伪珠了，对于$m=2$，称2次，知道了各珠的颗重，就可“找出”；当至多混杂一颗伪珠时，对于$m=1$，由于没有可供比较的参照标准，即使称出珠的颗重，也无从知道它是否伪珠，对于$m=2$，称2次，知道了各珠的颗重，就可以“确定、找出、知道”。因此规定：在伪珠的颗重比真珠轻的条件下，探讨珠的颗数$m\geqslant 2$的情况，与此相应的是，探讨称量次数$n\geqslant 2$的情况。

在伪珠的颗重比真珠轻的条件下，当至多混杂一颗伪珠时，用戥秤称n次（$n\geqslant 2$），至多在多少颗珠中，才总能“确定、找出、知道”呢？在伪珠的颗重比真珠轻的条件下，当明确混杂一颗伪珠时，用戥秤称n次（$n\geqslant 2$），至多在多少颗珠中，才总能“找出”呢？

当珠的颗数$m=2^n$时，由于n位二进数最多只能表示2^n个不同的自然数，我们就要用所有的n位二进数作为编码。这样称n次，如果每一次珠的均重都相等，这时既可能都是真珠，不混杂有伪珠；也可能是每一次都有上秤称过的珠（它是以n个1组成的n位二进数作为编码）是伪珠；还可能是每一次都没有上秤称过的珠（它是以n个0组成的n位二进数作为编码）是伪珠。三者无法区分开来。因此，对于$m=2^n$颗珠，称n次（$n\geqslant 2$），当至多混杂一颗伪珠时，无法确定是否混杂有伪珠；当明确混杂一颗伪珠时，也无法找出混杂在内的唯一的一颗伪珠。这就是说，在伪珠的颗重比真珠轻的条件下，当至多混杂一颗伪珠时，用戥秤称n次（$n\geqslant 2$），只可能在不超过2^n-1颗珠中，实现总能“确定、找出、知道”；当明确混杂一颗伪珠时，用戥秤称n次（$n\geqslant 2$），也只可能在不超过2^n-1颗珠中，实现总能“找出”。

这样可以把“伪珠的颗重比真珠轻”当作“伪珠的颗重与真珠不同”来处理，综合前面的探讨就有如下两个结论：

在伪珠的颗重比真珠轻的条件下，当至多混杂一颗伪珠时，若用戥秤称的次数 $n=1$，得不到有意义的结果；若 $n=2$，在 $m=2$ 中，总能确定是否混杂有伪珠，进而把伪珠找出来，知道真珠、伪珠的颗重；若 $n=3$，在 $m=3\sim6$ 中，总能确定是否混杂有伪珠，进而把伪珠找出来，知道真珠、伪珠的颗重；若 $n=4$，在 $m=7$ 中，总能确定是否混杂有伪珠，进而把伪珠找出来，知道真珠、伪珠的颗重；若 $n\geqslant4$，在 m 颗珠中（$2^{n-1}\leqslant m\leqslant2^n-1$），总能确定是否混杂有伪珠，进而把伪珠找出来，知道真珠、伪珠的颗重。

在伪珠的颗重比真珠轻的条件下，当明确混杂一颗伪珠时，若用戥秤称的次数 $n=1$，得不到有意义的结果；若 $n=2$，在 $m=2$ 中，总能把伪珠找出来；若 $n=3$，在 $m=3\sim7$ 中，总能把伪珠找出来；若 $n\geqslant4$，在 m 颗珠中（$2^{n-1}\leqslant m\leqslant2^n-1$），总能把伪珠找出来。

探讨上述问题之逆，可以得到：

在伪珠的颗重比真珠轻的条件下，当至多混杂一颗伪珠时，若珠的颗数 $m=1$，探讨用戥秤称的次数没有什么意义；若 $m=2$，用戥秤称 $n=2$次，总能确定是否混杂有伪珠，进而把伪珠找出来，知道真珠、伪珠的颗重；若 $m=3\sim6$，称 $n=3$ 次，总能确定是否混杂有伪珠，进而把伪珠找出来，知道真珠、伪珠的颗重；若 $m=7$，称 $n=4$ 次，总能确定是否混杂有伪珠，进而把伪珠找出来，知道真珠、伪珠的颗重；若 m 满足 $2^{n-1}\leqslant m\leqslant2^n-1$（$n\geqslant4$），称 $n=\log_2m+1$ 次，总能确定是否混杂有伪珠，进而把伪珠找出来，知道真珠、伪珠的颗重。

在伪珠的颗重比真珠轻的条件下，当明确混杂一颗伪珠时，若珠的颗数 $m=1$，不用戥秤称，它就是伪珠了；若 $m=2$，用戥秤称 $n=2$ 次，总能把伪珠找出来；若 $m=3\sim7$，称 $n=3$ 次，总能把伪珠找出来；若 m 满足 $2^{n-1}\leqslant m\leqslant2^n-1$，称 $n=\log_2m+1$ 次，总能把伪珠找出来。

由于“伪珠的颗重比真珠轻”与“伪珠的颗重比真珠重”是一对类似的问题。因此也可以把“伪珠的颗重比真珠重”当作“伪珠的颗重与真珠不同”来处理，这样也可以得到与前类似的结论。

现在作出必要的小结如表 7-5 所示。

表 7-5

类型	m \ n	1	2	3	4	$n\geqslant 5$
已知真珠颗重	明确混杂一颗伪珠	2	3～4	5～8	9～16	$2^{n-1}+1\leqslant m\leqslant 2^n$
	至多混杂一颗伪珠	1	2～3	4～7	8～15	$2^{n-1}\leqslant m\leqslant 2^n-1$
已知伪比真轻	明确混杂一颗伪珠		2～3	4～7	8～15	$2^{n-1}\leqslant m\leqslant 2^n-1$
	至多混杂一颗伪珠		2	3～6	7～15	$2^{n-1}\leqslant m\leqslant 2^n-1$
只知真伪异重	明确混杂一颗伪珠			3～7	8～15	$2^{n-1}\leqslant m\leqslant 2^n-1$
	至多混杂一颗伪珠			3～6	7～15	$2^{n-1}\leqslant m\leqslant 2^n-1$

7.3　伪珠未必一颗（一）

前面，研究的是至多混杂（包括明确混杂）一颗伪珠的戥秤称珠游戏。现在，研究的戥秤称珠游戏，也是真珠与伪珠混杂，从外表无法辨别、区分真珠与伪珠，真珠的颗重均相等，伪珠的颗重也均相等，然而伪珠的颗重与真珠不同。但是，伪珠未必一颗，有的颗数已知，有的颗数未知，要求在已知真珠与伪珠各自颗重的条件下，在若干颗珠中，用戥秤至少称几次，分清真珠与伪珠。下面来看几道题：

（1）有 4 颗珠①②③④，但不知其真、伪，仅知真珠的颗重为 m，伪珠的颗重为 n，$m\neq n$。现有一杆很准的戥秤，至少要称几次才能把真珠、伪珠区分开来？称法如何？

根据前面的探讨，在已知真珠颗重的条件下，当至多混杂一颗伪珠时，对于 4 颗珠，用戥秤至少称 $n=\log_2 4+1=3$ 次，总能确定是否混杂有伪珠，进而把伪珠找出来。而本题伪珠的颗数未明，情况较为复杂，看来至少需要称 3 次才总能解决问题。因为用一颗颗称量的办法，4 颗珠称 4 次，知道了各珠的颗重，就一定能把真珠、伪珠区分开。所以，这里探讨本题至多称 3 次的称法。

不妨先考虑本题的编码称法。仍然采用前面的规定：对于二进数编码，每一次都是遇“0”不上秤称；遇“1”上秤称。以二进数编码第一位为“1”的珠称第一次；第二位为“1”的珠称第二次……这样，每一组编码就对应着一种称量方案。由于每颗珠都有是伪珠与不是伪珠两种可能，因此4颗珠有着(2×2×2×2=)16种可能的伪珠情况。我们所寻求的称量方案，应能区分这16种可能的伪珠情况。

我们知道，在已知真珠与伪珠各自颗重的条件下，如果拿1颗珠来称，根据称量的结果，能知道它是否伪珠。也就是说，能知道没有伪珠，还是有一颗伪珠。如果拿2颗（或3颗、4颗）珠来称，根据称量的结果，能知道伪珠的颗数吗？先来考察2颗珠的情况。显然，2颗珠的质量为$2m$时，没有伪珠；质量为$m+n$时，有一颗伪珠；质量为$2n$时，有两颗伪珠。拿3颗（或4颗）珠来称，也可以作出类似的判断。现在，采用如下的记法：没有伪珠记为0；有一颗伪珠记为1；有两颗伪珠记为2……这样，每称一次，就有一个数目。称了3次以后，依其称的顺次，从左到右就组成了一个三位数。为此，我们所寻求的称量方案，应能针对16种可能的伪珠情况，使其有着互不相同的三位数。当每一种可能的伪珠情况与三位数构成一一对应时，就既可以由伪珠情况得到三位数，也可以由三位数确定伪珠的情况了。

现在，本题的关键是如何进行4颗珠的一组三位二进数编码。编码要遵循哪些原则呢？显然，每一颗珠能且只能有一个编码。否则，一颗珠有两个或两个以上的不同编码，称珠时到底该不该用这一颗珠呢？就会感到无所适从；两颗或两颗以上的珠有同一个编码，称后也就无法分清孰真孰伪。这个原则称为一珠一码原则。

另外，本题没有说明伪珠的颗数，考虑到每一颗珠都必须上秤称过，才能把真珠、伪珠全部区分开来，因而编码000是不能用的（否则，编码为000的珠，由于没有上秤称过，当它是伪珠时，便无从作出判定）。另外，从考察本题的3次称法考虑，超过三位的二进数编码也是不能用的。这是编码必须遵循的又一个原则——有所回避原则。

至此，试将①②③④进行如表7-6的编码，看看会出现什么情况。

表 7-6

珠	①	②	③	④
二进数编码	001	010	011	100
相应十进数	1	2	3	4

在这样的编码下，第一次拿④来称，第二次拿②③来称，第三次拿①③来称。可以得到如表 7-7 的称量结果。

表 7-7

伪珠情况	无	①	②	③	④	①②	①③	①③
称量结果	000	001	010	011	100	011	012	101
相应十进数	0	1	2	3	4	3	4	5
伪珠情况	②③	②④	③④	①②③	①②④	①③④	②③④	①②③④
称量结果	021	110	111	022	111	112	121	122
相应十进数	5	6	7	6	7	8	9	10

这里，由于每一个二进数编码都有着与它相应十进数，因此每一种伪珠情况就对应着一个十进数。例如，③是伪珠，对应着 3；②④是伪珠，对应着(2＋4＝)6；①③④是伪珠，对应着(1＋3＋4＝)8 等。如果某一种伪珠情况所对应的十进数与众不同，那么这种伪珠情况用三位数表示的称量结果也就与众不同。例如，8 在这里是独一无二的，它是伪珠①③④所对应的十进数，那么伪珠①③④的称量结果(001＋011＋100＝)112 也是独一无二的。如果某两种伪珠情况所对应的十进数相等，那么这两种伪珠情况用三位数表示的称量结果，可能相同，也可能不同。例如，1＋2＝3，伪珠①②的称量结果是(001＋010＝)011，而伪珠③的称量结果也是 011，两者相同。又如，1＋4＝2＋3＝5，伪珠①④的称量结果是 (001＋100＝) 101，而伪珠②③的称量结果却是(010＋011＝)021，两者不同。这是为什么呢？原来，这里 001＋100＝101，与 010＋011＝021，都是不进位的。如果允许进位，两者就相同。这种情况并非坏事，倒是值得我们注意和利用。

在表 7-7 中，两种伪珠情况用三位数表示的称量结果是相同的，有好几组。在只称 3 次的条件下，这些每一组内的几种伪珠情况都无法区分开来，因而上述编码方案不宜采用。

这里启迪我们，要努力寻求 16 种伪珠情况用三位数表示的称量结果各不相同的编码方案。为此，根据有所回避原则，只能在 1，2，3，4，5，6，7 中，选取 4 个十进数，使这 4 个十进数及其每 2 个、3 个或 4 个十进数所组成的和各不相等。根据这种情况，经试验，可以选取 3，5，6，7 这 4 个十进数。这样，就有如表 7-8 一组三位二进数编码。

表 7-8

珠	①	②	③	④
二进数编码	011	101	110	111
相应十进数	3	5	6	7

在这样的编码下，第一次拿②③④来称，第二次拿①③④来称，第三次拿①②④来称。可以得到如表 7-9 的称量结果。

表 7-9

伪珠情况	无	①	②	③	④	①②	①③	①④
称量结果	000	011	101	110	111	112	121	122
相应十进数	0	3	5	6	7	8	9	10
伪珠情况	②③	②④	③④	①②③	①②④	①③④	②③④	①②③④
称量结果	211	212	221	222	223	232	322	333
相应十进数	11	12	13	14	15	16	18	21

这里，各种伪珠情况用三位数表示的称量结果各不相同，“伪珠情况”与“称量结果”构成一一对应，因而根据上述一组三位二进数编码进行 3 次称量，可以据此把真珠、伪珠区分开来。

本题的编码称法至此本可告一个段落了。然而，为了说明前面提及的“倒是值得我们注意和利用”的事，再来附带介绍一组三位二进数编码（表 7-10）。

表 7-10

珠	①	②	③	④
二进数编码	011	100	101	110
相应十进数	3	4	5	6

在这样的编码下，第一次拿②③④来称，第二次拿①④来称，第三次拿①③来称。可以得到如表 7-11 的称量结果。

表 7-11

伪珠情况	无	①	②	③	④	①②	①③	①④
称量结果	000	011	100	101	110	111	112	121
相应十进数	0	3	4	5	6	7	8	9
伪珠情况	②③	②④	③④	①②③	①②④	①③④	②③④	①②③④
称量结果	201	210	211	212	221	222	311	322
相应十进数	9	10	11	12	13	14	15	18

这里虽然仅有 $3+6=4+5=9$，然而伪珠①④与伪珠②③这两种伪珠情况用三位数表示的称量结果却是不同的。因此，这“倒是值得我们注意和利用”的事。这样，各种伪珠情况用三位数表示的称量结果各不相同，“伪珠情况”与“称量结果”构成一一对应，因而根据上述一组三位二进数编码进行 3 次称量，也就可以把真珠、伪珠区分开来。

从前面的探讨中可以知道，为了区分各种可能的伪珠情况，我们所采用的一组三位二进数编码，应当使其相应的十进数及其每 2 个、3 个或 4 个相应的十进数所组成的和各不相等，或者只有少量的几组相等而使其用三位数表示的称量结果各不相同。这一编码必须遵循的原则简称为：尽量异和原则。

前面之所以对本题的编码称法进行了比较详细的探讨，目的在于阐述解题思路与编码原则。这些对于解答这一类游戏问题是有指导意义的。请读者仔细体会。

本题还可以有关联称法，它也是需要 3 次称量的。现在，顺便介绍如下：

第一次称①②，当[①②]$=2m$ 时，有[①]=[②]$=m$；当[①②]$=2n$ 时，有①=②$=n$。随后的称法如表 7-12 所示。

表 7-12

第二次	说　明	第三次	说　明
[③④]=$2m$	[③]=[④]=m		
[③④]=$2n$	[③]=[④]=n		
[③④]=$m+n$	[③] ≠ [④]	[①③]=$2m$	[①]=[③]=m,[④]=n
		[①③]=$2n$	[①]=[③]=n,[④]=m
		[①③]=$m+n$	若[①]=m,则[③]=n,[④]=m
			若[①]=n,则[③]=m,[④]=n

第一次称①②，当 [①②]=$m+n$ 时，有 [①]≠[②]。随后的称法如表 7-13 所示。

表 7-13

第二次	说　明	第三次	说　明
[②③]=$2m$	[②]=[③]=m,[①]=n	④	
[②③]=$2n$	[②]=[③]=n,[①]=m	④	
[②③]=$m+n$	[②]≠[③],[①]=[③]	[①③④]=$3m$	[①]=[③]=[④]=m, [②] =n
		[①③④]=$3n$	[①]=[③]=[④]=n, [②] =m
		[①③④]=$2m+n$	[①]=[③]=m, [④] = [②] =n
		[①③④]=$m+2n$	[①] =[③] =n, [④] = [②] =m

(2) 在 5 颗珍珠中，混有两颗假珍珠。真珍珠的颗重为 10 克，假珍珠的颗重为 11 克。你能用戥秤称 3 次把假珍珠查出来吗?

把 5 颗珍珠分别用①②③④⑤表示。考虑到假珍珠的颗数已经明确，用戥秤称的次数也已经明确，从一珠一码、有所回避、尽量异和 3 个原则出发，利用斐波那契数列“每两个数的和各不相等”的性质，在斐波那契数列的前 5 个数 1，2，3，5，8 的基础上，取 5 个十进数 0，1，2，4，7（这里二进数编码 000 可以采用，当其他编码中仅有一颗是伪珠时，编码 000 的珠，虽然没有上秤称过，但依题意可断定它也是伪珠），进行如表 7-14 的三位二进数编码。

表 7-14

珍珠	①	②	③	④	⑤
二进数编码	000	001	010	100	111
相应十进数	0	1	2	4	7

接着，在上述三位二进数编码中，将第一位为“1”的珍珠④⑤拿来称第一次；第二位为“1”的珍珠③⑤拿来称第二次；第三位为“1”的珍珠②⑤拿来称第三次。在第一次三颗珍珠的称量中，如果质量是20克，说明假珍珠不在内，记为0；如果质量是21克，说明其中仅有一颗假珍珠，记为1；如果质量是22克，说明其中必有两颗假珍珠，记为2。其他几次称量的记法类推。这样，称3次之后，就能且仅能出现如表7-15的（$C_5^2=$）10种情况。

表 7-15

假珍珠情况	①②	①③	①④	①⑤	②③	②④	②⑤	③④	③⑤	④⑤
称量结果	001	010	100	111	011	101	112	110	121	211
相应十进数	1	2	4	7	3	5	8	6	9	11

这里得到的用三进数表示的称量结果互不相同。就可据此来判断哪两颗是假珍珠了。

（3）在7副手镯中，混有两副假手镯。真手镯的副重为50克，假手镯的副重为45克。你能用戥秤称4次把假手镯查出来吗？

这道题假手镯的副数与用戥秤称的次数都已经明确，如果利用斐波那契数列“每两个数的和各不相等”的性质，在斐波那契数列的前7个数1，2，3，5，8，13，21的基础上，取7个十进数0，1，2，4，7，12，20，进行二进数编码，那么将会出现（20=）五位二进数10100，这与称4次是不合拍的。如果不从斐波那契数列中得到，那么笔者经过计算，得到每两个数的和各不相等的7个十进数是0，1，2，4，8，13，18，或者0，1，2，7，10，14，18，对此进行二进数编码，也会出现（18=）五位二进数10010，这与称4次也是不合拍的。

怎么办呢？我们设想进行两轮的称量，采用三位二进数编码，先通过第一轮称量，区分其中的一部分，然后再对称量结果相同的情况进行第二轮称量，加以区分。为此，我们把7副手镯分别用①②③④⑤⑥⑦表示，并用三位二进数进行如表7-16的编码。

表7-16

手镯	①	②	③	④	⑤	⑥	⑦
二进数编码	000	001	010	011	100	101	110
相应十进数	0	1	2	3	4	5	6

接着，在上述三位二进数编码中，将第一位为“1”的手镯⑤⑥⑦拿来称第一次；第二位为“1”的手镯③④⑦拿来称第二次；第三位为“1”的手镯②④⑥拿来称第三次。在3副手镯的称量中，如果质量是150克，说明假手镯不在内，记为0；如果质量是145克，说明其中仅有一副假手镯，记为1；如果质量是140克，说明其中必有两副假手镯，记为2。这样，称3次之后，就能且仅能出现如表7-17的（$C_7^2=$）21种情况。

表7-17

假手镯情况	①②	①③	①④	①⑤	①⑥	①⑦	②③
称量结果	001	010	011	100	101	110	011
假手镯情况	②④	②⑤	②⑥	②⑦	③④	③⑤	③⑥
称量结果	012	101	102	111	021	110	111
假手镯情况	③⑦	④⑤	④⑥	④⑦	⑤⑥	⑤⑦	⑥⑦
称量结果	120	111	112	121	201	210	211

这里，称量结果与众不同的就可以直接判断该两副手镯是假手镯了。除外，①④与②③的称量结果同为011，这时以①④称之，若记为0，说明②③为假手镯；若记为1，不可能；若记为2，说明①④为假手镯。①⑥与②⑤的称量结果同为101，①⑦与③⑤的称量结果同为110，同理进行第四次称量。对于②⑦、③⑥与④⑤的称量结果同为111，则以②⑦③进行第四次称量，若记为0，说明④⑤为假手镯；若记为1，说明③⑥为假手镯；若记为2，说明②⑦为假手镯。

（4）在8枚金戒指中，只有一枚或两枚是真戒指，其他都是伪戒指。真戒指的枚重为15克，伪戒指的枚重仅有12克。你能用戥秤称6

次把伪戒指查出来吗？称法如何呢？

在这道题中，伪戒指有 7 枚或 6 枚，直接查伪戒指有所不便。现在，易位思考，把真戒指作为“伪珠”来查。解答这道题的关键是构造出 8 个十进数，其中每两个数的和各不相等，且不等于原有 8 个十进数中的某一个数。笔者经过计算，得到的这 8 个十进数是 1，2，4，7，12，20，29，38。为此，把 8 枚金戒指分别用①②③④⑤⑥⑦⑧表示，并用六位二进数进行如表 7-18 的编码。

表 7-18

金戒指	①	②	③	④	⑤	⑥	⑦	⑧
二进数编码	000001	000010	000100	000111	001100	010100	011101	100110
相应十进数	1	2	4	7	12	20	29	38

接着，在上述六位二进数编码中，将第一位为“1”的戒指⑧拿来称第一次；第二位为“1”的戒指⑥⑦拿来称第二次；第三位为“1”的戒指⑤⑦拿来称第三次；第四位为“1”的戒指③④⑤⑥⑦⑧拿来称第四次；第五位为“1”的戒指②④⑧拿来称第五次；第六位为“1”的戒指①④⑦拿来称第六次。在第二次两枚戒指的称量中，如果质量是 24 克，说明真戒指不在内，记为 0；如果质量是 27 克，说明其中仅有一枚真戒指，记为 1；如果质量是 30 克，说明其中必有两枚真戒指，记为 2。其他几次称法的记法类推。这样，称 6 次之后，就能且仅能出现如表 7-19 的（$C_8^1+C_8^2=$）36 种情况。

表 7-19

金戒指情况	①	②	③	④	⑤	⑥	⑦	⑧
称量结果	000001	000010	000100	000111	001100	010100	011101	100110

金戒指情况	①②	①③	①④	①⑤	①⑥	①⑦	①⑧
称量结果	000011	000101	000112	001101	010101	011102	100111
金戒指情况	②③	②④	②⑤	②⑥	②⑦	②⑧	③④
称量结果	000110	000121	001110	010110	011111	100120	000211
金戒指情况	③⑤	③⑥	③⑦	③⑧	④⑤	④⑥	④⑦
称量结果	001200	010200	011201	100210	001211	010211	011212
金戒指情况	④⑧	⑤⑥	⑤⑦	⑤⑧	⑥⑦	⑥⑧	⑦⑧
称量结果	100221	011200	012201	101210	021201	110210	111211

这里得到的用六位数表示的称量结果互不相同。可以据此来判断哪一枚或两枚是真戒指。

7.4 找出整盒的伪珠

现在来研究又一类戥秤称珠游戏。在若干盒中，有的整盒装的都是真珠，有的整盒装的都是伪珠，从外表无法辨别、区分真珠与伪珠，真珠的颗重均相等，伪珠的颗重也均相等，但是真珠、伪珠的颗重不同，要求在已知真珠与伪珠各自颗重的条件下，用戥秤只称一次，查出装的都是伪珠的哪些盒（装的都是伪珠的未必只有一盒）。这一类戥秤称珠游戏，如果每一盒装的珠的颗数都相同，那么可以把“盒”当作“颗”，采用前面“伪珠未必一颗”的办法来解决。但是，那样的称法往往不能只称一次解决问题。如果每一盒装的珠的颗数不知道相同与否，那么原有的办法是行不通的。现在，既然整盒装的都是真珠或伪珠，就应寻找其特殊的称法，只称一次解决问题。

下面，前几道游戏问题可以不用二进制的知识来解答。最后说明可用进位制的知识来解答这一类游戏问题，且具有通用性。

有一道广为流传的游戏问题：

(1) 在 10 个盒中，每盒都装有 10 颗珠。其中有一盒装的都是伪珠，其余各盒装的都是真珠。已知真珠的颗重都是 10 克，伪珠的颗重都是 7 克。你能用一杆戥秤只称一次，查出装的都是伪珠的是哪一盒吗？该如何称、如何查呢？

显然，这道题可以转化为：在 10 盒珠中混有一盒伪珠。装的都是真珠的每一盒质量均相等，只是装的都是伪珠的那一盒的质量与真珠不同。在已知一盒真珠质量的条件下，要求用一杆戥秤把装的都是伪珠的那一盒查出来。

对于这个问题，如果采用一盒盒称量的办法，要称 9 次，才能达到目的（如果称 9 次，遇到的都是真珠，那么剩下的第 10 盒就是伪珠，不必再称了）；要是采用编码称法或关联称法，则要称 4 次，才能达到目的。但是，这些都不是称量次数最少的办法。最少只要称 1 次，就一定会把装的都是伪珠的那一盒查出来。

我们知道，真珠的颗重比伪珠多（10－7＝）3 克。现在，将 10 个盒编上序号，依次取出 1，2，3，4，5，6，7，8，9，10 颗珠，共有 55 颗。若每颗都是真珠，则用戥秤称一次有（10×55＝）550 克。由于有一盒装的都是伪珠，因此，实际所称的质量将小于这个总质量。这样可以根据实际称量比 550 克小的情况，确定哪一盒装的都是伪珠。例如，用戥秤称一次有 526 克，比 550 克小了 24 克，这就说明其中有（24÷3＝）8 颗伪珠。它是从第 8 盒取出的。因此，第 8 盒装的都是伪珠。

这道题的解法还可以有所改进。将 10 个盒编上序号后，依次取出 0，1，2，3，4，5，6，7，8，9 颗珠，共有 45 颗。由于有一盒装的都是伪珠，因此，实际所称的质量将不会超过（10×45＝）450 克。当实际所称的质量等于 450 克时，说明伪珠在取出 0 颗的第 1 盒中；当实际所称的质量小于 450 克时，仿照前面的办法，同样可以确定其中有几颗伪珠，它是从哪一盒取出的。

另外，这道题已知真珠的颗重都是 10 克，伪珠的颗重都是 7 克。还可以有更为简洁的解法。根据 7 的乘法口诀中乘积的个位数互不相同的特点，可以利用实际所称质量克数的个位数，比较快地查出装的都是伪珠的是哪一盒。例如，实际所称质量克数的个位数是 0，那么装的都是伪珠的只能是一颗珠都没有取出的或者取出 10 颗珠的那一盒。否则，实际所称质量克数的个位数不可能是 0。又如，实际所称质量克数的个位数是 6，由于 7×8＝56，这样就可以知道取出 8 颗珠的那一盒装的都是伪珠。

从乘积的个位数互不相同来看，除了 7 的乘法口诀外，还有 1 的乘法口诀、3 的乘法口诀、9 的乘法口诀。当真珠颗重克数的个位数是 0，伪珠颗重克数的个位数是 1，或 3，7，9 时，都可以采用这种比较快的办法，查出装的都是伪珠的是哪一盒。

这道题的编拟也可以有所变化。伪珠比真珠轻可改为比真珠重；盒数、每盒的装有数亦可改为别的非零整数（当然，每盒装有的珠数不应都小于盒数减 2。为什么？请读者思考）。

现在，更为引人入胜的问题是：将装的都是伪珠的盒数由 1 改为 2，或 3，…，那么问题还有解吗？顺着这一思路考虑下去，可编拟出如下几道更为新颖的游戏问题。

（2）有 9 个筐，每个筐里都装有 100 个酒杯，其中有 7 个筐里的酒杯每个重 20 克（正品），另有 2 个筐里的酒杯每个重 25 克（次品）。用一台案秤只称一次，如何找出分量较重的那 2 筐酒杯？

前面的解法启迪我们：在一次性的称量中，各筐取出的个数应当不同；在求出实际所称的质量与假设都是正品所算的质量之差后，应能由这个差唯一地确定相应的筐号。这就是解题的关键。

现在，古老的斐波那契数列又有了新的用场。容易验证：在 1，2，3，5，8，13，21，34，55 这 9 个数（它们恰好是斐波那契数列的前几个数）中，每两个数的和各不相等（对此可用数学归纳法证明①）。

于是可将这 9 个筐编上序号，并按表 7-20 所示取出酒杯的个数。

表 7-20

筐的序号	1	2	3	4	5	6	7	8	9	合计
取出酒杯的个数	1	2	3	5	8	13	21	34	55	142

如果每个酒杯的质量都是 20 克，称一次则有（20×142＝）2840 克。由于有 2 个筐里的酒杯每个重 25 克，因此，实际所称的质量将大于这个总质量。这样，可将实际称量比 2840 克多出的质量，除以两种不同酒杯单个质量之差（25－20＝）5 克，得到每个重 25 克酒杯的个数。进而，由于上述某两个数的和是各不相等的，这样就可以唯一地确定每个重 25 克的酒杯在哪 2 个筐中。例如，用案秤称一次有 3115 克，比 2840 克多了 275 克。这就说明其中有（275÷5＝）55 个酒杯是每个

① 以意大利数学家斐波那契（Fibonacci）命名的斐波那契数列是：

1，1，2，3，5，8，13，21，34，55，89，…

这个数列从第三个数开始，每个数都是前两个数的和。这里所取的 9 个数是由 $a_1=1$，$a_2=2$，$a_n=a_{n-2}+a_{n-1}$得到的。现在用数学归纳法证明：在这样得到的斐波那契数中，每两个数的和各不相等。

显然，数列 1，2，3，每两个数的和各不相等。

假设在数列 1，2，3，…，u_k 中，每两个数的和各不相等，那么其中两个数的和之最大者是 $u_{k-1}+u_k$。现在，考察添上一个数 u_{k+1}后的数列，这时新增的两个数的和是由 u_{k+1}分别与 1，2，3，…，u_k相加得到的。由于 1，2，3，…，u_k 是严格的递增数列，这些新增的两个数的和各不相等。另外，这些新增的两个数的和之最小者是 $u_{k+1}+1$。由于 $u_{k-1}+u_k=u_{k+1}$，可得 $u_{k-1}+u_k<u_{k+1}+1$。因此，原有两个数的和都比新增两个数的和小。这样，数列 1，2，3，…，u_k，u_{k+1}中的每两个数的和就各不相等。

综上所述，命题获证。

重25克的。哪2个筐中取出的酒杯共有55个呢？由于在上述所取出酒杯的个数中，有且仅有21＋34＝55。因此，可以“对号入座”地确定每个重25克的酒杯是在第7个筐与第8个筐中。

这里，一个筐最多要取出55个酒杯，合计取出142个酒杯，能不能减少呢？这是值得考虑的问题，它关系到方案能否进一步优化。容易觉察到：对于上面从斐波那契数列中得到的9个数，如果都分别减去1，那么新得到的9个数，也是每两个数的和各不相等的。这样，就得到一个新的取出酒杯的方案（表7-21）[①]。

表7-21

筐的序号	1	2	3	4	5	6	7	8	9	合计
取出酒杯的个数	0	1	2	4	7	12	20	33	54	133

从斐波那契数列中可以得到每两个数的和各不相等的几个数。然而，要得到每两个数的和各不相等的几个数，却未必一定要从斐波那契数列中得到。笔者经过计算，得到更为优化的方案（表7-22）。

表7-22

筐的序号	1	2	3	4	5	6	7	8	9	合计
取出酒杯的个数	0	1	2	4	8	15	24	29	34	117

这里，检验的工作留给读者；34个是否最小也留给读者进一步思考。

（3）有10个箱，每个箱里球的颗数都不相同，但都不少于150颗，其中有7个箱装成品球，每颗重1千克，另有3个箱装半成品球，每颗重1.2千克。用一台磅秤只称一次，如何找出装半成品球的那3箱呢？

根据上面的启迪，仿照斐波那契数列的构造办法。令$u_1=1$，$u_2=2$，$u_3=3$，$u_n+u_{n+1}+u_{n+2}=u_{n+3}$，得到：1，2，3，6，11，20，37，68，125，230。合计503个。另外，笔者经过计算，得到如表7-23的

① 另外也容易觉察到，还有一个与之“对偶”的方案。如果用54分别减去上面从斐波那契数列中得到的9个数，那么新得到的9个数：54，53，52，50，47，42，34，21，0，也是每两个数的和各不相等的，一个筐最多要取出的酒杯也是54个。但是，合计取出的酒杯将达到353个。一般不采用这样的方案。

更为优化的方案。

表 7-23

箱的序号	1	2	3	4	5	6	7	8	9	10	合计
取出球的颗数	0	1	2	4	7	13	24	44	81	139	315

同样地，这里的具体操作和检验工作留给读者；139 颗是否最小也留给读者进一步思考。

至此，读者该是有办法解决 4 箱次品、5 箱次品的情况吧！

最后，如果次品的箱数未知，那该怎么办呢？

(4) 有 10 个袋，每袋纽扣的个数不尽相同，但都超过 600 个。已知这 10 袋中混杂有若干袋装的都是次品纽扣。每个成品纽扣的质量都是 5 克，每个次品纽扣的质量都是 4 克。你能用一台带有砝码的天平称一次，把装有次品纽扣的那些袋子查出来吗？如何称呢？

用二进制知识来解答这个问题。先把这 10 个袋编上号码，依次取出 1（$=2^0$），2（$=2^1$），4（$=2^2$），…，512（$=2^9$）个纽扣，共有 1023 个。若每个纽扣都是成品，称一次则有（$5\times1023=$）5115 克。因为有些袋内装的纽扣是次品，因此实际所称的质量将小于这个总质量。由于每个次品纽扣比每个成品轻（$5-4=$）1 克，这样就可以根据实际称量比 5115 克小的质量，来确定次品在哪些袋中。例如，称一次有 4730 克，比 5115 克小 385 克。这说明其中有（$385\div1=$）385 个纽扣是次品。由于把 385 表示为 2 的幂和有且仅有一种形式，$385=1+128+256=2^0+2^7+2^8$，因此可以推断出次品分别在第 1 袋、第 8 袋、第 9 袋中。

从这道题中不难知道，运用二进制知识也可以解答前面的几道题。因此，运用二进制知识的解答具有通用性。能够运用三进制的知识解答这一类游戏问题吗？继续思考这样的问题。

(5) 现有 10 箱螺丝钉，正品螺丝钉的质量为 10 克，但这 10 箱中混进了 2 箱次品，次品的外观与正品没有区别，只是一箱次品比正品少 1 克，另一箱次品比正品少 2 克。请设计一种方案，用电子秤只称一次将这两箱次品找出来。

这里次品不止一箱，且每箱次品的质量比正品少的数量不同。我们可以运用三进制的知识，设计出它的查找方案：先将箱子编上号。接着，从第一箱中取出 1 个螺丝钉，第二箱中取出 3 个螺丝钉，第三箱中取出9个螺丝钉，…，第十箱中取出（3^9＝）19683 个螺丝钉。再把这 1＋3＋9＋…＋19683＝29524 个螺丝钉放在一起称一次。如果全是正品，应为 295240 克。现有次品，所以称的质量比这个标准质量轻。

若称的质量比标准质量轻 15 克，因为 15＝9＋2×3，即把十进数 15 写成三进数为 120，可知第二箱每个螺丝钉比正品少 2 克，第三箱每个螺丝钉比正品少 1 克。

若称的质量比标准质量轻 495 克，因为 495＝243×2＋9，即把十进数 495 写成三进数为 200100，可知第三箱每个螺丝钉比正品少 1 克，第六箱每个螺丝钉比正品少 2 克。

由于每个十进数都可以唯一地表示为一个三进数，所以只称一次，根据这个三进数的表示式可以把装次品的箱找出来。

由上面的分析可知，这类只称一次找出次品问题的解法与进位制的知识有着密切的关系。在实际生活中，未必都有使用如此的检查方法，但是研究它对开发智力、培养能力有着一定的推动作用则是不言而喻的。

08 天平称珠游戏

8.1 伪珠的颗重比真珠轻

前面谈到了戥秤称珠游戏。现在来谈谈天平称珠游戏。这里所说的天平称珠游戏是不用砝码的。否则，用上砝码，每次都可以称出质量来，那与戥秤称珠游戏就没有什么区别了。另外，天平应十分灵敏，蹩脚的天平是解决不了什么问题的。

天平称珠游戏是“称珠问题”的典型代表。解答此类问题要依据天平两个盘的轻重，进行适当的分析，作出合乎逻辑的判断与推理。这样，它的难度将会加大。当然，这里面也有某些模式与技巧，不遵循它们，问题往往难以获得解决。

先来看一道问题：在 7 颗珠中混有 1 颗伪珠。真珠的颗重均相等，伪珠的颗重比真珠轻些（如果伪珠的颗重比真珠重些，亦可作出类似的解答）。除此之外，在其他方面找不出它们的区别。现在有一台不用砝码但又十分灵敏的天平，问至少要称几次才能确有把握把伪珠找出来。

这个问题，若用戥秤至少要称 3 次才能达到目的。前面已经谈过了它的称法。现在改用天平，只要称两次就可以了。

这里，先谈谈它的关联称法。为此，先介绍一下三分式分组：把所给的珠分成三组，使得其中有两组珠的颗数相等，另一组珠的颗数与前两组相等或者接近相等。7 颗珠可以分为 2，2，3 三组（或者分为 3，3，1 三组）。然后，把珠的颗数相等的两组分别放在天平的两盘上称第一次。如果平衡，那么已称的两盘珠都是真珠；伪珠在未称的那一组中。如果不平衡，那么未称的珠都是真珠；伪珠在已称的某一盘中。为了便于表述，把较轻一盘的珠称为“轻盘珠”，较重一盘的珠称为“重盘珠”。显然，若伪珠的颗重比真珠轻，伪珠在“轻盘珠”内；若伪珠的颗重比真珠重，伪珠在“重盘珠”内。这道题已经告诉我们伪珠的颗重比真珠轻些，因此只要看哪一盘轻，伪珠就在哪一盘上。这样，第一次称后就可以把伪珠缩小到不多于 3 颗珠的范围内。接着，在有伪珠的那 3 颗（或 2 颗）中，取出其中的 2 颗分别放在天平的两盘上称第二次。哪一盘轻，伪珠就在哪一盘上；如果天平平衡，剩下的那颗就是伪珠。这样，只要称两次就确有把握把伪珠查出来。这是三分式的关联称法。

现在，当伪珠的颗重比真珠轻时，如何用天平找出其中的伪珠，用流向图一般地表示它们的关联称法（图 8-1）。

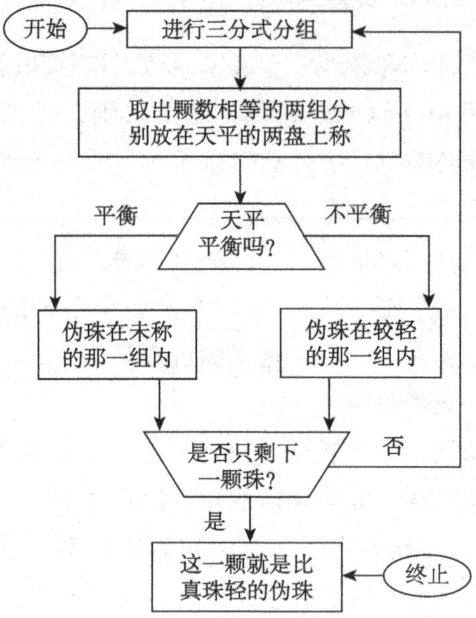

图 8-1

另外，还有编码称法。它有“编、称、鉴”3 个步骤。我们知道，天平称珠不同于戥秤称珠的地方在于，天平称珠每次可能出现 3 种不同的情况：左右平衡，左轻右重，左重右轻。因此，我们可以用三进数的知识来解决这一类问题。“编”就是把 7 颗珠进行三进数编码。我们规定在三进数的某一个数位上，数字是 0 的珠放在天平的左盘，数字是 1 的珠放在天平的右盘，数字是 2 的珠不放在天平上[①]。“称”就是按照

① 还可以采用其他的规定。例如，规定在三进数的某一个数位上，数字是 0 的珠不放在天平上，数字是 1 的珠放在天平的左盘，数字是 2 的珠放在天平的右盘等。从理论上说，每一种规定都是可以的。读者将会体会到这里所采用规定的好处。

所编的编码放在天平上称。“鉴”就是根据称量的结果，鉴别出比真珠轻的伪珠。其中，“编”既是基础，又是关键。但是，它要顾及“称”与“鉴”的需要。

进行三进数编码要遵循哪些原则呢？显然，首先要遵循一珠一码原则。这是不言而喻的。

另外，两位三进数编码有 9 个：

00，01，02，10，11，12，20，21，22

7 颗珠只要用 7 个两位三进数编码就够了，那么应删去哪 2 个呢？如果随便删去 2 个编码，那么就可能造成剩下编码的某一数位上的 0 与 1 的总个数不等，这就意味着放上天平的左盘与右盘的珠的颗数不等。这样称量出来的结果难以利用。因此，进行三进数编码，还必须遵循另一个原则——两盘等颗原则。它要求所采用的三进数编码的每一个数位上的 0 与 1 的总个数都是相等的，2 的总个数不受限制。

由于全体两位三进数编码每一个数位上的 0 与 1 的总个数都是 3 个，因此我们只要在某一个数位上删去同数个的 0 与 1，就可以保持两盘等颗原则了。这里，2 的总个数不必考察，观察每一个数位上 0 与 1 的总个数。可以看出，如果把某一个编码的 0 换作 1、1 换作 0，2 不变动，那么可以得到另一个编码；反之，再把另一个编码的 0 换作 1、1 换作 0，2 不变动，又可以得到原有的编码。为了便于叙述，我们把这样的两个编码称为“互补码”。在所有的 9 个两位三进数编码中，可以找到 4 对这样的互补码，而 22 是单独的：

00	01	02	20	
|	|	|	|	22
11	10	12	21	

可以看到：每一对互补码各个数位上的 0 与 1 都是同数个的。因此，随意删去一对互补码，就可以留下符合两盘等颗原则的编码。例如，删去 02 与 12 这两个编码后，在剩下的 7 个两位三进数编码中，第一位有 2 个“0”，2 个“1”，第二位有 3 个“0”，3 个“1”。

现在第一次使用天平，把编码第一位数字是 0 的 2 颗珠，放在天平的左盘，把编码第一位数字是 1 的 2 颗珠，放在天平的右盘，把编码第一位数字是 2 的珠，不放在天平上。由于已经知道伪珠的颗重比真珠轻，因此这一次称量的结果如果是左轻，那么就可以知道伪珠放在左盘，它的编码第一位数字是0；左重则是1；平衡则是2。这样，第一次使用天平的结果就可以判定伪珠编码的第一位数字是什么。接着，用类似的方法，通过第二次使用天平，可以判定伪珠编码的第二位数字是什么。经过两次称量，就可以确定伪珠的两位三进数编码。例如，用天平称珠，第一次、第二次称量的结果依次是左轻、左重，那么就可以知道伪珠的编码是01，因而也就找到了这颗伪珠。

还可以采用删去其他一对互补码的方法。由于这里共有4对互补码，因此可以得到4种不同的编码称法。

在伪珠的颗重比真珠轻的条件下，当明确混杂一颗伪珠时，用天平称2次，解决了在7颗珠中“找出”的问题。如果把这个问题推广到一般的情况，将是怎样的呢？

先来看看，在伪珠的颗重比真珠轻的条件下，当明确混杂一颗伪珠时，用天平称n次，最多能在多少颗珠中“找出”呢？

由于用天平称珠，称一次可能出现3种不同的情况；称两次可能出现$3\times3=9$种不同的情况……因此，在伪珠的颗重比真珠轻的条件下，用天平称n次，只可能在不超过$m=3^n$颗珠中，找出混杂在内的唯一的一颗伪珠。那么，这种可能能够实现吗？用数学归纳法证明：在伪珠的颗重比真珠轻的条件下，当明确混杂一颗伪珠时，用天平称n次（$n\geqslant1$），在m颗珠中（$2\leqslant m\leqslant3^n$），总能把伪珠找出来（如果只有1颗珠，不用称就知道它是伪珠了。因此，探讨$m\geqslant2$的情况）。

当$n=1$时，如果有2或3颗珠，显然称1次可以“找出”。具体称法是：从中拿2颗珠分别放在天平的两盘上称，若不平衡，则已称的哪颗珠轻，哪颗珠就是伪珠（当只有2颗珠时就此情况）；若平衡，则未称的哪颗珠就是比真珠轻的伪珠。

假设当$n=1$，…，u时（$u\geqslant1$），命题均成立，即当明确混杂一颗伪珠时，在不超过$m=3^u$颗珠中，用天平称u次，总能“找出”。那么，当$n=u+1$时，对于珠的颗数$m\leqslant3^{u+1}$，先把m颗珠按三分式分成3组。根据带余除法$m\div3=q\cdots\cdots r$（$0\leqslant r\leqslant2$），具体分组情况如下：(1) 若$r=0$，分成q，q，q三组。这时$m=3q\leqslant3^{u+1}$，必有$q\leqslant3^u$。(2) 若$r=1$，分成q，q，$q+1$三组。这时$m\neq3^{u+1}$，且$m\neq3^{u+1}-1$（否则$r\neq$

1)，因此 $m=3q+1\leqslant 3^{u+1}-2$，必有 $q+1\leqslant 3^{u}$。(3) 若 $r=2$，分成 $q+1$，$q+1$，q 三组。这时 $m\neq 3^{u+1}$（否则 $r\neq 2$），因此 $m=3q+2\leqslant 3^{u+1}-1$，必有 $q+1\leqslant 3^{u}$。总之，在各种情况所分的三组中，都有两组珠的颗数相等，另一组珠的颗数与前两组相等或者接近相等，同时每一组珠的颗数都将不多于 3^{u}。

现在，拿珠的颗数相等的两组，分别放在天平的两盘上称第一次。若不平衡，则伪珠在“轻盘珠”中；若平衡，则伪珠在未称的那组珠中。这样，称一次剩下待定的珠颗数将都不多于 3^{u}。由归纳法假设，再称 u 次总能“找出”。加上开始的一次，共称 $u+1$ 次。

综上所述，命题获证。

现在探讨上述问题之逆：在伪珠的颗重比真珠轻的条件下，当明确混杂一颗伪珠时，在 m 颗珠中（$m\geqslant 2$），用天平至少称几次，总能“找出”呢？

我们知道，在伪珠的颗重比真珠轻的条件下，当明确混杂一颗伪珠时，用天平称 n 次（$n\geqslant 1$），只能在不超过 $m=3^{n}$ 颗珠中“找出”；称 $n-1$ 次，只能在不超过 $m=3^{n-1}$ 颗珠中“找出”。因此，在伪珠的颗重比真珠轻的条件下，当明确混杂一颗伪珠时，对于给定的 m 颗珠（$3^{n-1}+1\leqslant m\leqslant 3^{n}$），用天平至少称 $n=\log_3(m-1)+1$ 次①，总能把伪珠找出来。

前面探讨了明确混杂一颗伪珠的情况，如果是至多混杂一颗伪珠，那将是怎样的呢？这就是说，在伪珠的颗重比真珠轻的条件下，当至多混杂一颗伪珠时，用天平称 n 次，在多少颗珠中，总能“确定、找出”② 呢？

显然，这里珠的颗数 m 不能超过 3^{n}。否则，将与前面得到的结论矛盾。因为同样在伪珠的颗重比真珠轻的条件下，对于超过 3^{n} 的 m 颗珠，如果当至多混杂一颗伪珠时，用天平称 n 次，总能“确定、找出”，那么当明确混杂一颗伪珠时，用天平称同样的 n 次，在同样的 m 颗珠中，也总能“找出”。

那么，在伪珠的颗重比真珠轻的条件下，当至多混杂一颗伪珠时，

---

① 由 $3^{n-1}+1\leqslant m\leqslant 3^{n}$，考虑到 m 是整数，可得 $3^{n-1}\leqslant m-1<3^{n}$。进而取对数得 $n-1\leqslant \log_3(m-1)<n$，即 $n-1=\log_3(m-1)$。因此，$n=\log_3(m-1)+1$。

② 这里只有“确定、找出”的问题，而不需要“知道”。因为已知伪珠的颗重比真珠轻了。

用天平称 n 次（$n\geqslant1$），能在 $m=3^n$ 颗珠中，总能“确定、找出”吗？回答是不能。可以用数学归纳法来证明这个论断。

当 $n=1$ 时，命题显然成立。这时 $m=3$，把其中的 2 颗珠分放在天平的两盘上称 1 次。若不平衡，固然可以断定较轻的那一颗珠是伪珠；但是，若平衡就只能断定已称的 2 颗珠都是真珠，而未称的那一颗珠是否伪珠就无从断定，需要再称一次才能解决问题。

假设当 $n=1$，…，u 时（$u\geqslant1$），命题均成立。即在伪珠的颗重比真珠轻的条件下，当至多混杂一颗伪珠时，用天平称 n 次（$n\geqslant1$），不能在 $m=3^n$ 颗珠中“确定、找出”。那么，当 $n=u+1$ 时，也应如此。下面用反证法来证明。

如果在伪珠的颗重比真珠轻的条件下，当至多混杂一颗伪珠时，用天平称 $u+1$ 次，能在 $m=3^{u+1}$ 颗珠中“确定、找出”，那么对 3^{u+1} 颗珠，第一次使用天平，左右两盘就不能各放多于 3^u 颗的同数颗珠。否则，当天平不平衡时，固然可以断定伪珠在“轻盘珠”中，但是由于颗数多于 3^u 颗，需要再称 $u+1$ 次。加上开始的一次，共称 $u+2$ 次，才能解决问题。这与用天平称 $u+1$ 次的要求矛盾。

然而，对 3^{u+1} 颗珠，第一次使用天平，左右两盘也不能各放不多于 3^u 颗的同数颗珠。否则，当天平平衡时，已称的珠都是真珠，伪珠只可能在未称的珠中。这些未称的珠不少于 3^u 颗，再称 u 次不能解决问题，否则与归纳法假设矛盾。加上开始的一次，就是共称 $u+1$ 次才能解决问题。

综上所述，命题获证。

现在可以指出：在伪珠的颗重比真珠轻的条件下，当至多混杂一颗伪珠时，用天平称 n 次（$n\geqslant1$），在 m 颗珠中（$2\leqslant m\leqslant 3^n-1$），总能确定是否混杂有伪珠，进而把伪珠找出来（如果只有 1 颗珠，用天平称不出什么名堂，讨论这样的问题是没有什么意义的。因此探讨 $m\geqslant2$ 的情况）。对此也可以用数学归纳法来证明：

当 $n=1$ 时，$m=2$，显然称 1 次可以“确定、找出”。具体称法是：把这 2 颗珠分别放在天平的两盘上称，若不平衡，则已称的哪颗珠轻，哪颗珠就是伪珠；若平衡，则没有伪珠。

假设当 $n=1$，…，u 时（$u\geqslant1$），命题均成立，即当至多混杂一颗伪珠时，在不超过$m=3^u-1$颗珠中，用天平称u次，总能“确定、找出”。那么，当$n=u+1$时，对于珠的颗数$m\leqslant 3^{u+1}-1$，先把m颗珠按三分式分成3组。根据带余除法$m\div 3=q\cdots\cdots r$（$0\leqslant r\leqslant 2$），具体分组情况如下：(1) 若$r=0$，分成q，q，q三组。这时$m\neq 3^{u+1}-1$，且$m\neq 3^{u+1}-2$（否则$r\neq 0$），因此$m=3q\leqslant 3^{u+1}-3$，必有$q\leqslant 3^u-1$。(2) 若$r=1$，分成$q+1$，$q+1$，$q-1$三组。这时$m\neq 3^{u+1}-1$（否则$r\neq 0$），因此$m=3q+1\leqslant 3^{u+1}-2$，必有$q+1\leqslant 3^u$，$q-1<3^u-1$。(3) 若$r=2$，分成$q+1$，$q+1$，$q$三组。这时，由于$m=3q+2\leqslant 3^{u+1}-1$，必有$q+1\leqslant 3^u$，$q\leqslant 3^u-1$。总之，在各种情况所分的3组中，都有两组珠的颗数相等，每一组珠的颗数都不多于3^u，而另一组珠的颗数不多于3^u-1。

现在，拿珠的颗数相等的两组，分别放在天平的两盘上称第一次。若不平衡，则肯定有伪珠混杂在内。当伪珠的颗重比真珠轻时，伪珠在“轻盘珠”内；当伪珠的颗重比真珠重时，伪珠在“重盘珠”内。这样，至多混杂一颗伪珠的问题，就转化为明确混杂一颗伪珠的问题。这里每一组珠的颗数都不多于3^u，根据前面探讨的结论，可知再称u次，总能“找出”。加上开始的一次，共称$u+1$次。若平衡，则伪珠可能在未称的那组珠中。这一组珠的颗数不多于3^u-1。由归纳法假设，可知再称u次，总能“确定、找出”。加上开始的一次，也是共称$u+1$次解决问题。

综上所述，命题获证。

现在探讨上述问题之逆：在伪珠的颗重比真珠轻的条件下，当至多混杂一颗伪珠时，在m颗珠中（$m\geqslant 2$），用天平至少称几次，总能“确定、找出”吗？

根据前面的论述可以知道，在伪珠的颗重比真珠轻的条件下，当至多混杂一颗伪珠时，用天平称n次（$n\geqslant 1$），只能在不超过$m=3^n-1$颗珠中“确定、找出”；称$n-1$次，只能在不超过$m=3^{n-1}-1$颗珠中“确定、找出”。因此，在伪珠的颗重比真珠轻的条件下，当至多混杂一颗伪珠时，对于给定的m颗珠（$3^{n-1}\leqslant m\leqslant 3^n-1$），用天平至少称$n=[\log_3 m]+1$次[①]，总能确定是否混杂有伪珠，进而把伪珠找出来。

---

① 由$3^{n-1}\leqslant m\leqslant 3^n-1$，$m$是整数，可得$3^{n-1}\leqslant m<3^n$。进而取对数，得$n-1\leqslant \log_3 m<n$，即$n-1=\log_3 m$。因此，$n=\log_3 m+1$。

8.2 “十二珠”游戏

前面在伪珠的颗重比真珠轻的条件下，探讨了天平称珠游戏问题。这是一类较为简单的问题。现在来探讨在只知伪珠的颗重与真珠不同的条件下，天平称珠游戏的问题。

有一道广为流传的题目——“十二珠”游戏：在 12 颗珠中，至多混有 1 颗伪珠。真珠的颗重均相等，伪珠的颗重与真珠不同。此外，在其他方面找不出真珠与伪珠的区别。现有一台十分灵敏的天平，不用砝码，至少要称几次，才总能确定是否混杂有伪珠，进而把伪珠找出来，知道伪珠比真珠轻还是重?

这个问题，若用戥秤称至少要称 4 次才总能达到目的。现在改用天平称，则只要称 3 次就可以了。

这里打算先采用三进数编码来解决这个问题。在遵循一珠一码、两盘等颗的原则下，假设 3 次称量的结果依次是平衡、左轻、左重，那么由于未知伪珠的颗重比真珠轻还是重，因此有两种可能：当伪珠的颗重比真珠轻时，伪珠的编码是 201；当伪珠的颗重比真珠重时，伪珠的编码是 210。这里，201 与 210 是一对互补码。这就是说，在整组编码中，如果同时出现某一对互补码，那么由于只可能有一颗伪珠，就一时无法断定哪颗是伪珠了。因此，在这一类问题中，进行三进数编码时，还应遵循一个原则——互补取一原则。这里，“一珠一码”容易做到，而“两盘等颗”与“互补取一”却需要统筹兼顾。

现在，把三位三进数的所有互补码排列如下：

000 001 002 010 011 012 020 021 022 200 201 202 220
| | | | | | | | | | | | | 222
111 110 112 101 100 102 121 120 122 211 210 212 221

编码 222 是单独的，它表示这颗珠 3 次都不放在天平上称。它是否为伪珠无从知道。因此不需要 222 这个编码。除 222 外，共有 13 对互补码。该怎么“互补取一”，才能使它符合“两盘等颗”的原则呢？这里，打算从简到繁地依次介绍 3 种方法。

1）察序法

先规定编码内的序。以编码的第一位为起点，按 0→1→2→0 的方向考察。例如，第一位是 0，若第二位是 1，则说它是升序的；若第二位是 2，则说它是降序的；如果第二位还是 0，就以此为新的起点，仿照前面的办法，继续考察第三位……如果最后一位还是 0，则说它是平序的。容易知道，任何一对互补码，如果其中一个是升序的，那么另一个就是降序的；如果其中一个是降序的，那么另一个就是升序的；如果其中一个是平序的，那么另一个也是平序的。

对于前面 13 对互补码，考察它们编码内的序。可以知道，这里既有升序的（在它的前面加上♯表示之），又有降序的、平序的。

000 ♯001 002 ♯010 ♯011 ♯012 020 021 022 ♯200 ♯201 ♯202 ♯220 111 110 ♯112 101 100 102 ♯121 ♯120 ♯122 211 210 212 221

把这里的 12 个升序编码，进行整理（一般按三进数从小到大排列），并经过检查可以知道，它是一组符合要求（遵循一珠一码、两盘等颗、互补取一原则）的编码：

001，010，011，012，112，120，121，122，200，201，202，220 （*）

对于任何一组符合要求的编码，都可以进行换盘或换次。换盘的方法是这样的：例如，把编码（*）的各个第二位上的 0 换作 1、1 换作 0（这就意味着第二次称的左右两盘互换），经整理得到

000，001，002，011，102，120，121，122，210，211，212，220 （**）

我们知道，每一次称的左右两盘都有换与不换两种情况，这里称了 3 次。因此，通过换盘一共可以得到（2×2×2=）8 种不同的结果。

换次的方法是这样的：例如，把（**）的各个编码第二位上的数与第三位上的数互换（这意味着第 2 次称与第 3 次称互换），经整理得到

000，010，011，020，102，112，120，122，201，202，211，221 （A）

这里称 3 次，其排列顺序有（3×2×1=）6 种。因此，通过换次一共可以得到 6 种不同的结果。

这样，任何一组符合要求的编码，经过换盘、换次，一共可以得到（6×8=）48 种不同的结果。由于换盘、换次是比较容易办到的，因此把（*），（**），（A）及其通过换盘、换次所得到的整个编码集合看

作一类，以（A）为代表，称（A）为本原编码。

2）删换法

观察上述三位三进数的 13 对互补码，要符合“两盘等颗”、“互补取一”的原则，就必须删去一对互补码。不论从哪一个数位上看，含有 2 的互补码都各有 4 对。这是不能删去的。而只含有 0 与 1 的互补码（000—111，001—110，010—101，011—100），应删去一对，才有可能做到各个数位上的 0 与 1 的个数都是相等的。删去哪一对互补码呢？这里并没有特别的规定。因此可以随意删去一对由 0 与 1 组成的互补码。例如，删去“000—111”。接着考察第一行（考察第二行亦可）剩下的 12 个三进数编码：

001，002，010，011，012，020，021，022，200，201，202，220

这里第一位上有 8 个“0”；第二位上有 5 个“0”和 3 个“1”；第三位上有 4 个“0”与 4 个“1”。除第三位外，第一、二位上的 0 与 1 的个数都是不相等的。为此，必须设法把第一位上的 4 个“0”换为“1”，第二位上的 1 个“0”换为 1，而在这同时又要设法保持第三位上 0 与 1 的个数相等的条件。

下面提出一种变换的方案：先把 002 换为它的互补码 112，这样解决了第二位上的问题。这时，第一位上有 7 个“0”和 1 个“1”。接着，把 022 换为它的互补码 122，把 011，200 同时换为它们的互补码 100，211，再把 021，220 也同时换为它们的互补码 120，221。经整理得到如下 12 个编码：

001，010，012，020，100，112，120，122，201，202，211，221（B）

经检验，这组编码是符合要求的。与本原编码（A）相类似，把它称为本原编码（B）。

3）综合法

现在全面地考察这个问题，探讨一下这个“十二珠”游戏，可以有几组实质不同（即通过换盘、换次都不能互通）的本原编码称法。

首先，考虑第一位为 2 的 4 个编码。在 13 对互补码中，有 4 对互补码第一位上的数为 2。它们是：200—211，201—210，202—212，220—221。根据互补取一原则，当取 200 时，有（2×2×2=）8 种取法；当取 200 的互补码 211 时，亦有 8 种取法。这两者各有的 8 种取法，存在着一一对应的关系，一种取法确定之后，另一种对应的取法也就确定了。这样，就可以对它们进行如下的罗列：

200，201，202，220；　211，210，212，221
200，201，202，221；　211，210，212，220
200，201，212，220；　211，210，202，221
200，201，212，221；　211，210，202，220
200，210，202，220；　211，201，212，221
200，210，202，221；　211，201，212，220
200，210，212，220；　211，201，202，221
200，210，212，221；　211，201，202，220

从探讨本原编码称法的要求出发，考虑到在上述每一类取法中，左边的编码经过换盘就成为右边的编码，反之亦然。因此，只要在上述 8 类左、右每对中，任选一种共有 8 种取法就可以了。例如，选如下 8 种取法：

（一）200，201，202，220；（二）200，201，202，221
（三）200，201，212，220；（四）211，210，202，220
（五）200，210，202，220；（六）211，201，212，220
（七）211，201，202，221；（八）200，210，212，221

其次，考虑第二位为 2 的 4 个编码。由于前面 4 个编码中，都已经有一个编码的第二位是 2，所以只要再取 3 个编码就可以了。这里有（2×2×2＝）8 种取法。这 8 种取法是

（1）020，021，022　（2）020，021，122
（3）020，120，022　（4）020，120，122
（5）121，021，022　（6）121，021，122
（7）121，120，022　（8）121，120，122

再次，考虑第三位为 2 的 4 个编码。由于前面在考虑第一位为 2 的 4 个编码时，都已经有一个编码的第三位是 2；在接着考虑第二位上为 2 的 3 个编码中，也都已经有一个编码的第三位是 2，所以只要再取两个编码就可以了。这里有（2×2＝）4 种取法。这 4 种取法是

（ⅰ）002，012　（ⅱ）002，102

（ⅲ）112，012　（ⅳ）112，102

最后，综合考虑上面的各种情况。例如，由（一）（1）（ⅰ）得到

200，201，202，220，020，021，022，002，012

这里，由于第一位上为0的编码已经超过4个，因此不可能组成符合要求的编码。

又如，由（七）（4）（ⅱ）得到

211，201，202，221，020，120，122，002，102

这里，已经有了9个编码，还应配3个编码。从第一位上看，所配的3个数字应是0，0，1；从第二位上看，所配的3个数字应是1，1，1；从第三位上看，所配的3个数字应是0，0，1。根据这些情况，可知还应配上的3个编码是010，011，110。这样，经过整理得到符合要求的本原编码（C）。

002，010，011，020，102，110，120，122，201，202，211，221（C）

逐一考虑上述（8×8×4＝）256种取法便可以得到全部的解答。而作为本原编码有且仅有如下7组12个编码：

①	②	③	④	⑤	⑥	⑦	⑧	⑨	⑩	⑪	⑫	
000	010	011	020	102	112	120	122	201	202	211	221	(A)
001	010	012	020	100	112	120	122	201	202	211	221	(B)
002	010	011	020	102	110	120	122	201	202	211	221	(C)
000	010	012	022	100	112	120	121	201	202	211	221	(D)
002	010	012	020	100	111	120	122	201	202	211	221	(E)
000	010	012	021	100	112	121	122	201	202	211	220	(F)
001	010	012	022	100	112	120	121	201	202	211	220	(G)

这样配上12颗珠的序号，就可以得到如上7组本原编码所分别对应的称法（表8-1）。

表 8-1

	第一次		第二次		第三次	
	左盘	右盘	左盘	右盘	左盘	右盘
A	①② ③④	⑤⑥ ⑦⑧	①⑤ ⑨⑩	②③ ⑥⑪	①② ④⑦	③⑨ ⑪⑫

续表

	第一次		第二次		第三次	
	左盘	右盘	左盘	右盘	左盘	右盘
B	①② ③④	⑤⑥ ⑦⑧	①⑤ ⑨⑩	②③ ⑥⑪	②④ ⑤⑦	①⑨ ⑪⑫
C	①② ③④	⑤⑥ ⑦⑧	①⑤ ⑨⑩	②③ ⑥⑪	②④ ⑥⑦	③⑨ ⑪⑫
D	①② ③④	⑤⑥ ⑦⑧	①⑤ ⑨⑩	②③ ⑥⑪	①② ⑤⑦	⑧⑨ ⑪⑫
E	①② ③④	⑤⑥ ⑦⑧	①⑤ ⑨⑩	②③ ⑥⑪	②④ ⑤⑦	⑥⑨ ⑪⑫
F	①② ③④	⑤⑥ ⑦⑧	①⑤ ⑨⑩	②③ ⑥⑪	①② ⑤⑫	④⑦ ⑨⑪
G	①② ③④	⑤⑥ ⑦⑧	①⑤ ⑨⑩	②③ ⑥⑪	②⑤ ⑦⑫	①⑧ ⑨⑪

这里，有趣的是，这 7 组本原编码所分别对应的称法，第一、第二次上天平称的珠的序号都是相同的，只是第三次称的序号才有所不同。这也许让有的读者感到奇怪。其实，这是笔者刻意在通过换盘、换次可以互通的编码集合类中，进行适当选择所出现的现象。如果选择别的编码作为该类的本原编码，亦是可行的。

对于“十二珠”游戏，为了让读者将想到（或在有关材料上找到）的编码称法，与这里的本原编码挂钩，我们将所有的编码称法按它的本原编码附后。其中本原编码（*A*）～（*F*）各有 48 组，本原编码（*G*）有 16 组，合计有 304 组。

另外，有的读者可能会问，对于如上每颗珠的三进数编码，依据第一、第二、第三位数字，数字是 0 的放在天平的左盘，数字是 1 的放在天平的右盘，数字是 2 的不放在天平上。每次称可能有平衡、左轻、左重 3 种结果，搭配起来，共有 27 种。然而，在 12 颗珠中，可能没有伪珠，也可能有一颗比真珠轻的伪珠，或者有一颗比真珠重的伪珠。需要辨别的却只有（1＋12×2＝）25 种。两者不相吻合，是否会导致矛盾呢？事实上，由于在 13 对互补码中，我们没有使用一对互补码，因而这一对互补码所对应的两种情况是不可能出现的。这样，就表明 3 次使用天平能且只能辨别 25 个信息。以本原编码（A）为例，不出现的一对互补码是“001—110”。具体情况如表 8-2 所示。

表 8-2

第一次	第二次	第三次	伪珠	
左　右	左　右	左　右		
① ⑤ ② ⑥ ③ ⑦ ④ ⑧	① ② ⑤ ③ ⑨ ⑥ ⑩ ⑪	① ③ ② ⑨ ④ ⑪ ⑦ ⑫	轻	重
平衡	平衡	平衡	无伪珠	
平衡	平衡	左轻		⑫
平衡	平衡	左重	⑫	
平衡	左轻	平衡	⑩	
平衡	左轻	左轻		⑪
平衡	左轻	左重	⑨	
平衡	左重	平衡		⑩
平衡	左重	左轻		⑨
平衡	左重	左重	⑪	
左轻	平衡	平衡		⑧
左轻	平衡	左轻	④	
左轻	平衡	左重		⑦
左轻	左轻	平衡		⑥
左轻	左轻	左轻	①	
左轻	左轻	左重	不出现	
左轻	左重	平衡		⑤
左轻	左重	左轻	②	
左轻	左重	左重	③	
左重	平衡	平衡	⑧	
左重	平衡	左轻	⑦	
左重	平衡	左重		④
左重	左轻	平衡	⑤	
左重	左轻	左轻		③
左重	左轻	左重		②
左重	左重	平衡	⑥	
左重	左重	左轻	不出现	
左重	左重	左重		①

现在探讨“十二珠”游戏的关联称法。

一般地说，在某几颗珠中，至多混有1颗伪珠。真珠的颗重均相等，伪珠的颗重与真珠不同。用天平至少称几次，才总能“确定、找出、知道”呢？这是一个有趣而深奥的问题，曾经引起不少数学爱好者的浓厚兴趣和热烈探讨。1948年，《控制论》问世以来，用控制论的思路与方法来分析论证，就显得颇为全面科学而通俗易懂了。

控制的概念与事物发展的可能性密切相关。一般将事物发展变化中的面临的各种可能性集合称为这个事物的可能性空间；而把实行控制前、控制后的可能性空间之比称为控制能力。若一个事物控制前的可能性空间为M，实行控制后的可能性空间为m，人或工具对事物的控制能力为Q，那么控制能力的公式是$Q=\frac{M}{m}$。

现在从控制能力这个角度来对“十二珠”游戏进行分析，然后提出“十二珠”游戏的关联称法。

首先，确定整个控制过程要求的控制能力。在12颗珠中，需要辨别的情况有25种。因此，控制前总的可能性空间$M=25$。我们的目标是从中确定一种。因此，控制后可能性空间$m=1$。这样，整个控制过程要求的控制能力$Q\geqslant\frac{M}{m}=25$。

其次，考察天平每称一次的控制能力。显然，天平每称一次有3种可能性状态：平衡、左轻、左重。天平每称一次后，这3种可能性状态就唯一确定下来了。可能性空间缩小到原来的三分之一。因此，天平每称一次的控制能力为3。

现在可以根据所要区分不同情况的数量来确定使用天平的次数。显然，称两次，只能区分（$3^2=$）9种不同情况，不能解决“十二珠”游戏。称3次，总控制能力为（$3^3=$）27，超过要求的控制能力25。因此，“十二珠”游戏用天平至少要称3次。

假设第一次称时，左盘放x颗珠，右盘放x颗珠，留下y颗珠。若天平平衡，则伪珠可能在y颗珠中，不知它比真珠轻还是重；若天平不平衡，则伪珠肯定在$2x$颗珠中，且已知其中x颗是“轻盘珠”，

另外 x 颗是“重盘珠”。对这两种情况，都还要再称两次才能解决问题。这里，x，y 均为正整数，且 $2x+y=12$，$\frac{2y}{9}\leqslant 1$，$\frac{2x}{9}\leqslant 1$。根据这些要求，解得：$x=y=4$。

为此，我们将 12 颗珠编上序号：①②③④⑤⑥⑦⑧⑨⑩⑪⑫，分成 3 组：①②③④，⑤⑥⑦⑧，⑨⑩⑪⑫。第一次的称法如表 8-3 所示。

表 8-3

第一次 左　右	结果	说　明
①⑤ ②⑥ ③⑦ ④⑧	平衡	已称过的①～⑧都是真珠，伪珠在未称过的⑨～⑫中
	不平衡	⑨～⑫是真珠，伪珠在①～⑧中。伪珠若在轻盘上，则伪珠比真珠轻；否则，伪珠比真珠重

这里，称了之后都可以找出几颗真珠。随后要充分利用这些已知的真珠（以后，用●表示真珠）。现在对两种结果进一步探讨之：

（1）当第一次称天平平衡时，伪珠在未称过的⑨～⑫中。第二次称时，假设在未称过的珠中，取 u 颗称，留下 v 颗，同时为使符合两盘等颗原则，用已知的真珠补充之。这时，若天平平衡，则伪珠可能在 v 颗珠中，不知它比真珠轻还是重；若天平不平衡，则伪珠肯定在 u 颗珠中，且可知伪珠若在“轻盘珠”中，则伪珠比真珠轻，否则，伪珠就比真珠重。对这两种情况，都还要再称一次才能解决问题。这里，u 和 v 均为正整数，且 $u+v=4$，$\frac{2v}{3}\leqslant 1$，$\frac{u}{3}\leqslant 1$。根据这些要求，解得：$u=3$，$v=1$。

这就是说，有 3 颗珠放在天平上称，另 1 颗珠留下来。不妨设，放在天平上称时，除作为补充的真珠外，左盘内珠的颗数不少于右盘，这样可以有如下几种称法（这里只指出，第二次的几种称法。第三次的几种称法，我们就不一一列举了）：

称法 1-1：第一次称后未称过的取 2 颗为一组，第一次称后未称过的再取 1 颗与 1 颗真珠为另 1 组，称第二次（表 8-4）。

表 8-4

第一次称的结果	第二次		结果	说明	第三次		结果	伪珠	
	左	右			左	右		轻	重
①⑤ ②⑥ ③⑦ ④⑧ 平衡	⑨⑩	⑪●	平衡	⑨⑩⑪均是真珠，⑫是伪珠	⑫	●	平衡	无伪珠	
							左轻	⑫	
							左重		⑫
			左轻	伪珠在⑨⑩⑪中。伪珠若在轻盘，伪珠比真珠轻；否则，伪珠比真珠重	⑨ ⑪	● ●	平衡	⑩	
							左轻	⑨	
							左重		⑪
			左重		⑨ ⑪	● ●	平衡		⑩
							左轻	⑪	
							左重		⑨

称法 1-2：第一次称后未称过的取 3 颗为一组，任取 3 颗真珠为另一组，称第二次（表 8-5）。

表 8-5

第一次称的结果	第二次		结果	说明	第三次		结果	伪珠	
	左	右			左	右		轻	重
①⑤ ②⑥ ③⑦ ④⑧ 平衡	⑨⑩⑪	●●●	平衡	⑨⑩⑪均是真珠，⑫是伪珠	⑫	●	平衡	无伪珠	
							左轻	⑫	
							左重		⑫
			左轻	伪珠在⑨⑩⑪中。伪珠比真珠轻	⑨	⑩	平衡	⑪	
							左轻	⑨	
							左重	⑩	
			左重	伪珠在⑨⑩⑪中。伪珠比真珠重	⑨	⑩	平衡		⑪
							左轻		⑩
							左重		⑨

（2）当第一次称天平不平衡时，伪珠在已称过的①～⑧中。第二次称时，假设在已称过的珠中，a 颗取下，b 颗不动，c 颗移动位置，同时为使符合两盘等颗原则，用已知的真珠补充之（最多只能有 4 颗真珠⑨～⑫可供利用）。结果有 3 种可能：天平平衡，伪珠在取下的 a 颗珠中；天平不平衡，仍然保持第一次的倾向，伪珠在不动的 b 颗珠中；天平不平衡，倾向与第一次不同，伪珠在移动位置的 c 颗珠中。对这 3 种情况，都还要再称一次才能解决问题。

这里，a，b，c 均为正整数，且 $a+b+c=8$，$\frac{a}{3}\leqslant 1$，$\frac{b}{3}\leqslant 1$，$\frac{c}{3}\leqslant 1$。

根据这些要求，解得：$(a, b, c)=(2, 3, 3)=(3, 2, 3)=(3, 3, 2)$。这 3 组解分别代表了 3 类不同的第二次称法。至于第三次称法，在前两次称得的结果的基础上，就容易求解了。

现在仍旧不妨设，放在天平上称时，除作为补充的真珠外，左盘内珠的颗数不少于右盘，来说明上述 3 类不同的称法（这里只指出，第二次的几种称法。第三次的几种称法就不一一列举了）：

（ⅰ）第一次称后，2 颗珠取下，3 颗珠不动，3 颗珠移动位置。

称法 2-1：第一次称后左盘取两颗、右盘取一颗为一组，第一次称后左盘取另二颗、右盘取另一颗为另一组，称第二次（表 8-6）。

表 8-6

第一次称的结果	第二次		结果	说明	第三次		结果	伪珠	
	左	右			左	右		轻	重
①⑤ ②⑥ ③⑦ ④⑧ 左轻	① ② ⑤	③ ④ ⑥	平衡	伪珠在⑦⑧中，伪珠比真珠重	⑦	⑧	平衡	不出现	
							左轻		⑧
							左重		⑦
			左轻	伪珠在①②⑥中，其他是真珠	①	②	平衡		⑥
							左轻	①	
							左重	②	
			左重	伪珠在③④⑤中，其他是真珠	③	④	平衡		⑤
							左轻	③	
							左重	④	
①⑤ ②⑥ ③⑦ ④⑧ 左重	① ② ⑤	③ ④ ⑥	平衡	伪珠在⑦⑧中，伪珠比真珠轻	⑦	⑧	平衡	不出现	
							左轻	⑦	
							左重	⑧	
			左轻	伪珠在③④⑤中，其他是真珠	③	④	平衡	⑤	
							左轻		④
							左重		③
			左重	伪珠在①②⑥中，其他是真珠	①	②	平衡	⑥	
							左轻		②
							左重		①

称法 2-2：第一次称后左盘、右盘各取两颗为一组，第一次称后左盘、右盘各取一颗与两颗真珠为另一组，称第二次（表 8-7）。

表 8-7

第一次称的结果	第二次		结果	说明	第三次		结果	伪珠	
	左	右			左	右		轻	重
①⑤ ②⑥ ③⑦ ④⑧ 左轻	① ② ⑤ ⑥	③ ⑦ ● ●	平衡	伪珠在④⑧中，其他是真珠	④ ⑧	● ●	平衡 左轻 左重	不出现 ④	⑧
			左轻	伪珠在①②⑦中，其他是真珠	① ⑦	● ●	平衡 左轻 左重	② ①	⑦
			左重	伪珠在③⑤⑥中，其他是真珠	③ ⑤	● ●	平衡 左轻 左重	③	⑥ ⑤
①⑤ ②⑥ ③⑦ ④⑧ 左重	① ② ⑤ ⑥	③ ⑦ ● ●	平衡	伪珠在④⑧中，其他是真珠	④ ⑧	● ●	平衡 左轻 左重	不出现 ⑧	④
			左轻	伪珠在③⑤⑥中，其他是真珠	③ ⑤	● ●	平衡 左轻 左重	⑥ ⑤	③
			左重	伪珠在①②⑦中，其他是真珠	① ⑦	● ●	平衡 左轻 左重	⑦	② ①

称法 2-3：第一次称后左盘取 3 颗与右盘取 2 颗为一组，第一次称后左盘取 1 颗与 4 颗真珠为另一组，称第二次（表 8-8）。

表 8-8

第一次称的结果	第二次 左	第二次 右	结果	说明	第三次 左	第三次 右	结果	伪珠 轻	伪珠 重
①⑤ ②⑥ ③⑦ ④⑧ 左轻	① ② ③ ⑤ ⑥	④ ● ● ● ●	平衡	伪珠在⑦⑧中，伪珠比真珠重	⑦	⑧	平衡	不出现	
							左轻		⑧
							左重		⑦
			左轻	伪珠在①②③中，伪珠比真珠轻	①	②	平衡	③	
							左轻	①	
							左重	②	
			左重	伪珠在④⑤⑥中，其他是真珠	⑤	⑥	平衡	④	
							左轻		⑥
							左重		⑤
①⑤ ②⑥ ③⑦ ④⑧ 左重	① ② ③ ⑤ ⑥	④ ● ● ● ●	平衡	伪珠在⑦⑧中，伪珠比真珠轻	⑦	⑧	平衡	不出现	
							左轻	⑦	
							左重	⑧	
			左轻	伪珠在④⑤⑥中，其他是真珠	⑤	⑥	平衡		④
							左轻	⑤	
							左重	⑥	
			左重	伪珠在①②③中，伪珠比真珠重	①	②	平衡		③
							左轻		②
							左重		①

（ⅱ）第一次称后，3 颗珠取下，2 颗珠不动，3 颗珠移动位置。

称法 2-4：第一次称后左盘取 2 颗、右盘取 1 颗为一组，第一次称后左盘取 2 颗与 1 颗真珠为另一组，称第二次（表 8-9）。

表 8-9

第一次称的结果	第二次 左	第二次 右	结果	说明	第三次 左	第三次 右	结果	伪珠 轻	伪珠 重
①⑤ ②⑥ ③⑦ ④⑧ 左轻	① ② ⑤	③ ④ ●	平衡	伪珠在⑥⑦⑧中，伪珠比真珠重	⑥	⑦	平衡		⑧
							左轻		⑦
							左重		⑥
			左轻	伪珠在①②中，伪珠比真珠轻	①	②	平衡	不出现	
							左轻	①	
							左重	②	
			左重	伪珠在③④⑤中，其他是真珠	③	④	平衡		⑤
							左轻	③	
							左重	④	
①⑤ ②⑥ ③⑦ ④⑧ 左重	① ② ⑤	③ ④ ●	平衡	伪珠在⑥⑦⑧中，伪珠比真珠轻	⑥	⑦	平衡	⑧	
							左轻	⑥	
							左重	⑦	
			左轻	伪珠在③④⑤中，其他是真珠	③	④	平衡	⑤	
							左轻		④
							左重		③
			左重	伪珠在①②中，伪珠比真珠重	①	②	平衡	不出现	
							左轻		②
							左重		①

称法 2-5：第一次称后左盘、右盘各取 2 颗为一组，第一次称后左盘取 1 颗与 3 颗真珠为另一组，称第二次（表 8-10）。

表 8-10

第一次称的结果	第二次		结果	说明	第三次		结果	伪珠	
	左	右			左	右		轻	重
①⑤ ②⑥ ③⑦ ④⑧ 左轻	① ② ⑤ ⑥	③ ● ● ●	平衡	伪珠在④⑦⑧中，其他是真珠	⑦	⑧	平衡 左轻 左重	④ 	 ⑧ ⑦
			左轻	伪珠在①②中，伪珠比真珠轻	①	②	平衡 左轻 左重	不出现 ① ②	
			左重	伪珠在③⑤⑥中，其他是真珠	⑤	⑥	平衡 左轻 左重	③ 	 ⑥ ⑤
①⑤ ②⑥ ③⑦ ④⑧ 左重	① ② ⑤ ⑥	③ ● ● ●	平衡	伪珠在④⑦⑧中，其他是真珠	⑦	⑧	平衡 左轻 左重	 ⑦ ⑧	④
			左轻	伪珠在③⑤⑥中，其他是真珠	⑤	⑥	平衡 左轻 左重	 ⑤ ⑥	③
			左重	伪珠在①②中，伪珠比真珠重	①	②	平衡 左轻 左重	不出现	 ② ①

（ⅲ）第一次称后，3 颗珠取下，3 颗珠不动，2 颗珠移动位置。

称法 2-6：第一次称后左盘取 2 颗、右盘取 1 颗为一组，第一次称后左盘、右盘各取 1 颗与 1 颗真珠为另一组，称第二次（表 8-11）。

表 8-11

第一次称的结果	第二次		结果	说明	第三次		结果	伪珠	
	左	右			左	右		轻	重
①⑤ ②⑥ ③⑦ ④⑧ 左轻	① ② ⑤	③ ⑥ ●	平衡	伪珠在④⑦⑧中，其他是真珠	⑦	⑧	平衡	④	
							左轻		⑧
							左重		⑦
			左轻	伪珠在①②⑥中，其他是真珠	①	②	平衡		⑥
							左轻	①	
							左重	②	
			左重	伪珠在③⑤中，其他是真珠	③	●	平衡		⑤
							左轻	③	
							左重	不出现	
①⑤ ②⑥ ③⑦ ④⑧ 左重	① ② ⑤	③ ⑥ ●	平衡	伪珠在④⑦⑧中，其他是真珠	⑦	⑧	平衡		④
							左轻	⑦	
							左重	⑧	
			左轻	伪珠在③⑤中，其他是真珠	③	●	平衡	⑤	
							左轻	不出现	
							左重		③
			左重	伪珠在①②⑥中，其他是真珠	①	②	平衡	⑥	
							左轻		②
							左重		①

称法 2-7：第一次称后左盘取 3 颗、右盘取 1 颗为一组，第一次称后左盘取 1 颗与 3 颗真珠为另一组，称第二次（表 8-12）。

表 8-12

第一次称的结果	第二次 左	第二次 右	结果	说明	第三次 左	第三次 右	结果	伪珠 轻	伪珠 重
①⑤ ②⑥ ③⑦ ④⑧ 左轻	① ② ③ ⑤	④ ● ● ●	平衡	伪珠在⑥⑦⑧中，伪珠比真珠重	⑥	⑦	平衡		⑧
							左轻		⑦
							左重		⑥
			左轻	伪珠在①②③中，伪珠比真珠轻	①	②	平衡	③	
							左轻	①	
							左重	②	
			左重	伪珠在④⑤中，其他是真珠	④	●	平衡		⑤
							左轻	④	
							左重	不出现	
①⑤ ②⑥ ③⑦ ④⑧ 左重	① ② ③ ⑤	④ ● ● ●	平衡	伪珠在⑥⑦⑧中，伪珠比真珠轻	⑥	⑦	平衡	⑧	
							左轻	⑥	
							左重	⑦	
			左轻	伪珠在④⑤中，其他是真珠	④	●	平衡	⑤	
							左轻	不出现	
							左重		④
			左重	伪珠在①②③中，伪珠比真珠重	①	②	平衡		③
							左轻		②
							左重		①

这里，称法 1-1 分别与称法 2-1～2-7 搭配，以及称法 1-2 分别与称法 2-1～2-7 搭配，都可以组成一个完整的“十二珠”游戏的关联称法。另一方面，由于前面全面地讨论了“十二珠”游戏关联称法的第一、二次的各种情况，这样对于读者所想到（或在有关材料上找到）的关联称法，就都可以与这里的关联称法挂钩。因而，我们的解答可以说是全面的、完整的。

至此分别探讨了“十二珠”游戏的编码称法与关联称法。这两类称法之间有什么关系呢？这也是许多数学爱好者关心与需要探究的问题。笔者认为，这里的每一种编码称法都可以导出它相应的关联称法，而每一种关联称法却未必能导出它相应的编码称法。

事实上，对于任一种编码称法，例如（A），可以这样导出它相应的关联称法：第一次，与编码称法相同，仍以①～④放在左盘上，⑤～⑧放在右盘上称。第二次，在编码称法中，以①⑤⑨⑩放在左盘上，②③⑥⑪放在右盘上称，而在关联称法中，若第一次称天平平衡，由于①～⑧都是真珠，第二次只要以⑨⑩放在左盘上，⑪●放在右盘上称就可以了；若第一次称天平不平衡，由于⑨～⑫都是真珠，第二次只要以①⑤●放在左盘上，②③⑥放在右盘上称就可以了。仿此，可以继续导出关联称法的第三次称的安排（这留给读者作为练习）。

然而，对于关联称法来讲，例如，称法 1-1（或称法 1-2）与称法 2-3 搭配而成的关联称法，由于在称法 2-3 中，有 4 颗真珠，第一次未曾称过，第二次都放在右盘上称。它们的三进数编码，第一位都是 2，第二位都是 1。但是，第三位却无法安排，使之做到一珠一码。因此，并非每一种关联称法都能导出它相应的编码称法。

从这里可以看出，脍炙人口的“十二珠”游戏的关联称法较之三进数编码称法更为多样。该怎么样用进位制的知识或其他数学知识进一步研究关联称法呢？这是留待有兴趣的数学爱好者继续探究的问题（见书后附录）。

8.3 伪珠的颗重与真珠不同

前面在伪珠的颗重与真珠不同的条件下，当至多混杂一颗伪珠时，正确地解决了“十二珠”游戏。如果把这个问题推广到一般的情况，在伪珠的颗重与真珠不同的条件下，当至多混杂一颗伪珠时，对于 m 颗珠，用天平至少称几次，总能确定是否混杂有伪珠，进而把伪珠找出来，知道伪珠比真珠轻还是重呢？

显然，在伪珠的颗重与真珠不同的条件下，如果用天平只称一次，在两盘等颗的前提下，若平衡就可以断定不含有伪珠，否则就一定混杂有伪珠。但是，这里不能找出伪珠，也无法知道伪珠比真珠轻还是重。因此探讨用天平称的次数 $n \geqslant 2$ 的情况。

另外，当珠的颗数 $m=1$，2 时，由于没有参照的标准，无法确定哪一颗是伪珠，探讨这类问题是没有什么意义的。因此探讨 $m \geqslant 3$ 的情况。

我们指出，当 $m=3$ 时，用天平称 2 次总能“确定、找出、知道”；

当 $m=4\sim11$ 时，用天平称 3 次总能“确定、找出、知道”。其具体方案，可以利用三进数的知识，仿照前面的办法进行编造。然而，更为简单的办法是在 $m=12$ 的方案的基础上产生。下面举几个例子来说明。

当 $m=11$ 时，对于 $m=12$ 的 7 组本原编码的某一组编码，应当不用一个编码。但是，不管不用哪一个编码，剩下的一组编码都不能做到符合“一珠一码”“两盘等颗”“互补取一”的三原则（请读者想一想其中的道理）。怎么办呢？只得另寻出路。我们知道，在形成 $m=12$ 的 7 组本原编码中，都各有一对互补码删去。现在得用上这一对删去的互补码中的某一个编码，再去掉两个编码了。例如，在 $m=12$ 的本原编码（B）中，用上 011，再去掉 012，221 得

000，001，010，011，112，120，121，122，200，201，212

另外，在 $m=12$ 的本原编码（B）中，也可以用上 100，再去掉 122，200 得

000，001，010，012，100，112，120，121，201，212，221

这里，请读者检验，这两组编码是否符合三原则，能否解决我们的问题？

当 $m=10$ 时，可以继续使用前面的思路。例如，在 $m=12$ 的本原编码（A）中，用上 011，同时去掉 001，210，211 得

000，002，010，011，102，120，121，122，212，221

读者不难检验，它是符合三原则的，进而也就可以解决我们的问题。

当 $m=9$ 时，可以更直接地解决问题。例如，在 $m=12$ 的本原编码（A）中，直接不用 000，121，212 得

001，002，010，102，120，122，210，211，221

把这里的检验也留给读者进行。

现在用关联称法探讨一般的情况。我们指出，在伪珠的颗重与真珠不同的条件下，当至多混杂一颗伪珠时，用天平称 n 次（$n\geqslant2$），在 m 颗珠（$m\geqslant3$）中，这里 m 满足 $\frac{3^{n-1}-1}{2}\leqslant m\leqslant\frac{3^n-3}{2}$，总能确定是否混杂有伪珠，进而把伪珠找出来，知道伪珠比真珠轻还是重。

根据带余除法 $m\div3=q\cdots\cdots r$（$0\leqslant r\leqslant2$），对 m 颗珠进行如下三分式的分组：

(1) 若 $r=0$，分成 q，q，q 三组。这时

$$m\neq\frac{3^{n-1}-1}{2},\ m\neq\frac{3^{n-1}-1}{2}+1\ (\text{否则 } r\neq 0)$$

因此

$$\frac{3^{n-1}-1}{2}+2\leqslant m\leqslant\frac{3^n-3}{2}$$

即

$$\frac{3^{n-1}+3}{2}\leqslant 3q\leqslant\frac{3^n-3}{2}$$

亦即

$$\frac{3^{n-2}+1}{2}\leqslant q\leqslant\frac{3^{n-1}-1}{2}$$

(2) 若 $r=1$，分成 $q+1$，$q+1$，$q-1$ 三组。这时

$$m\neq\frac{3^n-3}{2},\ m\neq\frac{3^n-3}{2}-1\ (\text{否则 } r\neq 1)$$

因此

$$\frac{3^{n-1}-1}{2}\leqslant m\leqslant\frac{3^n-3}{2}-2$$

即

$$\frac{3^{n-1}-1}{2}\leqslant 3q+1\leqslant\frac{3^n-7}{2}$$

进而必有

$$\frac{3^{n-2}+1}{2}\leqslant q+1\leqslant\frac{3^{n-1}-1}{2},\quad \frac{3^{n-2}-3}{2}\leqslant q-1\leqslant\frac{3^{n-1}-5}{2}$$

(3) 若 $r=2$，分成 $q+1$，$q+1$，q 三组。这时

$$m\neq\frac{3^{n-1}-1}{2},\ m\neq\frac{3^n-3}{2}\ (\text{否则 } r\neq 2)$$

因此

$$\frac{3^{n-1}-1}{2}+1\leqslant m\leqslant\frac{3^n-3}{2}-1$$

即

$$\frac{3^{n-1}+1}{2}\leqslant 3q+2\leqslant\frac{3^n-5}{2}$$

进而必有

$$\frac{3^{n-2}+1}{2}\leqslant q+1\leqslant\frac{3^{n-1}-1}{2},\quad \frac{3^{n-2}-1}{2}\leqslant q\leqslant\frac{3^{n-1}-3}{2}$$

总之，在各种情况所分的 3 组中，前两组珠的颗数相等，设均为 s 颗，s 满足

$$\frac{3^{n-2}+1}{2}\leqslant s\leqslant\frac{3^{n-1}-1}{2}$$

第三组珠的颗数为 t，$t=m-2s$，t 满足 $s-2\leqslant t\leqslant s$，即

$$\frac{3^{n-2}-3}{2}\leqslant t\leqslant\frac{3^{n-1}-1}{2}$$

现在从天平称珠游戏的初始问题出发，第一次取出同数颗珠称后，将会出现两种不同的状态：第一种状态，由天平不平衡产生，未称的珠都是真珠，伪珠肯定在“轻盘珠”或“重盘珠”中；第二种状态，由天平平衡产生，已称的珠都是真珠，伪珠只可能在未称的珠中。我们要在这两种不同状态中“确定、找出、知道”。为此，分别指出这两种状态的结论。

第一种状态的结论：在伪珠的颗重与真珠不同的条件下，用天平称 k 次（$k\geqslant1$），在 s 颗“轻盘珠”与 s 颗“重盘珠”中，这里 s 满足 $\frac{3^{k-1}+1}{2}\leqslant s\leqslant\frac{3^k-1}{2}$，借助已有的不少于 $s-2$ 颗真珠，总能找出混杂在内的伪珠，知道伪珠比真珠轻还是重。

这里用数学归纳法来证明。

当 $k=1$ 时，$s=1$。由于只探讨 $m\geqslant3$ 的情况，这时除 1 颗“轻盘珠”与 1 颗“重盘珠”外，还至少有 1 颗真珠。把 1 颗“轻盘珠”（或“重盘珠”）与 1 颗真珠分别放在天平的两盘上称。若平衡，则另一颗珠是伪珠；若不平衡，则这颗珠就是伪珠。均能知道伪珠比真珠轻还是重。

假设当 $k=1$，…，u 时（$u\geqslant1$），命题均成立。这时，用天平称 u 次，在 s 颗“轻盘珠”与 s 颗“重盘珠”中，其中 $s\leqslant\frac{3^u-1}{2}$，总能找出混杂在内的伪珠，知道伪珠比真珠轻还是重。当 $k=u+1$ 时，对于满足 $\frac{3^u+1}{2}\leqslant s\leqslant\frac{3^{u+1}-1}{2}$ 的 s “轻盘珠”与 s 颗“重盘珠”，考虑到 $\frac{3^u+1}{2}\leqslant 2\cdot3^{u-1}<3^u<\frac{3^{u+1}-1}{2}$，对 s 分 3 种情况讨论。

(1) 当$\frac{3^u+1}{2}\leqslant s\leqslant 2\cdot 3^{u-1}$时，把 s 颗“轻盘珠”与 s 颗“重盘珠”分别分成$2\cdot 3^{u-2}$，3^{u-2} 与 $s-3^{u-1}$ 三部分。将 $2\cdot 3^{u-2}$ 颗“轻盘珠”、$2\cdot 3^{u-2}$颗“重盘珠”放在天平的 A 盘，将 3^{u-2} 颗“轻盘珠”、3^{u-2} 颗“重盘珠”与 $2\cdot 3^{u-2}$ 颗真珠（这是能够办到的，因为 $2\cdot 3^{u-2}<\frac{3^u-3}{2}\leqslant s-2$）放在天平的 B 盘上称第一次。结果有如下 3 种可能：

(i) 若 AB 平衡，则这两盘都是真珠，伪珠只能在 $s-3^{u-1}$ 颗“轻盘珠”与 $s-3^{u-1}$ 颗“重盘珠”中，这里 $s-3^{u-1}\leqslant 2\cdot 3^{u-1}-3^{u-1}=3^{u-1}\leqslant \frac{3^u-1}{2}$，由归纳法假设，再称 u 次总能解决问题。连同前面已称的 1 次，共称 $u+1$ 次总能解决问题。

(ii) 若 A 轻 B 重，则伪珠只能在 A 盘的“轻盘珠”与 B 盘的“重盘珠”中；而 A 盘的“重盘珠”与 B 盘的“轻盘珠”都是真珠。否则，不可能出现 A 轻 B 重的情况。接着，把 A 盘中 $2\cdot 3^{u-2}$ 颗“轻盘珠”均分为二，放在天平两盘上称第二次。如果平衡，那么伪珠只能在 B 盘的 3^{u-2} 颗“重盘珠”中；且知伪珠比真珠重；如果不平衡，那么伪珠只能在第二次称时较轻一盘的 3^{u-2} 颗“轻盘珠”中，且知伪珠比真珠轻。这样，在已知伪珠比真珠轻（或重）的条件下，对于 3^{u-2} 颗珠，再称 $u-2$ 次，连同已称的 2 次，共称 u 次总能解决问题。

(iii) 若 A 重 B 轻，则仿照（ii）的办法，亦可知道共称 u 次总能解决问题。

总之，称 $u+1$ 次，对于这里的各种情况，都可以解决问题。

(2) 当 $2\cdot 3^{u-1}<s\leqslant 3^u$ 时，把 s 颗“轻盘珠”与 s 颗“重盘珠”分别分成 3^{u-1}，3^{u-1} 与 $s-2\cdot 3^{u-1}$ 三部分。将 3^{u-1} 颗“轻盘珠”、3^{u-1} 颗“重盘珠”放在天平的 A 盘，将 3^{u-1} 颗“轻盘珠”、3^{u-1} 颗“重盘珠”放在天平的 B 盘上称第一次。结果有如下 3 种可能：

(i) 若 AB 平衡，则这两盘都是真珠，伪珠只能在 $s-2\cdot 3^{u-1}$ 颗“轻盘珠”与 $s-2\cdot 3^{u-1}$ 颗“重盘珠”中，这里 $s-2\cdot 3^{u-1}\leqslant 3^u-2\cdot 3^{u-1}=3^{u-1}\leqslant\frac{3^u-1}{2}$，由归纳法假设，再称 u 次总能解决问题。连同前面已称的 1 次，共称 $u+1$ 次总能解决问题。

(ii) 若A轻B重，则伪珠只能在A盘的“轻盘珠”与B盘的“重盘珠”中；而A盘的“重盘珠”与B盘的“轻盘珠”都是真珠。否则，不可能出现A轻B重的情况。这样，称一次就把伪珠的范围缩小到3^{u-1}颗“轻盘珠”与3^{u-1}颗“重盘珠”中。这里$3^{u-1}\leqslant\frac{3^u-1}{2}$，由归纳法假设，再称$u$次总能解决问题。连同前面已称的1次，共称$u+1$次总能解决问题。

(iii) 若A重B轻，则仿照（ii）的办法，亦可知道共称$u+1$次总能解决问题。

总之，称$u+1$次，对于这里的各种情况，都可以解决问题。

(3) 当$3^u<s\leqslant\frac{3^{u+1}-1}{2}$时，把$s$颗“轻盘珠”与$s$颗“重盘珠”分别分成$2\cdot3^{u-1}$，$3^{u-1}$与$s-3^u$三部分。将$2\cdot3^{u-1}$颗“轻盘珠”，$2\cdot3^{u-1}$颗“重盘珠”放在天平的A盘，将$3^{u-1}$颗“轻盘珠”、$3^{u-1}$颗“重盘珠”与$2\cdot3^{u-1}$颗真珠（这是能够办到的，因为$2\cdot3^{u-1}<3^u-2<s-2$）放在天平的B盘上称第一次。结果有如下3种可能：

(i) 若AB平衡，则这两盘都是真珠，伪珠只能在$s-3^u$颗“轻盘珠”与$s-3^u$颗“重盘珠”中，这里$s-3^u\leqslant\frac{3^{u+1}-1}{2}-3^u=\frac{3^u-1}{2}$，由归纳法假设，再称$u$次总能解决问题。连同前面已称的1次，共称$u+1$次总能解决问题。

(ii) 若A轻B重，则伪珠只能在A盘的“轻盘珠”与B盘的“重盘珠”中；而A盘的“重盘珠”与B盘的“轻盘珠”都是真珠。否则，不可能出现A轻B重的情况。接着，把A盘中$2\cdot3^{u-1}$颗“轻盘珠”均分为二，放在天平两盘上称第二次。如果平衡，那么伪珠只能在B盘的3^{u-1}颗“重盘珠”中；且知伪珠比真珠重；如果不平衡，那么伪珠只能在第二次称时较轻一盘的3^{u-1}颗“轻盘珠”中，且知伪珠比真珠轻。这样，在已知伪珠比真珠轻（或重）的条件下，对于3^{u-1}颗珠，再称$u-1$次，连同已称的2次，共称$u+1$次总能解决问题。

(iii) 若A重B轻，则仿照（ii）的办法，亦可知道共称$u+1$次总能解决问题。

总之，称$u+1$次，对于这里的各种情况，都可以解决问题。

综上所述，命题获证。

现在着手考虑第二种状态的结论。在上述三分式的分组中，第三组珠的颗数 t 满足 $\frac{3^{u-2}-3}{2}\leqslant t\leqslant\frac{3^{u-1}-1}{2}$。对此分两段考察，先考察 t 满足 $\frac{3^{u-2}+1}{2}\leqslant t\leqslant\frac{3^{u-1}-1}{2}$ 的情况；对于 t 满足 $\frac{3^{u-2}-3}{2}\leqslant t\leqslant\frac{3^{u-2}-1}{2}$ 的情况，随后利用前面的结论推导。

第二种状态的结论：在伪珠的颗重与真珠不同的条件下，当至多混杂一颗伪珠时，用天平称 k 次（$k\geqslant1$），对于 t 颗珠（$\frac{3^{k-1}+1}{2}\leqslant t\leqslant\frac{3^k-1}{2}$），借助已有的颗数不少于 t 的真珠，总能确定是否混杂有伪珠，进而把伪珠找出来，知道伪珠比真珠轻还是重。

这里也用数学归纳法证明之。

当 $k=1$ 时，$t=1$，把这颗珠与一颗真珠称，若平衡，则没有伪珠；若不平衡，则这颗珠就是伪珠，且知伪珠比真珠轻或重。

假设当 $k=1$，…，u 时（$u\geqslant1$），命题均成立。这时，用天平称 u 次，总能在不多于 $\frac{3^u-1}{2}$ 的 t 颗珠中"确定、找出、知道"。当 $k=u+1$ 时，对于满足 $\frac{3^u+1}{2}\leqslant t\leqslant\frac{3^{u+1}-1}{2}$ 的 t 颗珠，考虑到 $\frac{3^u+1}{2}\leqslant2\cdot3^{u-1}<3^u<\frac{3^{u+1}-1}{2}$，对 t 分 3 种情况讨论。

（1）当 $\frac{3^u+1}{2}\leqslant t\leqslant2\cdot3^{u-1}$ 时，把 t 颗珠分成 3^{u-1} 与 $t-3^{u-1}$ 两部分。将 3^{u-1} 颗珠与同数颗真珠（这是能够办到的，因为 $3^{u-1}<\frac{3^u+1}{2}\leqslant t$）放在天平的两盘上称。若平衡，则伪珠只可能在 $t-3^{u-1}$ 颗珠中，这里 $t-3^{u-1}\leqslant2\cdot3^{u-1}-3^{u-1}=3^{u-1}\leqslant\frac{3^u-1}{2}$，由归纳法假设，再称 u 次总能解决问题；若不平衡，则伪珠只能在 3^{u-1} 颗珠中，且知伪珠比真珠轻（或重）。这样，在已知伪珠比真珠轻（或重）的条件下，对于 3^{u-1} 颗珠，再称 $u-1$ 次也总能解决问题。总之，称 $u+1$ 次，对于这里的各种情况，都可以解决问题。

（2）当 $2\cdot 3^{u-1}<t\leqslant 3^u$ 时，把 t 颗珠分成 $2\cdot 3^{u-1}$ 与 $t-2\cdot 3^{u-1}$ 两部分。将 $2\cdot 3^{u-1}$ 颗珠与同数颗真珠（这是能够办到的，因为 $2\cdot 3^{u-1}<t$）放在天平的两盘上称。若平衡，则伪珠只可能在 $t-2\cdot 3^{u-1}$ 颗珠中，这里 $t-2\cdot 3^{u-1}\leqslant 3^u-2\cdot 3^{u-1}=3^{u-1}\leqslant\frac{3^u-1}{2}$，由归纳法假设，再称 u 次总能解决问题；若不平衡，则伪珠只能在 $2\cdot 3^{u-1}$ 颗珠中，且知伪珠比真珠轻（或重）。这样，在已知伪珠比真珠轻（或重）的条件下，对于 $2\cdot 3^{u-1}$ 颗珠，再称 u 次也总能解决问题。总之，称 $u+1$ 次，对于这里的各种情况，都可以解决问题。

（3）当 $3^u<t\leqslant\frac{3^{u+1}-1}{2}$ 时，把 t 颗珠分成 3^u 与 $t-3^u$ 两部分。将 3^u 颗珠与同数颗真珠（这是能办到的，因为 $3^u<t$）放在天平的两盘上称。若平衡，则伪珠只可能在 $t-3^u$ 颗珠中，这里 $t-3^u\leqslant\frac{3^{u+1}-1}{2}-3^u=\frac{3^u-1}{2}$，由归纳法假设，再称 u 次总能解决问题；若不平衡，则伪珠只能在 3^u 颗珠中，且知伪珠比真珠轻（或重）。这样，在已知伪珠比真珠轻（或重）的条件下，对于 3^u 颗珠，再称 u 次也总能解决问题。总之，称 $u+1$ 次，对于这里的各种情况，都可以解决问题。

综上所述，命题获证。

根据上面的证明，可以得出如下的推论：在伪珠的颗重与真珠不同的条件下，当至多混杂一颗伪珠时，用天平称 $k-1$ 次（$k\geqslant 1$），对于 t 颗珠 $\frac{3^{k-1}-3}{2}\leqslant t\leqslant\frac{3^{k-1}-1}{2}$，借助已有的颗数不少于 t 的真珠，总能确定是否混杂有伪珠，进而把伪珠找出来，知道伪珠比真珠轻还是重。

这里，每一种状态的结论在证明的过程中，都提供了一种解决问题的办法。现在，把前面三分式分组中珠的颗数均为 s 的前两组分别放在天平的两盘上称第一次。如果不平衡，那么未称的 t 颗珠都是真珠；伪珠只能在已称的两盘中的某一盘，不论在“轻盘珠”或“重盘珠”中，它的颗数均为 s，s 满足 $\frac{3^{n-2}+1}{2}\leqslant s\leqslant\frac{3^{n-1}-1}{2}$。由第一种状态的结论可知，再称 $n-1$ 次总能解决问题。如果平衡，那么已称的两盘 $2s$ 颗珠都是真珠；伪珠只可能在未称的第三组 t 颗珠中。当 t 满足 $\frac{3^{n-2}+1}{2}\leqslant t\leqslant$

$\frac{3^{n-1}-1}{2}$时，由第二种状态的结论可知，再称 $n-1$ 次总能解决问题；当 t 满足$\frac{3^{n-2}-3}{2}\leqslant t\leqslant\frac{3^{n-2}-1}{2}$时，由第二种状态结论的推论可知，再称 $n-2$ 次总能解决问题。

总之，从天平称珠游戏的初始问题出发，第一次称后，两种状态都可能出现，为总能解决问题起见，得到的是这样的结论：在伪珠的颗重与真珠不同的条件下，当至多混杂一颗伪珠时，用天平称 n 次（$n\geqslant2$），在 m 颗珠（$m\geqslant3$）中，这里 m 满足$\frac{3^{n-1}-1}{2}\leqslant m\leqslant\frac{3^n-3}{2}$，总能确定是否混杂有伪珠，进而把伪珠找出来，知道伪珠比真珠轻还是重。

接着探讨上述问题之逆：在伪珠的颗重与真珠不同的条件下，当至多混杂一颗伪珠时，在 m 颗珠中（$m\geqslant3$），用天平至少称几次，总能“确定、找出、知道”呢？

我们知道，在伪珠的颗重与真珠不同的条件下，当至多混杂一颗伪珠时，用天平称 k 次（$k\geqslant2$），可在 m 颗珠中（$m\geqslant3$，这里 m 满足$\frac{3^{k-1}-1}{2}\leqslant m\leqslant\frac{3^k-3}{2}$）“确定、找出、知道”；称 $k-1$ 次，只能在满足$\frac{3^{k-2}-1}{2}\leqslant m\leqslant\frac{3^{k-1}-3}{2}$的 m 颗珠中“确定、找出、知道”。因此，在伪珠的颗重与真珠不同的条件下，当至多混杂一颗伪珠时，对于给定的 m 颗珠，设 m 满足$\frac{3^{k-1}-1}{2}\leqslant m\leqslant\frac{3^k-3}{2}$，用天平至少称 $k=\log_3(2m+1)+1$ 次①，总能确定是否混杂有伪珠，进而把伪珠找出来，知道伪珠比真珠轻还是重。

下面在前面论述的基础上，探讨“明确混杂一颗伪珠”的情况。我们指出：在伪珠的颗重与真珠不同的条件下，当明确混杂一颗伪珠时，用天平称 k 次（$k\geqslant2$），在 m 颗珠中（$m\geqslant3$），这里 m 满足$\frac{3^{k-1}+1}{2}\leqslant m\leqslant$

① 由$\frac{3^{k-1}-1}{2}\leqslant m\leqslant\frac{3^k-3}{2}$，可得 $3^{k-1}\leqslant 2m+1\leqslant 3^k-2$。考虑到 m 是正整数，$2m+1$ 只能是奇数，而 3^k-1 是偶数，$2m+1\neq 3^k-1$。因此有 $3^{k-1}\leqslant 2m+1<3^k$。进而取对数得，$k-1\leqslant\log_3(2m+1)<k$，即 $k-1=\log_3(2m+1)$。因此，$k=\log_3(2m+1)+1$。

$\frac{3^k-1}{2}$，总能把伪珠找出来。

事实上，当 $m=\frac{3^k-1}{2}$ 时，可以从中任意取出一颗珠，对于余下的 $\frac{3^k-1}{2}-1=\frac{3^k-3}{2}$ 颗珠，根据前面的探讨，用天平称 k 次，总能从中确定是否混杂有唯一的一颗伪珠，进而把伪珠找出来，知道伪珠比真珠轻还是重。如果余下的珠含有伪珠，那么问题已经得到解决；如果余下的珠不含有伪珠，那么事先拿起来的那颗珠就一定是伪珠了，尽管我们不知道伪珠比真珠轻还是重。至于，当 m 满足 $\frac{3^{k-1}+1}{2}\leqslant m\leqslant\frac{3^k-3}{2}$ 时，根据前面的探讨，当然总能用天平称 k 次，从中找出混杂在内的伪珠了。

接着探讨上述问题之逆：在伪珠的颗重与真珠不同的条件下，当明确混杂一颗伪珠时，在 m 颗珠中，用天平至少称几次，总能“找出”呢？

我们知道，在伪珠的颗重与真珠不同的条件下，当明确混杂一颗伪珠时，用天平称 k 次（$k\geqslant 2$），可在 m 颗珠中（$m\geqslant 3$），这里 m 满足 $\frac{3^{k-1}+1}{2}\leqslant m\leqslant\frac{3^k-1}{2}$，“找出”；称 $k-1$ 次，只能在满足 $\frac{3^{k-2}+1}{2}\leqslant m\leqslant\frac{3^{k-1}-1}{2}$ 的 m 颗珠中“找出”。因此，在伪珠的颗重与真珠不同的条件下，当明确混杂一颗伪珠时，对于给定的 m 颗珠，设 m 满足 $\frac{3^{k-1}+1}{2}\leqslant m\leqslant\frac{3^k-1}{2}$，用天平至少称 $k=\log_3(2m-1)+1$ 次[①]，总能把伪珠找出来。

现在作出必要的小结（表 8-13）。

---

① 由 $\frac{3^{k-1}+1}{2}\leqslant m\leqslant\frac{3^k-1}{2}$，可得 $3^{k-1}\leqslant 2m-1\leqslant 3^k-2$。考虑到 m 是正整数，$2m-1$ 只能是奇数，而 3^k-1 是偶数，$2m-1\neq 3^k-1$。因此有 $3^{k-1}\leqslant 2m-1<3^k$。进而取对数得，$k-1\leqslant\log_3(2m-1)<k$，即 $k-1=\log_3(2m-1)$。因此，$k=\log_3(2m-1)+1$。

表 8-13

类型 \ m \ n		1	2	$n\geqslant 3$
已知伪比真轻	明确混杂一颗伪珠	2 或 3	4～9	$3^{n-1}+1\leqslant m\leqslant 3^n$
	至多混杂一颗伪珠	2	3～8	$3^{n-1}\leqslant m\leqslant 3^n-1$
只知真伪不等	明确混杂一颗伪珠		3 或 4	$\frac{3^{n-1}+1}{2}\leqslant m\leqslant \frac{3^n-1}{2}$
	至多混杂一颗伪珠		3	$\frac{3^{n-1}-1}{2}\leqslant m\leqslant \frac{3^n-3}{2}$

附　录

第二种状态的结论的又一个数学归纳法证明，这也提供了一种解决问题的办法。

第二种状态的结论。在伪珠的颗重与真珠不同的条件下，当至多混杂一颗伪珠时，用天平称 k 次（$k\geqslant 1$），对于 t 颗珠（$\frac{3^{k-1}+1}{2}\leqslant t\leqslant \frac{3^k-1}{2}$），借助已有的颗数不少于 t 的真珠，总能确定是否混杂有伪珠，进而把伪珠找出来，知道伪珠比真珠轻还是重。

当 $k=1$ 时，$t=1$，把这颗珠与一颗真珠称，若平衡，则没有伪珠；若不平衡，则这颗珠就是伪珠，且知伪珠比真珠轻或重。

假设当 $k=1$，…，u 时（$u\geqslant 1$），命题均成立。这时，用天平称 u 次，总能在不多于$\frac{3^u-1}{2}$的 t 颗珠中“确定、找出、知道”。当 $k=u+1$ 时，对于满足$\frac{3^u+1}{2}\leqslant t\leqslant \frac{3^{u+1}-1}{2}$的 t 颗珠，考虑到$\frac{3^u+1}{2}\leqslant 2\cdot 3^{u-1}<3^u<\frac{3^{u+1}-1}{2}$，对 t 分 3 种情况讨论。

(1) 当$\frac{3^u+1}{2}\leqslant t\leqslant 2\cdot 3^{u-1}$时，把 t 颗珠分成 $2\cdot 3^{u-2}$，3^{u-2}与 $t-3^{u-1}$三部分。将 $2\cdot 3^{u-2}$颗珠放在天平的 A 盘，将 3^{u-2}颗珠及 3^{u-2}颗真珠（这是能够办到的，因为 $3^{u-2}<\frac{3^u+1}{2}\leqslant t$）放在天平的 B 盘上称第

一次。结果有如下 3 种可能：

(i) 若 AB 平衡，则这两盘都是真珠，伪珠只可能在 $t-3^{u-1}$ 颗珠中，其中，$t-3^{u-1}\leqslant 2\cdot 3^{u-1}-3^{u-1}=3^{u-1}\leqslant\frac{3^u-1}{2}$，由归纳法假设，再称 u 次总能解决问题。连同前面已称的 1 次，共称 $u+1$ 次总能解决问题。

(ii) 若 A 轻 B 重，则把 A 盘的 $2\cdot 3^{u-2}$ 颗珠均分为二，放在天平两盘上称第二次。若平衡，则伪珠只能在 B 盘的 3^{u-2} 颗珠中，且知伪珠比真珠重；若不平衡，则伪珠只能在第二次称时较轻一盘的 3^{u-2} 颗珠中，且知伪珠比真珠轻。这样，在已知伪珠比真珠轻（或重）的条件下，对于 3^{u-2} 颗珠，再称 $u-2$ 次，连同已称的 2 次，共称 u 次总能解决问题。

(iii) 若 A 重 B 轻，则仿照 (ii) 的办法，亦可知道共称 u 次总能解决问题。

总之，称 $u+1$ 次，对于这里的各种情况，都可以解决问题。

(2) 当 $2\cdot 3^{u-1}<t\leqslant 3^u$ 时，把 t 颗珠分成 3^{u-1}，3^{u-1} 与 $t-2\cdot 3^{u-1}$ 三部分。将 3^{u-1} 颗珠与 3^{u-1} 颗珠分放在天平的 AB 两盘上称第一次。结果有如下 3 种可能：

(i) 若 AB 平衡，则伪珠只可能在 $t-2\cdot 3^{u-1}$ 颗珠中，其中，$t-2\cdot 3^{u-1}\leqslant 3^u-2\cdot 3^{u-1}=3^{u-1}\leqslant\frac{3^u-1}{2}$，由归纳法假设，再称 u 次总能解决问题。连同前面已称的 1 次，共称 $u+1$ 次总能解决问题。

(ii) 若 A 轻 B 重，则 A 盘的 3^{u-1} 颗珠不动，把 B 盘的 3^{u-1} 颗珠换为同数颗真珠（这是能够办到的，因为 $3^{u-1}<2\cdot 3^{u-1}<t$）称第二次。若平衡，则伪珠只能在 B 盘原有 3^{u-1} 颗珠中，且知伪珠比真珠重；若不平衡，则伪珠只能在 A 盘的 3^{u-1} 颗珠中，且知伪珠比真珠轻。这样，在已知伪珠比真珠轻（或重）的条件下，对于 3^{u-1} 颗珠，再称 $u-1$ 次，连同已称的 2 次，共称 $u+1$ 次总能解决问题。

(iii) 若 A 重 B 轻，则仿照 (ii) 的办法，亦可知道共称 $u+1$ 次总能解决问题。

总之，称 $u+1$ 次，对于这里的各种情况，都可以解决问题。

(3) 当 $3^u<t\leqslant\frac{3^{u+1}-1}{2}$ 时，把 t 颗珠分成 $2\cdot 3^{u-1}$，3^{u-1} 与 $t-3^u$ 三

部分。将 $2\cdot 3^{u-1}$ 颗珠放在天平的 A 盘，将 3^{u-1} 颗珠及 3^{u-1} 颗真珠（这是能够办到的，因为 $3^{u-1}<3^{u}<t$）放在天平的 B 盘上称第一次。结果有如下 3 种可能：

(i) 若 AB 平衡，则这两盘都是真珠，伪珠只可能在 $t-3^{u}$ 颗珠中，其中，$t-3^{u}\leqslant\frac{3^{u+1}-1}{2}-3^{u}=\frac{3^{u}-1}{2}$，由归纳法假设，再称 u 次总能解决问题。连同前面已称的 1 次，共称 $u+1$ 次总能解决问题。

(ii) 若 A 轻 B 重，则把 A 盘的 $2\cdot 3^{u-1}$ 颗珠均分为二，放在天平两盘上称第二次。若平衡，则伪珠只能在 B 盘的 3^{u-1} 颗珠中，且知伪珠比真珠重；若不平衡，则伪珠只能在第二次称时较轻一盘的 3^{u-1} 颗珠中，且知伪珠比真珠轻。这样，在已知伪珠比真珠轻（或重）的条件下，对于 3^{u-1} 颗珠，再称 $u-1$ 次，连同已称的 2 次，共称 $u+1$ 次总能解决问题。

(iii) 若 A 重 B 轻，则仿照（ii）的办法，亦可知道共称 $u+1$ 次总能解决问题。

总之，称 $u+1$ 次，对于这里的各种情况，都可以解决问题。

综上所述，命题获证。

8.4 伪珠未必一颗（二）

天平称珠游戏花样众多。现在来研究伪珠未必一颗的天平称珠游戏。这一类游戏，也是真珠与伪珠混杂，从外表无法辨别、区分真珠与伪珠，真珠的颗重均相等，伪珠的颗重也均相等，然而伪珠的颗重与真珠不同。这一类游戏的特点是，伪珠的颗数，有的已知，有的未知，要求在已知伪珠的颗重比真珠轻，或者已知伪珠的颗重与真珠不同的条件下，在若干颗珠中，用天平至少称几次，分清真珠与伪珠。

我们着重探讨这一类天平称珠游戏的编码称法。统一规定编码的第一位数表示第一次称的对象，第二位数表示第二次称的对象……每一次都是数字为 0 的珠放在天平的左盘，数字为 1 的珠放在天平的右盘，数字为 2 的珠不放在天平上称。

现在来看几道题：

(1) 有 3 颗珠①②③，从外表无法辨别、区分真珠与伪珠，真珠的颗重均相等，伪珠的颗重也均相等，然而至少混杂一颗伪珠，伪珠的颗重比真珠轻些（如果伪珠的颗重比真珠重些，亦可作出类似的解答），请用不带砝码的天平称两次作出区分。

本题“至少混杂一颗伪珠”，说明伪珠的颗数可以为 1、2 或 3 颗。情况较为复杂。现在打算用两位三进数编码来解决这个问题。这里，制定编码要遵循哪些原则呢？显然，一珠一码原则、两盘等颗原则是我们必须遵循的。这是不言而喻的。另外，考虑到每一颗珠都要上秤称过，才能把真珠、伪珠全部区分开来，因而编码 22 是不能用的。这是有所回避原则的运用。现在对 3 颗珠制订如表 8-14 的编码①。

表 8-14

珠	①	②	③
三进数编码	01	12	20

在这样的编码下，第一次拿①放在天平的左盘，②放在天平的右盘来称；第二次拿③放在天平的左盘，①放在天平的右盘来称。根据伪珠的颗重比真珠轻的条件，采用如下的记法：称量的结果若是左轻，就记为 0；左重则是 1；平衡则是 2。这样，当某几颗是伪珠时，每称一次，就有一个数字。称 2 次，两个有序数字，按其先后出现的顺序，从左到右就组成一个两位数。例如，①②是伪珠时，称量的结果就记为 21。我们的目标是造成各种称量结果互不相同，以利于区分鉴别。

由于每颗珠都有是伪珠与不是伪珠两种可能，而依题意，3 颗均为真珠是不会出现的，因此 3 颗珠中能且仅能出现如表 8-15 的（2×2×2－1＝）7 种伪珠情况及其称量结果。

表 8-15

伪珠情况	①	②	③	①②	①③	②③	①②③
称量结果	01	12	20	21	02	10	22

这里，各种情况的称量结果互不相同，“伪珠情况”与“称量结果”

① 在天平称珠游戏中，未必需要考虑尽量异和原则。因而不必像戥秤称珠游戏那样，需要列出相应的十进数。

成一一对应，因而能根据称量结果来判断哪几颗是伪珠了。

（2）4 枚金币：①②③④，只有两种不同质量，每种 2 枚，请用不带砝码的天平称两次作出区分并判明轻重。

这里只要能鉴别出 2 枚轻币，就一清二楚了。根据一珠一码原则、两盘等颗原则，我们把 4 枚金币用两位三进数进行如表 8-16 的编码[①]。

表 8-16

币	①	②	③	④
三进数编码	02	10	21	22

在这样的编码下，第一次拿①放在天平的左盘，②放在天平的右盘来称；第二次拿②放在天平的左盘，③放在天平的右盘来称。我们采用如下的记法：称量的结果若是左轻，就记为 0；左重则是 1；平衡则是 2。这样，在 4 枚金币中有且仅有如表 8-17 的（$C_4^2=$）6 种轻币情况及其称量结果。

表 8-17

轻币情况	①②	①③	①④	②③	②④	③④
称量结果	20	01	02	12	10	21

这里，各种情况的称量结果互不相同，“轻币情况”与“称量结果”成一一对应，因而能根据称量结果来判断哪 2 枚是轻币了。

（3）形状、大小、颜色完全相同的 6 颗坞瑙，有两种不同质量。3 颗重玛瑙一样重，3 颗轻玛瑙也一样重。请问，用一台不带砝码的天平至少要称几次，才能把这些玛瑙的轻重区分清楚呢？其具体称法如何？

这道题只要能鉴别出 3 颗轻玛瑙，就泾渭分明了。但是，天平称量的次数没有指明。怎么办呢？我们知道，在 6 颗玛瑙中有 3 颗轻玛瑙，能且仅能有（$C_6^3=$）20 种不同情况。这 20 种不同情况的称量结果，如果用只有（$3^2=$）9 个的两位三进数来表示，其控制能力是达不到区分的目的

① 这里，根据一珠一码原则、两盘等颗原则，不妨先考虑第一位上的数字分别为 0，1，2，2；接着，稍加变化，考虑第二位上的数字分别为 2，0，1，2。然后，复合起来便是所要得到的一组两位三进数编码。

的。也就是说，称量2次是不能解决问题的。如果用三位三进数来表示，由于三位三进数有（$3^3=$）27个，就有可能区分这20种不同情况。因此，起码需要称量3次。就从称量3次着手，来探讨问题的解答。

把6颗玛瑙分别用①②③④⑤⑥表示。这里要是采用一轮称量的办法，看来是难以奏效的。现在打算通过两轮称量的办法来解决它。先采用两位三进数编码，通过第一轮称量，区分其中的一部分，然后再对称量结果相同的情况进行第二轮称量，加以区分。为此，根据一珠一码原则、两盘等颗原则，对6颗玛瑙进行如表8-18的编码。

表8-18

玛　瑙	①	②	③	④	⑤	⑥
三进数编码	00	02	11	12	20	21

在这样的编码下，第一次拿①②放在天平的左盘，③④放在天平的右盘来称；第二次拿①⑤放在天平的左盘，③⑥放在天平的右盘来称。采用如下的记法：称量的结果若是左轻，就记为0；左重则是1；平衡则是2。这样，经过2次称量，在6颗玛瑙中，就能且仅能出现如表8-19的20种3颗轻玛瑙情况及其称量的结果。

表8-19

轻玛瑙情况	①②③	①②④	①②⑤	①②⑥	①③④
称量的结果	02	00	00	02	12
轻玛瑙情况	①③⑤	①③⑥	①④⑤	①④⑥	①⑤⑥
称量的结果	20	21	20	22	00
轻玛瑙情况	②③④	②③⑤	②③⑥	②④⑤	②④⑥
称量的结果	11	22	21	20	21
轻玛瑙情况	②⑤⑥	③④⑤	③④⑥	③⑤⑥	④⑤⑥
称量的结果	02	12	11	11	12

这里，①④⑥与②③⑤的称量结果同为22，这时以①放在天平的左盘，②放在天平的右盘，进行第三次称量。若记为0，说明①④⑥为轻玛瑙；若记为1，说明②③⑤为轻玛瑙；若记为2，不可能。对于①②④，①②⑤与①⑤⑥的称量结果同为00，则以④放在天平的左盘，⑥放在天平的右盘，进行第三次称量。若记为0，说明①②④为轻玛瑙；若记为1，说明①⑤⑥为轻玛瑙；若记为2，说

明①②⑤为轻玛瑙。对于①②③，①②⑥与②⑤⑥的称量结果同为02，②③④，③④⑥与③⑤⑥的称量结果同为11，①③④，③④⑤与④⑤⑥的称量结果同为12，①③⑤，①④⑤与②④⑤的称量结果同为20，①③⑥，②③⑥与②④⑥的称量结果同为21，同理进行第三次称量，加以区分。

这里的两轮称量其实可以看成如表8-20的关联称法。

表 8-20

第一次 左 右	结果	第二次 左 右	结果	第三次 左 右	结果	轻玛瑙
① ③ ② ④	平衡	① ③ ⑤ ⑥	平衡	① ②	平衡	不可能
					左轻	①④⑥
					左重	②③⑤
			左轻	② ③	平衡	①④⑤
					左轻	②④⑤
					左重	①③⑤
			左重	① ④	平衡	②③⑥
					左轻	①③⑥
					左重	②④⑥
	左轻		平衡	③ ⑤	平衡	①②⑥
					左轻	①②③
					左重	②⑤⑥
			左轻	④ ⑥	平衡	①②⑤
					左轻	①②④
					左重	①⑤⑥
			左重			不可能
	左重		平衡	① ⑥	平衡	③④⑤
					左轻	①③④
					左重	④⑤⑥
			左轻			不可能
			左重	② ⑤	平衡	③④⑥
					左轻	②③④
					左重	③⑤⑥

另外，本题还可以有每次动用颗数更少的玛瑙进行称量的较为简便的关联称法（表 8-21）。

表 8-21

<table>
<tr><th colspan="2">第一次</th><th rowspan="2">结果</th><th colspan="2">第二次</th><th rowspan="2">结果</th><th colspan="2">第三次</th><th rowspan="2">结果</th><th rowspan="2">轻玛瑙</th></tr>
<tr><th>左</th><th>右</th><th>左</th><th>右</th><th>左</th><th>右</th></tr>
<tr><td rowspan="23">①</td><td rowspan="23">②</td><td rowspan="9">平衡</td><td rowspan="23">②</td><td rowspan="23">③</td><td rowspan="3">平衡</td><td rowspan="3">①</td><td rowspan="3">④</td><td>平衡</td><td>不可能</td></tr>
<tr><td>左轻</td><td>①②③</td></tr>
<tr><td>左重</td><td>④⑤⑥</td></tr>
<tr><td rowspan="3">左轻</td><td rowspan="3">④</td><td rowspan="3">⑤</td><td>平衡</td><td>①②⑥</td></tr>
<tr><td>左轻</td><td>①②④</td></tr>
<tr><td>左重</td><td>①②⑤</td></tr>
<tr><td rowspan="3">左重</td><td rowspan="3">④</td><td rowspan="3">⑤</td><td>平衡</td><td>③④⑤</td></tr>
<tr><td>左轻</td><td>③④⑥</td></tr>
<tr><td>左重</td><td>③⑤⑥</td></tr>
<tr><td rowspan="7">左轻</td><td rowspan="3">平衡</td><td rowspan="3">④</td><td rowspan="3">⑤</td><td>平衡</td><td>①④⑤</td></tr>
<tr><td>左轻</td><td>①④⑥</td></tr>
<tr><td>左重</td><td>①⑤⑥</td></tr>
<tr><td>左轻</td><td colspan="4">不可能</td></tr>
<tr><td rowspan="3">左重</td><td rowspan="3">④</td><td rowspan="3">⑤</td><td>平衡</td><td>①③⑥</td></tr>
<tr><td>左轻</td><td>①③④</td></tr>
<tr><td>左重</td><td>①③⑤</td></tr>
<tr><td rowspan="7">左重</td><td rowspan="3">平衡</td><td rowspan="3">④</td><td rowspan="3">⑤</td><td>平衡</td><td>②③⑥</td></tr>
<tr><td>左轻</td><td>②③④</td></tr>
<tr><td>左重</td><td>②③⑤</td></tr>
<tr><td rowspan="3">左轻</td><td rowspan="3">④</td><td rowspan="3">⑤</td><td>平衡</td><td>②④⑤</td></tr>
<tr><td>左轻</td><td>②④⑥</td></tr>
<tr><td>左重</td><td>②⑤⑥</td></tr>
<tr><td>左重</td><td colspan="4">不可能</td></tr>
</table>

（4）在 8 枚金戒指中，只有一枚或两枚是真戒指，其他都是伪戒指。伪戒指的枚重比真戒指轻。你能用天平称 4 次把伪戒指查出来吗？称法如何呢？

把 8 枚金戒指分别用①②③④⑤⑥⑦⑧表示。在这道题中，伪戒指有 6 枚或 7 枚，直接从查伪戒指入手，有所不便。现在换位思考，把真戒指作为“伪珠”来查。在 8 枚金戒指中，只有一枚或两枚是“伪珠”（真戒指），能且仅能有（$C_8^1+C_8^2=$）36 种情况。同时，在“伪珠”（真戒指）的枚重比“真珠”（伪戒指）重的情况下，我们采用如下的记法：称量的结果若是左重，就记为 0；左轻则是 1；平衡则是 2。

解答这道题的关键是构造出 8 个四位三进数编码。但是，根据一珠一码原则、两盘等颗原则，一下子构造出 8 个四位三进数编码是有困难的。为此采用尝试探索、摸索前进的办法。首先，考虑这样的一个问题：在一次称量中，天平的两盘以各放多少枚戒指为好？经过试验可以知道：当两盘各放 3 枚时（例如，以①②③放在天平的左盘，④⑤⑥放在天平的右盘称），对于 36 种情况，其称量结果，记为 0，1，2 就各有 12 种。分布均衡，有利于区分。而当两盘各放 1、或 2、或 4 枚时，就不具有这种优势。因此，我们选用在一次称量中，两盘各放 3 枚的做法。

接着，在上述第一次称量之后，试以①④⑦放在天平的左盘，②⑤⑧放在天平的右盘称第二次，将其 36 种情况的称量结果，分别记为 0，1，2。这样，两次称量结果分别记为：00，01，02，10，11，12，20，21，22 的就各有 4 种，分布继续均衡。

现在，根据前两次称量结果还应区分的需要，试以①⑥⑦放在天平的左盘，③④⑧放在天平的右盘称第三次，将其 36 种情况的称量结果，分别记为 0，1，2；再根据前三次称量结果还应区分的需要，试以①⑥⑧放在天平的左盘，②⑤⑦放在天平的右盘称第四次，将其 36 种情况的称量结果，分别记为 0，1，2。这时，检验 36 种情况的称量结果，发现符合要求。因此，找到了这样的一种称量方案：

首先，用四位三进数进行如表 8-22 的编码。

表 8-22

金戒指	①	②	③	④	⑤	⑥	⑦	⑧
三进数编码	0000	0121	0212	1012	1121	1200	2001	2110

接着，根据编码进行如上所述的称量。经过 4 次称量，在 8 枚金戒指中，有一枚或两枚是真戒指，就能且仅能出现如表 8-23 的 36 种情况及其称量的结果。

表 8-23

真戒指	①	②	③	④	⑤	⑥	⑦	⑧
称量结果	0000	0121	0212	1012	1121	1200	2001	2110

真戒指	①②	①③	①④	①⑤	①⑥	①⑦	①⑧
称量结果	0202	0020	2020	2202	2000	0002	0220
真戒指	②③	②④	②⑤	②⑥	②⑦	②⑧	③④
称量结果	0111	2211	2121	2102	0201	0112	2012
真戒指	③⑤	③⑥	③⑦	③⑧	④⑤	④⑥	④⑦
称量结果	2111	2220	0021	0110	1211	1020	1021
真戒指	④⑧	⑤⑥	⑤⑦	⑤⑧	⑥⑦	⑥⑧	⑦⑧
称量结果	1210	1102	1201	1112	1002	1120	2222

这里得到的用四位数表示的称量结果互不相同，于是可以据此来判断哪一枚或两枚是真戒指了。

(5) 幼儿园食堂工人一时粗心把 3 桶酒与 2 桶醋混杂在一起，从外观无法区分它们。如果把这几桶打开尝试，又担心不利于保存。现在，只知道一桶酒与一桶醋的质量不同。有人建议用磅秤来称一称，可是食堂的磅秤又不灵了。好在幼儿园内有跷跷板，可以权作天平来使用。请问，称三次能作出区分并判明轻重吗？如何称呢？

这道题酒与醋的桶数已经明确，但是没有指明一桶酒与一桶醋孰轻孰重。怎么办呢？我们把它作为“5 桶中混有 2 桶或 3 桶的轻桶”来处理。当混有 2 桶轻桶时，这 2 桶轻桶是醋；当混有 3 桶轻桶时，这 3 桶轻桶是酒。这里能且仅能出现（$C_5^2+C_5^3=$）20 种不同情况。

由于三位三进数编码只有（$3^3=$）27 个，要区分 20 种不同情况，难度较大。因此，这道题采用一轮称量的办法，看来是难以奏效的。现在打算通过两轮称量的办法来解决它。先通过第一轮称量，区分其中的一部分，然后再对称量结果相同的情况进行第二轮称量，加以区分。

把5桶酒或醋分别用①②③④⑤表示。第一次拿①放在跷跷板的左边，②放在跷跷板的右边来称；第二次①继续放在跷跷板的左边，将②换为③放在跷跷板的右边来称。考虑到在“5桶中找出2桶或3桶的轻桶”，采用如下的记法：称量结果若是左轻，就记为0；左重则是1；平衡则是2。这样，经过上述两次称量，就有且仅有如表8-24的20种的情况及其称量结果。

表 8-24

醋的情况	①②	①③	①④	①⑤	②③	②④	②⑤	③④	③⑤	④⑤
称量结果	20	02	00	00	11	12	12	21	21	22

酒的情况	①②③	①②④	①②⑤	①③④	①③⑤
称量结果	22	20	20	02	02
酒的情况	①④⑤	②③④	②③⑤	②④⑤	③④⑤
称量结果	00	11	11	12	21

这里，④⑤与①②③的称量结果同为22，这时以①放在跷跷板的左边，④放在跷跷板的右边，进行第三次称量。若记为0，说明④⑤为醋（轻）；若记为1，说明①②③为酒（轻）；若记为2，不可能。另外，①④，①⑤与①④⑤的称量结果同为00，则以④放在跷跷板的左边，⑤放在跷跷板的右边，进行第三次称量。若记为0，说明①④为醋（轻）；若记为1，说明①⑤为醋（轻）；若记为2，说明①④⑤为酒（轻）。对于①③，①③④与①③⑤的称量结果同为02，②③，②③④与②③⑤的称量结果同为11，②④，②⑤与②④⑤的称量结果同为12，①②，①②④与①②⑤的称量结果同为20，③④，③⑤与③④⑤的称量结果同为21，都可以④放在跷跷板的左边，⑤放在跷跷板的右边，进行第三次称量，加以区分。

这里的两轮称量其实可以看成如表8-25的关联称法。

表 8-25

第一次	结果	第二次	结果	第三次	结果	结论	
左 右		左 右		左 右		酒	醋
① ②	平衡	① ③	平衡	① ④	平衡	不可能	
					左轻	[①]=[②]=[③]<[④]=[⑤]	
					左重	[①]=[②]=[③]>[④]=[⑤]	
			左轻	④ ⑤	平衡	[③]=[④]=[⑤]>[①]=[②]	
					左轻	[①]=[②]=[④]<[③]=[⑤]	
					左重	[①]=[②]=[④]>[③]=[⑤]	
			左重	④ ⑤	平衡	[③]=[④]=[⑤]<[①]=[②]	
					左轻	[①]=[②]=[⑤]>[③]=[④]	
					左重	[①]=[②]=[⑤]<[③]=[④]	
	左轻		平衡	④ ⑤	平衡	[②]=[④]=[⑤]>[①]=[③]	
					左轻	[①]=[③]=[④]<[②]=[⑤]	
					左重	[①]=[③]=[⑤]<[②]=[④]	
			左轻	④ ⑤	平衡	[①]=[④]=[⑤]<[②]=[③]	
					左轻	[②]=[③]=[⑤]>[①]=[④]	
					左重	[②]=[③]=[④]>[①]=[⑤]	
			左重			不可能	
	左重		平衡	④ ⑤	平衡	[②]=[④]=[⑤]<[①]=[③]	
					左轻	[①]=[③]=[⑤]>[②]=[④]	
					左重	[①]=[③]=[④]>[②]=[⑤]	
			左轻			不可能	
			左重	④ ⑤	平衡	[①]=[④]=[⑤]>[②]=[③]	
					左轻	[②]=[③]=[④]<[①]=[⑤]	
					左重	[②]=[③]=[⑤]<[①]=[④]	

称珠游戏的实质是：如何从一个集合中，最快地找出具有特定性质的元素来。这类问题统称为“诊断”。在科学技术和工农业生产中，经常会碰到“诊断”问题。计算机、电视机、洗衣机、电冰箱等一旦出了毛病，要在复杂的电路中检出毛病来，是十分伤脑筋的事情。因此，专家们就要研究种种寻找、判定出毛病所在的办法。这就是近十多年来，在软件工程中，讨论得十分热烈的“故障的测试与诊断”课题，取得了一定的成果。人们还把对电脑故障测试诊断研究中得到的结果，成功地

用于研究铁路、银行、空中交通管理中自动控制系统的故障类型、检测和恢复的策略上去。

看起来千差万别的课题，其数学模型都是和称珠游戏一样，希望能给出一个办法，准确地、最快地找出“伪珠”。可见称珠游戏绝非仅是游戏而已，在科学技术和工农业生产中是有其实际意义的。

09 砝码·链条·链环

9.1 砝码游戏（一）

我们知道，天平的两个盘有砝码盘与称量盘之分。砝码盘专放砝码，称量盘则一般是放物品的。如果规定砝码盘只能放砝码，称量盘只能放物品，那么在这样的情况下，关于砝码的设置有两个问题值得思考：(1) 要想用 n 块砝码，去称量 1，2，3，…尽可能多的（连续整数）克的物品，这些砝码各重多少克？(2) 要想用最少块数的砝码，去称量 1，2，…，m 的（连续整数）克的物品，这些砝码各重多少克？现在探讨下面几道题目：

(1) 一台天平要配 6 枚砝码，要求能用来称出克数为 1，2，3，…（连续整数）的物品，称时只允许砝码放在砝码盘上。请问，砝码应如何设置才能称到最多的整数克？

解决这类问题用二进制的知识是很方便的。在只允许砝码放在砝码盘的条件下，用天平来称物品，每一枚砝码都有不放上去与放上去两种可能。把这 6 枚砝码分别作为二进制的计数单位。某一个砝码，当它不放上去时，该计数单位的系数记为“0”；当它放上去时，该计数单位的系数记为“1”。这样，每一种称法便对应着一个六位二进数。反之，每一个六位二进数也对应着一种称法。要使这些六位二进数为从 1 开始的连续整数，根据二进制的知识，就要使第 1，2，3，4，5，6 枚砝码的克数，分别为二进制的右起第 1，2，3，4，5，6 个计数单位 2^0，2^1，2^2，2^3，2^4，2^5（即 1，2，4，8，16，32），而且它的系数不能全为 0。由于六位二进数最大者为 $111111_{(2)}=2^6-1=63$。因此，这台天平最多能称到 63 克的物品。1～63 克的物品，用这 6 枚砝码都可以称出来。例如，要称 50 克的物品，由于 $50=110010_{(2)}=2^5+2^4+2^1$。这样，只要拿出第 2，5，6 枚砝码称就可以了。不妨检验一下：$2^5+2^4+2^1=32+16+2=50$。

一般地，在限定砝码只能放在砝码盘的条件下，如果天平设置砝码的枚数为 n，那么当这 n 枚砝码的克数为 2^0，2^1，2^2，…，2^{n-1} 时，可以称量出 1，2，3，…（连续整数）克的物品，其中最多称出的克数 $m=(2^0+2^1+2^2+\cdots+2^{n-1})=2^n-1$。

（2）李尧外出旅游一段时间后身边缺钱，在需要等待半个月才能收到汇款的情况下，想到可利用随身所带的 15 厘米长的纯银条，解决 15 天的食宿。他与房东商量的结果是：他可用银条作为抵押，等待汇款寄到时再行赎回。但是每天必须交付 1 厘米长的银条。为了保持银条的相对完整，他采用“换来换去”的办法。请问，他最少要把银条切割成多少段？每段各长多少厘米？

从最小段银条开始，逐步考虑上去。首先，一定要有 1 厘米长的银条。这是十分明显的。其次，要有 2 厘米长的银条。否则，如果没有切割 2 厘米长的银条，那么就无法满足付出 2 厘米长的需要；如果再切割一个 1 厘米长的银条，虽然可以满足付出 2 厘米长的需要，但是不如第二段银条切割为 2 厘米长好，因为后者可以满足付出 1 到 3 厘米长的需要。

一般地，假设已有的银条 A，B，…，D，可以付出 1 到 d（整数）厘米的需要，那么新加入的长为 e 厘米的银条 E，就应当有 $e=d+1$。这样，单独使用银条 E 可以满足付出 $d+1$ 厘米的需要；在原有银条 A，B，…，D，满足付出 1 到 d（整数）厘米的基础上，再付出长 $d+1$ 厘米的银条 E，就可以满足付出 $d+2$ 到 $2d+1$（整数）厘米的需要。也就是说，银条 A，B，…，D，E 可以满足付出 1 到 $2d+1$（整数）厘米的需要。

现在，有了 1，2 厘米长的银条，可以满足付出 1～3 厘米长的需要（这时 $d=3$），那么就应再切割（$3+1=$）4 厘米长的银条。进而，可以满足付出 4 到（$2\times3+1=$）7 厘米长的需要。继续考虑下去，需要有 8 厘米长的银条，可以满足付出 8 到（$2\times7+1=$）15 厘米长的需要。这样，15 厘米长的银条刚好都有用上。因此，最少要切割成 4 段银条，每段银条各长 1，2，4，8 厘米。

(3) 王舜把 28 条金鱼分装在几个鱼缸里。他想不论顾客从中需要多少条金鱼，他都可以做到只要把其中某几个鱼缸拿出来就能够满足要求，不必重新再舀动金鱼。同时，他还考虑到鱼缸要尽量少用。请问，王舜最少要用多少个鱼缸？每个鱼缸里各装多少条金鱼？

这里把鱼缸当作砝码，仿照前面的考虑，可知需要装有 1，2，4，8 条金鱼的鱼缸，再把最后剩下（28－1－2－4－8＝）13 条金鱼，装在一个鱼缸里。总之，一共用了 5 个鱼缸。每个鱼缸里金鱼的条数分别为 1，2，4，8，13。这是问题的一个解。

肯定要用 5 个鱼缸。但是每个鱼缸里金鱼的条数不是唯一的。下面，提供一种调整的求解方法。在已知 1，2，4，8，13 是问题的一种解的基础上，保持 1，2，4 不变，把 8，13 调整为 7，14。这样，利用 1，2，4 可称 1 到 7；再用 7 可称 8 到 14；最后用 14 可称 15 到 28。因此，1，2，4，7，14 也是问题的一种解。还能进行调整吗？请读者思考。

前面知道：在砝码只能放在砝码盘的条件下，如果天平设置砝码的枚数为 n，那么当这 n 枚砝码的克数为 2^0，2^1，2^2，…，2^{n-1} 时，可以称量出 1 到 m（连续整数）克的物品，其中 $m=2^n-1$。这也就是说，在砝码只能放在砝码盘的条件下，当要求称量出 1 到 m（连续整数）克的物品，而 $2^{n-1}-1<m\leqslant 2^n-1$ 时，需要配置 n 枚砝码。这里，由 $2^{n-1}-1<m\leqslant 2^n-1$，可得 $2^{n-1}\leqslant m<2^n$，即 $n-1\leqslant \log_2 m<n$，亦即 $n\leqslant \log_2 m+1<n+1$，所以 $n=[\log_2 m]+1$。至此有如下的结论：

一般地，在砝码只能放在砝码盘的条件下，如果要求称量出 1 到 m（连续整数）克的物品，设置砝码的最少枚数 $n=[\log_2 m]+1$。这些砝码设置的一种常用的方案是：各重 2^0，2^1，2^2，…，2^{n-2}，$[m-(2^{n-1}-1)]$ 克。这里，

$$\begin{aligned}&2^0+2^1+2^2+\cdots+2^{n-2}+[m-(2^{n-1}-1)]\\=&2^{n-1}-1+m-(2^{n-1}-1)=m\end{aligned}$$

主要探讨“单套”的情况，有些不是“单套”的问题，也可以用进位制的知识来解决。下面仅举一例，以示一般。

(4) 一台天平要配 5 种双套砝码（共 5×2 枚），要求能用来称出克数为 1，2，3，…（连续整数）的物品，称时只允许砝码放在天平的砝

码盘上。请问，砝码应如何设置才能称到最多的克数？

解决这类问题用三进制的知识是很方便的。在只允许砝码放在砝码盘的条件下，用天平来称物品，每一种砝码都有不放上去、放上去一枚、放上去两枚等3种可能。把这5种砝码，分别作为三进制的计数单位。某一个砝码，当它不放上去时，该计数单位的系数记为“0”；当它放上去一枚时，该计数单位的系数记为“1”，当它上去两枚时，该计数单位的系数记为“2”。这样，每一种称法便对应着一个五位三进数。反之，每一个五位三进数也对应着一种称法。要使这些三进数为从1开始的连续整数，根据三进制的知识，就要使第1，2，3，4，5种砝码的克数，分别为三进制的右起第1，2，3，4，5个计数单位3^0，3^1，3^2，3^3，3^4，即1，3，9，27，81，而且它的系数不能全为0。由于五位三进数最大者为$22222_{(3)}=3^5-1=242$。因此，这台天平最多能够称到242克的物品。在1到242克之间的物品，用这5种双套砝码都可以称出来。例如，要称50克的物品，由于$50=1212_{(3)}=3^3+2\times3^2+3^1+2\times3^0$。这样，只要拿出一枚$3^3$克、两枚$3^2$克、一枚$3^1$克、两枚$3^0$克的砝码放在砝码盘上称就可以了。不妨检验一下：$3^3+2\times3^2+3^1+2\times3^0=27+2\times9+3+2\times1=50$。

一般地，在限定砝码只能放在砝码盘的条件下，如果天平设置n种双套砝码，那么当这n种砝码的克数为3^0，3^1，3^2，…，3^{n-1}时，可以称量出1，2，3，…（连续整数）克的物品，其中最多称出的克数$m=(2\times3^0+2\times3^1+2\times3^2+\cdots+2\times3^{n-1}=)3^n-1$。

9.2 砝码游戏（二）

如果在天平的两盘都允许放砝码，那么将会有什么情况呢？这里，也有关于砝码设置的两个问题值得思考：(1) 要想用n块砝码，去称量1，2，3，…尽可能多的连续整数克的物品，这些砝码各重多少克？(2) 要想用最少块数的砝码，去称量1，2，…，m（连续整数）克的物品，这些砝码各重多少克？现在探讨下面几道题目：

(1) 一台天平要配5枚砝码，要求能用来称出克数为1，2，3，…（连续整数）的物品，称时砝码允许放在天平的两盘。请问，砝码应如何设置才能称到最多的整数克？

解决这类问题用三进制的知识是很方便的。我们知道，任何一个用0，1，2三个数字表示的三进数，总可以写成各个数位上的数与它所在的计数单位之积的和的形式。同时，由于$2\times3^k=3^{k+1}-3^k$，利用这个公式进行演变，最后又总可以把任何一个用0，1，2三个数字表示的三进数写成3的不同自然数指数的幂的代数和的形式。例如，$50=1212_{(3)}=1\times3^3+2\times3^2+1\times3^1+2\times3^0=1\times3^3+(3^3-3^2)+1\times3^1+(3^1-3^0)=2\times3^3-3^2+2\times3^1-3^0=(3^4-3^3)-3^2+(3^2-3^1)-3^0=3^4-3^3-3^1-3^0$。

这样，用天平来称物品，允许砝码放在天平的两盘，每一枚砝码都有不放上去、放砝码盘、放称量盘等3种可能。把这5枚砝码，分别作为三进制的计数单位。某一个砝码，当它不放上去时，该计数单位的系数记为“0”；当它放在砝码盘时，该计数单位的系数记为“1”，当它放在称量盘时，该计数单位的系数记为“-1”。这样，每一种称法便对应着一个三进数的3的不同自然数指数的幂的5项代数和。反之，每一个三进数的3的不同自然数指数的幂的5项代数和也对应着一种称法。要使这些三进数为从1开始的连续整数，根据三进制的知识，就要使第1，2，3，4，5枚砝码的克数，分别为三进制的右起第1，2，3，4，5个计数单位3^0，3^1，3^2，3^3，3^4，即1，3，9，27，81，而且它的系数不能全为0，从左到右首先遇到非0系数的数位上的系数只能为1，不能为-1。由于$1+3+9+27+81=121$。因此，这台天平最多能称到121克的物品。在1到121克之间的物品，用这5枚砝码都可称出来。例如，要称50克的物品，由于$50=1212_{(3)}=3^4-3^3-3^1-3^0$。这样，只要拿出第5枚砝码放在砝码盘，第1，2，4枚砝码放在称量盘，第3枚砝码不放上去就可以了。不妨检验一下：$3^4-3^3-3^1-3^0=81-27-3-1=50$。

一般地，在允许砝码放在天平两盘的条件下，如果天平设置砝码的枚数为n，那么当这n枚砝码的克数为3^0，3^1，3^2，…，3^{n-1}时，可以称量出1，2，3，…（连续整数）克的物品，其中最多称出的克数$m=(3^0+3^1+3^2+\cdots+3^{n-1}=)\dfrac{3^n-1}{2}$。

（2）（德·梅齐里亚克的砝码问题①）：一位商人有一个40磅重的

① 这是法国数学家德·梅齐里亚克（G. B. Meziriac，1581～1638），在1624年出版的他的名著《数学组合游戏》中提出并解答的问题。

砝码，跌落地上碎成 4 块。后来，称得每块碎片的质量都是整数磅，并且可以用这 4 块作为砝码在天平上称量出从 1 到 40 磅之间的任意整数磅的物体。问这 4 块砝码碎片各重多少磅？

从最小的砝码开始，逐步考虑上去。首先，一定要有 1 磅的砝码。这是十分明显的。其次，第二块砝码应当是 3 磅的。如果是多于 3 磅的，就无法满足称量 2 磅的需要；如果是 1 磅或 2 磅的，虽然可以满足称量 2 磅、3 磅的需要，但是不如第二块砝码设置为 3 磅好，因为后者可以满足称量 1 到 4 磅的需要。

一般地，假设已有的砝码 A，B，…，D，适当地分放在天平的两盘，可以称量出 1 到 d（整数）磅的物品，如果有一块新砝码 E，它的质量是 e 磅，超过原有砝码的质量总和 d，超过的量为原有砝码质量总和加 1，即 $e-d=d+1$，$e=2d+1$，那么在原有的砝码 A，B，…，D，可以称量 1 到 d（整数）磅物品的基础上，在称量盘上放置重 $2d+1$ 磅的砝码 E，就可以称量出 $d+1$ 到 $2d$（整数）磅的物品；在砝码盘上放置重 $2d+1$ 磅的砝码 E，就可以称量出 $2d+2$ 到 $3d+1$（整数）磅的物品；而单独使用砝码 E 可以称量 $2d+1$ 磅的物品。这就是说，砝码 A，B，…，D，E 可以称量 1 到 $3d+1$（整数）磅的物品。

现在，有了 1 磅、3 磅的砝码，可以称量 1 到 4（整数）磅物品（这时 $d=4$），那么根据公式 $e=2d+1$，就应再设置（$2\times4+1=$）9 磅的砝码。进而，可以称量 1 到（$3\times4+1=$）13（整数）磅物品。继续考虑下去，需要有（$2\times13+1=$）27 磅的砝码。这样，刚好一共是 40 磅。因此，这 4 块砝码碎片分别重 1 磅、3 磅、9 磅、27 磅。

（3）张禹打算用 100 克的铅块为天平自制一套的都是整数克的砝码，在允许砝码放在天平两盘的条件下，称量 1 到 100（整数）克的物品。请问，他最少要制多少枚砝码？每枚砝码各重多少克？

这里仿照前面的考虑，可知需要有 1，3，9，27 克的砝码，再把最后剩下的（$100-1-3-9-27=$）60 克铅块，做成一枚砝码。这样，一共做了 5 枚砝码。每枚砝码的质量分别为 1，3，9，27，60。这是问题的一个解。

最少要制成 5 枚砝码。但是每枚砝码的质量却不是唯一的。可以进行调整，在已知（1，3，9，27，60）是问题的一种解的基础上，保持

1，3，9 不变，把 27，60 调整为 26，61。这样，利用 1，3，9 可称 1 到 13；再用 26 可称 14 到 39；最后用 61 可称 40 到 50。因此，（1，3，9，26，61）也是问题的一种解。这就是说，（1，3，9，27～20，60～67）都是问题的解。另外，（1，3，8，25～21，63～67）；（1，3，7，23～22，66～67）也都是问题的解。其他不可能构成问题的解。总之，共有 8+5+2=15 组解。

前面知道：在允许砝码放在天平两盘的条件下，如果天平设置砝码的枚数为 n，那么当这 n 枚砝码的克数为 3^0，3^1，3^2，…，3^{n-1}时，可以称量出 1 到 m（连续整数）克的物品，其中 $m=\frac{3^n-1}{2}$。这就是说，在允许砝码放在天平两盘的条件下，当要求称量出 1 到 m（连续整数）克的物品，而 m 满足$\frac{3^{n-1}-1}{2}<m\leqslant\frac{3^n-1}{2}$时，需要配置 n 枚砝码。这里，由 $\frac{3^{n-1}-1}{2}<m\leqslant\frac{3^n-1}{2}$，可得 $3^{n-1}-1<2m\leqslant 3^n-1$，即 $3^{n-1}\leqslant 2m<3^n$，亦即 $n-1\leqslant\log_3 2m<n$，$n\leqslant\log_3 2m+1<n+1$，所以$n=\lfloor\log_3 2m\rfloor+1$。至此有如下的结论：

一般地，在允许砝码放在天平两盘的条件下，如果要求称量 1 到 m（连续整数）克的物品，那么设置砝码的最少块数 $n=\lfloor\log_3 2m\rfloor+1$。这些砝码设置的一种常用方案是：各重 3^0，3^1，3^2，…，3^{n-2}，$\left(m-\frac{3^{n-1}-1}{2}\right)$克。这里，

$$
\begin{aligned}
&3^0+3^1+3^2+\cdots+3^{n-2}+\left(m-\frac{3^{n-1}-1}{2}\right)\\
&=\frac{3^{n-1}-1}{2}+m-\frac{3^{n-1}-1}{2}=m
\end{aligned}
$$

9.3　链条游戏（一）

在日常生活中，我们有着挂表的链带，拴牛、马、羊、狗等作为绳子用的铁链以及机器上用于传动的链钳子等链条状物品。它们一般是由金、银、铜、铁等金属制成的。这里作为数学游戏的链条，是由若干个圆环，一环紧扣一环地连接而成的长条状的东西，可以随意脱下其中的任何一个圆环，脱下时不会引起损耗。链条具有整洁美观、容易保存、

携带方便等优点。在某种特定的情况下，金质或者银质的链条可以充当货币，作为抵押之物；也可以充当砝码，称量物体的质量。现在先从《阿凡提的故事》里一则具有游戏特色的十分有趣的数学传说谈起。

(1) 阿凡提是新疆维吾尔族民间的传奇人物，是智慧的化身。阿凡提给财主巴依当长工，讲定每个月的工钱是一个小小的金圆环。一个月后，贪婪、狡猾的巴依拿出了一条由 7 个金圆环连成的链条，对阿凡提说："这是给你准备的 7 个月工钱。你必须做到按月取走一个圆环。在这链条中，你只能脱下其中的一个圆环。否则，就不付给工钱，而且还要把以前付给的收回。"愚蠢的巴依以为阿凡提一定办不到，可是聪明的阿凡提却巧妙地做到了这些要求。请问，阿凡提是怎样脱下链条中的一个圆环，逐月取走工钱的？

阿凡提想"只能脱下其中的一个圆环"，这样就把一条链条分为 3 个部分：1 个单环和含有 2 个环的短链条。1 个单环可以表示 1。要表示 2，就要使第一条短链条含有 2 个环，再配合 1 个单环，可以表示 2，3。为了表示 4，第二条短链条就应含有 4 个环。这样，刚好一共是 7 个环。于是，他采用的办法是，从一端开始，脱下第 3 环，使之成为 3 个部分：1 个单环、含有 2 个环的短链条和含有 4 个环的短链条。

我们知道，每一个部分都有用与不用两种可能。我们把这 3 个部分，分别作为二进制的计数单位。某一个部分，当它不用时，该计数单位的系数记为"0"；当它用上去时，该计数单位的系数记为"1"。这样，每一种用法便对应着一个三位二进数。反之，每一个三位二进数也对应着一种用法。要使这些三位二进数为从 1 开始的连续整数，根据二进制的知识，就要使这 3 个部分的环数，分别为二进制的右起第 1，2，3 个计数单位 2^0，2^1，2^2（即 1，2，4），而且它的系数不能全为 0。由于三位二进数最大者为 $111_{(2)}=2^3-1=7$。因此，这 3 个部分可以表示 1~7 的各数。

这就是说，阿凡提采用"换来换去"的办法。第一个月，他脱下第 3 环，取走了单环；第二个月，他以取走的单环，换走了含有 2 个环的短链条；第三个月，他又取走了单环；第四个月，他以取走的 3 个环，换走了含有 4 个环的短链条；第五个月，他取走了单环；第六个月，他以单环换走了含有 2 个环的短链条；第七个月，他最后取走了单环。

一般地，从一条链条中脱下 n 个圆环，就分为 n 个单环和 $n+1$ 条短链条。这时，n 个单环可以表示从 1 到 n 各数。要表示 $n+1$，就要使第一条短链条含有 $n+1$ 个环，配合 n 个单环，可以表示 $n+1$ 到 $2n+1$ 各数。接着，要表示 $2n+2$，就应使第二条短链条含有 $2(n+1)$ 个环，再配合 n 个单环和含有 $n+1$ 个环的第一条短链条，又可以表示 $2n+2$ 到 $4n+3$ 各数……以此类推，第 $n+1$ 条短链条如果含有 $2^n(n+1)$ 个环，就可以继续表示下去，一直到它所能表示的最大整数。这个整数是

$$(n+1)+1+2(n+1)+\cdots+1+2^n(n+1)$$
$$=n+[(n+1)+2(n+1)+\cdots+2^n(n+1)]$$
$$=2^{n+1}(n+1)-1$$

根据同样的道理，如果从一条链条中脱下 $n-1$ 个圆环，那么它可以表示从 1 开始的连续整数的最大整数是：$2^n n-1$。

于是，用 m 表示链条的总环数，当 m 满足 $2^n n-1<m\leqslant 2^{n+1}(n+1)-1$时，都可以从链条中脱下 n 个圆环，形成 $n+1$ 条短链条。这些短链条中含有环数依次为（最后几个数目能否达到，要依 m 而定）

$$n+1,\quad 2(n+1),\quad \cdots,\quad 2^n(n+1)$$

这样，从 1 到 m 中任何一个整数的圆环，都可以随意拿得出来。

可以根据脱下圆环的个数 n，求出链条的总环数 m 的最大值；也可以根据链条的总环数 m，来求应当脱下圆环的个数 n。

(2) 一位科学家要在旅馆住宿 23 天，但身边只有一条由 23 个银质圆环构成的链条，而旅馆老板却要这位科学家每天必须支付一个圆环。科学家想了一会儿，就把问题解决了。科学家是怎样解决问题的?

这里 $m=23$，满足 $2^2\times2-1<23\leqslant2^{2+1}\times(2+1)-1$，求得 $n=2$。因此，科学家的解决办法是：从银链条中间脱下 2 个环，把链条分为 2 个单环和 3 条短链条。有了 2 个单环，就可以表示 1，2。要表示 3，就要使第一条短链条含有 3 个环，因而从一端开始，第一次脱下第 4 环。然后，将含有 3 个环的短链条，配合 2 个单环，可以表示 3 到 5 各数。接着，要表示 6，就应使第二条短链条含有 6 个环，因而第二次脱下的是第 11 环。有了含有 6 个环的短链条，再配合 2 个单环和含有 3 个环的第一条短链条，又可以表示 6 到 11 各数。这时，第三条短链条含有 12 个环，就能从 12 一直表示到（11+12=）23。

这里，$m=23$ 是形如 2^{n+1}（$n+1$）-1 的正整数（其中 $n=2$）。如果 m 不是 2^{n+1}（$n+1$）-1 型的正整数，那将怎么办呢？

（3）一条铜链条由 60 个铜圆环串成的，最少要脱下几个圆环，才能使得从 1 到 60 中任何一个整数的圆环都可以随意拿得出来。本题有几组解？

这里，$m=60$，满足 $2^3\times3-1<60\leqslant2^{3+1}\times$（$3+1$）$-1$，求得 $n=3$。因此，最少要脱下 3 个圆环，使之产生 4 条短链条。不妨设这 4 条短链条的环数 a，b，c，d 满足 $a\leqslant b\leqslant c\leqslant d$。首先应有 $a\leqslant4$，接着要有 $b\leqslant a+4$，$c\leqslant a+b+4\leqslant2a+8$，$d\leqslant a+b+c+4\leqslant2a+2b+8\leqslant4a+16$，而 $3+a+b+c+d=60$，即有 $60\leqslant3+a+$（$a+4$）$+$（$2a+8$）$+$（$4a+16$）$=8a+31$，$29\leqslant8a$，考虑到 a 是整数，因此 $4\leqslant a$。综合结果，$a=4$。

当 $a=4$ 时，$b\leqslant8$，$c\leqslant b+8$，$d\leqslant2b+16$，有 $60\leqslant3+4+b+$（$b+8$）$+$（$2b+16$）$=4b+31$，$29\leqslant4b$，考虑到 b 是整数，因此 $8\leqslant b$。综合结果，$b=8$。

当 $b=8$ 时，$c\leqslant16$，$d\leqslant c+16$，有 $60\leqslant3+4+8+c+$（$c+16$）$=2c+31$，$29\leqslant2c$，考虑到 c 是整数，因此 $15\leqslant c$。综合结果，$15\leqslant c\leqslant16$。进而，$30\geqslant d\geqslant29$，这样，（4，1，8，1，15 或 16，1，30 或 29）是问题的 2 组解。

9.4 链条游戏（二）

链条既可以充当货币；也可以充当砝码。现在探讨链条充当砝码的情况。显然，如果规定砝码盘只能放砝码，称量盘只能放物品，那么在这样的情况下，链条充当砝码的问题就跟前面链条充当货币的问题一样，都是“换来换去”，没有本质上的差别。现在探讨天平的两盘都可以放砝码的情况。请看下面几道题：

（1）有一条链条，每个圆环都可以从链条上脱下来，而且每个圆环都是重 1 克。现在要求从链条上只脱下来一个圆环，用链条分割后的每一个部分充当砝码，可以放在天平的两盘上，能够称出 1，2，3，…（连续整数）克的物品，链条的总环数最多是多少环？

一条链条脱下其中的一个圆环后，就分为 3 个部分：1 个单环和

2 条短链条。这样，用天平来称物品，每一个部分都有不放上去、放砝码盘、放称量盘等 3 种可能。把这 3 个部分，分别作为三进制的计数单位。某一个部分，当它不放上去时，该计数单位的系数记为“0”；当它放在砝码盘时，该计数单位的系数记为“1”，当它放在称量盘时，该计数单位的系数记为“-1”。这样，每一种称法便对应着一个三进数的 3 的不同自然数指数的幂的 3 项代数和。反之，每一个三进数的 3 的不同自然数指数的幂的 3 项代数和也对应着一种称法。要使这些三进数的 3 的不同自然数指数的幂的 3 项代数和，为从 1 开始的连续整数，根据三进制的知识，就要使这 3 个部分的克数，分别为三进制的右起第 1，2，3 个计数单位 3^0，3^1，3^2（即 1，3，9），而且它的系数不能全为 0，从左到右首先遇到非 0 系数的数位上的系数只能为 1，不能为-1。由于这些三进数的 3 的不同自然数指数的幂的 3 项代数和之最大者为$1+3+9=13$。因此，以这三个部分为砝码可以称出 1～13 克的物品。

一般地，从一条链条中脱下 n 个圆环，就分为 n 个单环和 $n+1$ 条短链条。这时，n 个单环可以称出 1 到 n 各整数克物品。要称出 $n+1$ 克，考虑到天平的两盘都可以放砝码，就应使第一条短链条含有 $2n+1$ 个环。这样，配合 n 个单环，若在称量盘上放置第一条短链条，就可以称出 $n+1$ 到 $2n$ 各整数克物品；若在砝码盘上放置第一条短链条，就可以称出 $2n+1$ 到 $3n+1$ 各整数克物品。接着，要称出 $3n+2$ 克，就应使第二条短链条含有 $3(2n+1)$ 个环，再配合 n 个单环和含有 $2n+1$ 个环的第一条短链条，又可称出 $3n+2$ 到 $4(2n+1)+n$ 各整数克物品……以此类推，第 $n+1$ 条短链条如果含有 $3^n(2n+1)$ 个环，就可以继续称下去，一直到它所能称出的最大整数克物品。这个整数是

$$
\begin{aligned}
&(2n+1)+1+3(2n+1)+\cdots+1+3^n(2n+1)\\
&=n+[(2n+1)+3(2n+1)+\cdots+3^n(2n+1)]\\
&=\frac{3^{n+1}(2n+1)-1}{2}
\end{aligned}
$$

根据同样的道理，如果从一条链条中脱下 $n-1$ 个圆环，那么它可以称出从 1 开始的连续整数的最大克数是$\frac{3^n(2n-1)-1}{2}$。

于是，用 m 表示链条的总环数，当 m 满足 $\frac{3^n(2n-1)-1}{2}<m\leqslant\frac{3^{n+1}(2n+1)-1}{2}$ 时，都可以从链条中脱下 n 个圆环，形成 $n+1$ 条短链条。这些短链条中含有环数依次为（最后几个数目能否达到，要依 m 而定）

$$2n+1,\quad 3(2n+1),\quad \cdots,\quad 3^n(2n+1)$$

这样，从 1 到 m 中任何一个整克数的物品都可以随意称出来。

可以根据脱下圆环的个数 n，求出链条的总环数 m 的最大值；也可以根据链条的总环数 m，来求应当脱下圆环的个数 n。

(2) 吴琪有一条由 67 个圆环连成的链条，其中每一个圆环都可以从链条上脱下来，每个圆环都是重 1 克。现在要用这些圆环做砝码，放在天平的两盘上，要求能称出 1～67（整数）克的物品，最少要脱下几个圆环，脱下哪几个圆环？如果要称出 33 克的物品，应该如何称？

这里 $m=67$，满足 $\frac{3^2(2\times2-1)-1}{2}<67\leqslant\frac{3^{2+1}(2\times2+1)-1}{2}$，求得 $n=2$。因此，应该脱下第 6 个和第 22 个圆环，把链条分成环数是 5，1，15，1，45 五个部分。这样就可以称量 1 到 67 克物品。

现在考虑 33 克的称法。由于 $33=45-15+5-1-1$，有如下的称法：

放在天平砝码盘上的圆环数	放在天平称量盘上的圆环数	放在天平称量盘上待称的质量（克）
45＋5	15＋1＋1	33

这里，$m=67$ 是形如 $\frac{3^{n+1}(2n+1)-1}{2}$ 的正整数（其中 $n=2$）。如果 m 不是 $\frac{3^{n+1}(2n+1)-1}{2}$ 型的正整数，那将怎么办呢？

(3) 链条上有 280 个圆环，每个圆环都是重 1 克，而且每个圆环都可以从链条上脱下来。现在要用这些圆环做砝码，放在天平的两盘上，要求能称出 1～280（整数）克物品，最少要脱下几个圆环？本题有几组解？

这里，$m=280$ 满足 $\frac{3^3(2\times3-1)-1}{2}<280\leqslant\frac{3^{3+1}(2\times3+1)-1}{2}$，求

得 $n=3$。因此，最少要脱下 3 个圆环，使之产生 4 条短链条。不妨设这 4 条短链条的环数 a，b，c，d 满足 $a\leqslant b\leqslant c\leqslant d$。首先应有 $a\leqslant 7$，接着要有 $b\leqslant 2a+7$，$c\leqslant 2a+2b+7\leqslant 6a+21$，$d\leqslant 2a+2b+2c+7\leqslant 6a+6b+21\leqslant 18a+63$，而 $3+a+b+c+d=280$，即有 $280\leqslant 3+a+(2a+7)+(6a+21)+(18a+63)=27a+94$，$186\leqslant 27a$，考虑到 a 是整数，因此 $7\leqslant a$。综合结果，$a=7$。

当 $a=7$ 时，$b\leqslant 21$，$c\leqslant 2b+21$，$d\leqslant 6b+63$，有 $280\leqslant 3+7+b+(2b+21)+(6b+63)=9b+94$，$186\leqslant 9b$，考虑到 b 是整数，因此 $21\leqslant b$。综合结果，$b=21$。

此时，$c\leqslant 63$，$d\leqslant 2c+63$，有 $280\leqslant 3+7+21+c+(2c+63)=3c+94$，$186\leqslant 3c$，因此 $63\leqslant c$。综合结果，$c=63$。进而，$d=280-3-7-21-63=186$。这样，(7，1，21，1，63，1，186) 是本题仅有的 1 组解。

9.5 链环游戏（一）

与链条相互媲美、相映成趣的是链环。在日常生活中，有着项链、手链、腰链、脚链等链环状的装饰品。它们一般是由金、银、铜、铁等金属制成的。这里作为数学游戏的链环是由若干个圆环，一环紧扣一环地首尾连接而成的圈环状东西，可以随意脱下其中的任何一个圆环，脱下时不会引起损耗。与链条类似的是，链环也具有整洁美观、容易保存、携带方便等优点。在某种特定的情况下，金质或者银质的链环可以充当货币，作为抵押之物；也可以充当砝码，称量物体的质量。现在先来看几个问题。

(1) 一条链环，如果只脱下一个圆环，就可以表示环数为 1，2，3，…（连续整数）等各种情况，这条链环的环数最多是多少环？如果脱下 n 个圆环呢？

一条链环脱下一个圆环后，就分为 1 个单环和 1 条短链条。1 个单环可以表示 1。要表示 2，就要使这一条短链条含有 2 个环，这样配合 1 个单环，可以表示 2、3。如果这一条短链条只含有 1 个环，那么就只能表示到 2；如果这一条短链条含有的环数超过 2，那么就不能表示 3。因此，当只脱下一个圆环时，链环能表示从 1 开始的连续整数的环数最多是 3 环。

一般地，从一条链环中脱下 n 个圆环，就分为 n 个单环和 n 条短链条。这时，n 个单环可以表示从 1 到 n 各数。要表示 $n+1$，就要使第一条短链条含有 $n+1$ 个环，配合 n 个单环，可以表示 $n+1$ 到 $2n+1$ 各数。接着，要表示 $2n+2$，就应使第二条短链条含有 $2(n+1)$ 个环，再配合 n 个单环和含有 $n+1$ 个环的第一条短链条，又可以表示 $2n+2$ 到 $4n+3$ 各数……以此类推，第 n 条短链条如果含有 $2^{n-1}(n+1)$ 个环，就可以继续表示下去，一直到它所能表示的最大整数。这个整数是

$$\begin{aligned}&1+(n+1)+1+2(n+1)+\cdots+1+2^{n-1}(n+1)\\&=n+[(n+1)+2(n+1)+\cdots+2^{n-1}(n+1)]\\&=2^n(n+1)-1\end{aligned}$$

根据同样的道理，如果从一条链环中脱下 $n-1$ 个圆环，那么它可以表示从 1 开始的连续整数的最大整数是：$2^{n-1}n-1$。

于是用 m 表示链环的总环数，当 m 满足 $2^{n-1}n-1<m\leqslant 2^n(n+1)-1$ 时，都可以从链环中脱下 n 个圆环，形成 n 条短链条。这些短链条中含有环数依次为（最后几个数目能否达到，要依 m 而定）

$$n+1，2(n+1)，\cdots，2^{n-1}(n+1)$$

这样，从 1 到 m 中任何一个整数的圆环，都可以随意拿得出来。

我们可以根据脱下圆环的个数 n，求出链环的总环数 m 的最大值；也可以根据链环的总环数 m，来求应当脱下圆环的个数 n。

（2）林琼要在旅馆住宿 31 天，但身边只有一条由 31 个银质环构成的链环，而旅馆老板却要她每天必须支付一个环。林琼是怎样解决问题的？

这里 $m=31$，满足 $2^{3-1}\times 3-1<31\leqslant 2^3\times(3+1)-1$，求得 $n=3$。因此，林琼的解决办法是：从银链环中间脱下 3 个环，把链环分为 3 个单环和 3 条短链条。有了 3 个单环，就可以满足支付 1，2，3 个环的需要。接着，应使第一条短链条含有 4 个环，配合 3 个单环，可以满足支付 4 到 7 各个环的需要。进而，应使第二条短链条含有 8 个环，再配合 3 个单环和含有 4 个环的第一条短链条，又可以满足支付 8 到 15 各个环的需要。这时，第三条短链条含有 16 个环，就能满足支付从 16 直到 (15+16=)31 各个环的需要。

这里，$m=31$ 是形如 $2^n(n+1)-1$ 的正整数（其中 $n=3$）。如果 m

不是 2^n（$n+1$）-1 型的正整数，那将怎么办呢？

（3）一条铜链环是由 75 个铜环环绕连成的，最少要脱下几个铜环，才能使得从 1 到 75 中任何一个整数的铜环都可以随意拿得出来。本题有几组解？

这里，$m=75$，满足 $2^{4-1}\times4-1<75\leqslant2^4\times(4+1)-1$，求得 $n=4$。因此，最少要脱下 4 个圆环，使之产生 4 条短链条。不妨设这 4 条短链条含有的环数 a，b，c，d 满足 $a\leqslant b\leqslant c\leqslant d$。首先应有 $a\leqslant5$，接着要有 $b\leqslant a+5$，$c\leqslant a+b+5\leqslant2a+10$，$d\leqslant a+b+c+5\leqslant2a+2b+10\leqslant4a+20$，而 $4+a+b+c+d=75$，即有 $75\leqslant4+a+(a+5)+(2a+10)+(4a+20)=8a+39$，$36\leqslant8a$，考虑到 a 是整数，因此 $5\leqslant a$。综合结果，$a=5$。

此时，$b\leqslant10$，$c\leqslant b+10$，$d\leqslant b+c+10\leqslant2b+20$，有 $75\leqslant4+5+b+(b+10)+(2b+20)=4b+39$，$36\leqslant4b$，$9\leqslant b$。综合结果，$9\leqslant b\leqslant10$。

（i）若 $b=9$，则 $c\leqslant19$，$d\leqslant c+19$，有 $75\leqslant4+5+9+c+(c+19)=2c+37$，$38\leqslant2c$，$19\leqslant c$。综合结果，$c=19$。进而，$d=38$，这样，（1，5，1，9，1，19，1，38）是问题的 1 组解。

（ii）若 $b=10$，则 $c\leqslant20$，$d\leqslant c+20$，有 $75\leqslant4+5+10+c+(c+20)=2c+39$，$36\leqslant2c$，$18\leqslant c$。综合结果，$18\leqslant c\leqslant20$。进而，$38\geqslant d\geqslant36$，这样，（1，5，1，10，1，18～20，1，38～36）是问题的 3 组解。

总之，共有 $1+3=4$ 组解。

9.6 链环游戏（二）

我们知道，把一条链环的圆环脱下来之后，可以充当砝码。然而，如果规定砝码盘只能放砝码，称量盘只能放物品，那么在这样的情况下，链环充当砝码的问题就跟前面链环充当货币的问题一样，都是“换来换去”，没有本质上的差别。现在探讨天平的两盘都可以放砝码的情况。请看下面几道题：

（1）有一条链环，每个圆环都可以从链环上脱下来，而且每个圆环都是重 1 克。现在要求从链环上只脱下来一个圆环，用链环分割后的每一个部分充当砝码，可以放在天平的两盘上，能够称出 1，2，3，…（连续整数）克的物品，链环的总环数最多是多少环？如果脱下 n 个圆环呢？

一条链环脱下一个圆环后，就分为1个单环和1条短链条。1个单环可以表示1。这时短链条该含有多少环为好呢？如果这一条短链条含有的环数超过3，那么就不能表示2。如果这一条短链条只含有1或2个环，那么虽然可以表示2、3的需要，但是不如含有3个环好，因为后者配合1个单环，可以表示2，3，4。因此，当只脱下一个圆环时，链环能表示从1开始的连续整数的环数最多是4环。

一般地，从一条链环中脱下n个圆环，就分为n个单环和n条短链条。这时，n个单环可以称出从1到n各整数克物品。要称出$n+1$克，考虑到天平的两盘都可以放砝码，就应使第一条短链条含有$2n+1$个环。这样，配合n个单环，若在称量盘上放置第一条短链条，就可以称出$n+1$到$2n$各整数克物品；若在砝码盘上放置第一条短链条，就可以称出$2n+1$到$3n+1$各整数克物品。接着，要称出$3n+2$克，就应使第二条短链条含有$3(2n+1)$个环，再配合n个单环和含有$2n+1$个环的第一条短链条，又可以称出$3n+2$到$4(2n+1)+n$各整数克物品……以此类推，第n条短链条如果含有$3^{n-1}(2n+1)$个环，就可以继续称下去，一直到它所能称出的最大整数克。这个整数是

$$
\begin{aligned}
&1+(2n+1)+1+3(2n+1)+\cdots+1+3^{n-1}(2n+1)\\
=&n+[(2n+1)+3(2n+1)+\cdots+3^{n-1}(2n+1)]\\
=&\frac{3^n(2n+1)-1}{2}
\end{aligned}
$$

根据同样的道理，如果从一条链环中脱下$n-1$个圆环，那么它可以称出从1开始的连续整数的最大克数是：$\frac{3^{n-1}(2n-1)-1}{2}$。

于是用m表示链环的总环数，当m满足$\frac{3^{n-1}(2n-1)-1}{2}<m\leqslant\frac{3^n(2n+1)-1}{2}$时，都可以从链环中脱下$n$个圆环，形成$n$条短链条。这些短链条中含有环数依次为（最后几个数目能否达到，要依m而定）：

$$2n+1,\ 3(2n+1),\ \cdots,\ 3^{n-1}(2n+1)$$

这样，从1到m中任何一个整克数的物品都可以随意称出来。

可以根据脱下圆环的个数n，求出链环的总环数m的最大值；也可

以根据链环的总环数 m，来求应当脱下圆环的个数 n。

（2）尤珍有一条由 22 个圆环连成的链环，其中每一个圆环都可以从链环上脱下来，每个圆环都是重 1 克。现在，要求从中只脱下两个圆环，使这两个单环和两条短链条充当砝码，放在天平的两盘上，可以称出 1～22 克的物品，能办到吗？如果要称出 11 克的物品，应该如何称法？

这里 $m=22$，满足 $\frac{3^{2-1}(2\times2-1)-1}{2}<22\leqslant\frac{3^{2}(2\times2+1)-1}{2}$，求得 $n=2$。因此，脱下 2 个圆环，分为 2 个单环和 2 条短链条。即把链环分成环数是 5，1，15，1 四个部分。这样就可以称出从 1～22 克的物品。

现在考虑 11 克的称法。由于 $11=15-5+1$，有如下的称法：

放在天平砝码盘上的圆环数	放在天平称量盘上的圆环数	放在天平称量盘上待称的质量（克）
15＋1	5	11

这里，$m=22$ 是形如$\frac{3^{n}(2n+1)-1}{2}$的正整数（其中 $n=2$）。如果 m 不是$\frac{3^{n}(2n+1)-1}{2}$型的正整数，那将怎么办呢？

（3）链环上有 90 个圆环，每个圆环都是重 1 克，而且每个圆环都可以从链环上脱下来。现在要用这些圆环做砝码，放在天平的两盘上，要求能称出 1 到 90 整数克的物品，最少要脱下几个圆环？本题有几组解？

这里，$m=90$，满足 $\frac{3^{3-1}(2\times3-1)-1}{2}<90\leqslant\frac{3^{3}(2\times3+1)-1}{2}$，求得 $n=3$。因此，最少要脱下 3 个圆环，使之产生 3 条短链条。不妨设这 3 条短链条含有的环数 a，b，c 满足 $a\leqslant b\leqslant c$。首先应有 $a\leqslant7$，接着要有 $b\leqslant2a+7$，$c\leqslant2a+2b+7\leqslant6a+21$，而 $3+a+b+c=90$，即有 $90\leqslant3+a+(2a+7)+(6a+21)=9a+31$，$59\leqslant9a$，考虑到 a 是整数，因此 $7\leqslant a$。综合结果，$a=7$。

此时，$b\leqslant21$，$c\leqslant2b+21$，有 $90\leqslant3+7+b+(2b+21)=3b+31$，$59\leqslant3b$，考虑到 b 是整数，因此 $20\leqslant b$。综合结果，$20\leqslant b\leqslant21$。进而，$60\geqslant c\geqslant59$。这样，(1，7，1，20 或 21，1，60 或 59)是问题的两组解。

附录

“十二珠”游戏编码称法总表

(A)

000	001	002	010	102	120	121	122	210	211	212	221
000	001	002	011	102	120	121	122	210	211	212	220
000	001	002	012	100	120	121	122	210	211	212	221
000	001	002	012	101	120	121	122	210	211	212	220
000	001	010	020	102	112	120	122	201	211	212	221
000	001	011	021	102	112	121	122	200	210	212	220
000	001	012	020	101	112	120	122	201	211	212	220
000	001	012	021	100	112	121	122	200	210	212	221
000	002	010	021	102	110	121	122	202	210	211	221
000	002	012	022	100	110	120	121	201	211	212	221
000	010	011	012	112	120	121	122	200	201	202	221
000	010	011	020	102	112	120	122	201	202	211	221
000	010	012	021	100	112	121	122	200	201	212	221
000	010	020	021	100	102	112	122	201	211	212	221
000	010	020	021	102	110	112	122	201	202	211	221
000	012	021	022	100	101	112	121	200	210	212	221
000	012	021	022	100	110	112	121	200	201	212	221
000	020	021	022	100	101	102	112	210	211	212	221
001	002	011	020	102	111	120	122	202	210	211	220
001	002	012	022	101	111	120	121	200	210	212	220
001	010	011	012	112	120	121	122	200	201	202	220
001	010	011	021	102	112	121	122	200	202	210	220
001	011	012	020	101	112	120	122	200	201	212	220
001	011	020	021	101	102	112	122	200	210	212	220
001	011	020	021	102	111	112	122	200	202	210	220
001	012	020	022	100	101	112	120	201	211	212	220

001	012	020	022	101	111	112	120	200	201	212	220
001	020	021	022	100	101	102	112	210	211	212	220
002	010	011	012	110	120	121	122	200	201	202	221
002	010	011	012	111	120	121	122	200	201	202	220
002	010	011	020	102	111	120	122	201	202	211	220
002	010	011	021	102	110	121	122	200	202	210	221
002	010	012	022	100	110	120	121	201	202	211	221
002	010	021	022	100	102	110	121	202	210	211	221
002	010	021	022	102	110	111	121	200	202	210	221
002	011	012	022	101	111	120	121	200	202	210	220
002	011	020	022	101	102	111	120	202	210	211	220
002	011	020	022	102	110	111	120	201	202	211	220
002	012	020	022	100	101	110	120	201	211	212	221
002	012	020	022	100	110	111	120	201	202	211	221
002	012	021	022	100	101	111	121	200	210	212	220
002	012	021	022	101	110	111	121	200	202	210	220
002	020	021	022	100	101	102	110	210	211	212	221
002	020	021	022	100	101	102	111	210	211	212	220
010	020	021	022	102	110	111	112	200	201	202	221
011	020	021	022	102	110	111	112	200	201	202	220
012	020	021	022	100	110	111	112	200	201	202	221
012	020	021	022	101	110	111	112	200	201	202	220

(B)

000	002	011	012	101	120	121	122	200	210	212	221
000	002	011	012	110	120	121	122	201	202	211	220
000	002	011	020	101	102	120	122	210	211	212	221
000	002	011	020	102	110	120	122	201	211	212	221
000	002	011	022	102	110	120	121	202	210	211	221
000	002	012	021	101	110	121	122	200	210	212	221
000	002	012	022	101	110	120	121	202	210	211	221
000	002	021	022	101	102	110	121	210	211	212	220

000	011	012	021	101	112	121	122	200	202	210	220
000	011	012	021	110	112	121	122	200	201	202	220
000	011	012	022	101	112	120	121	200	201	212	220
000	011	020	021	101	102	112	122	202	210	211	220
000	011	020	021	102	110	112	122	200	201	212	221
000	011	020	022	101	102	112	120	201	211	212	220
000	011	021	022	102	110	112	121	200	202	210	221
000	012	020	021	101	110	112	122	200	201	212	221
000	012	020	022	101	110	112	120	201	202	211	221
000	020	021	022	101	102	110	112	201	211	212	220
001	002	010	012	100	120	121	122	201	211	212	220
001	002	010	012	111	120	121	122	200	202	210	221
001	002	010	021	100	102	121	122	210	211	212	220
001	002	010	021	102	111	121	122	200	210	212	220
001	002	010	022	102	111	120	121	202	210	211	220
001	002	012	020	100	111	120	122	201	211	212	220
001	002	012	022	100	111	120	121	202	210	211	220
001	002	020	022	100	102	111	120	210	211	212	221
001	010	012	020	100	112	120	122	201	202	211	221
001	010	012	020	111	112	120	122	200	201	202	221
001	010	012	022	100	112	120	121	200	201	212	221
001	010	020	021	100	102	112	122	202	210	211	221
001	010	020	021	102	111	112	122	200	201	212	220
001	010	020	022	102	111	112	120	201	202	211	220
001	010	021	022	100	102	112	121	200	210	212	221
001	012	020	021	100	111	112	122	200	201	212	220
001	012	021	022	100	111	112	121	200	202	210	220
001	020	021	022	100	102	111	112	200	210	212	221
002	010	012	021	100	111	121	122	200	202	210	221
002	010	012	022	100	111	120	121	200	201	212	221
002	010	020	021	100	102	111	122	202	210	211	221

002	010	020	022	100	102	111	120	201	211	212	221
002	011	012	020	101	110	120	122	201	202	211	220
002	011	012	022	101	110	120	121	200	201	212	220
002	011	020	021	101	102	110	122	202	210	211	220
002	011	021	022	101	102	110	121	200	210	212	220
010	012	021	022	100	111	112	121	200	201	202	220
010	020	021	022	100	102	111	112	201	202	211	220
011	012	020	022	101	110	112	120	200	201	202	221
011	020	021	022	101	102	110	112	200	202	210	221

(C)

000	001	010	012	112	120	121	122	200	201	212	221
000	001	010	021	102	112	121	122	200	210	212	221
000	001	011	012	112	120	121	122	200	201	212	220
000	001	011	020	102	112	120	122	201	211	212	220
000	001	012	020	100	112	120	122	201	211	212	221
000	001	012	021	101	112	121	122	200	210	212	220
000	001	020	021	100	102	112	122	210	211	212	221
000	001	020	021	101	102	112	122	210	211	212	220
000	002	010	011	102	120	121	122	202	210	211	221
000	002	010	012	100	120	121	122	201	211	212	221
000	002	010	012	110	120	121	122	201	202	211	221
000	002	010	021	100	102	121	122	210	211	212	221
000	002	012	022	100	101	120	121	210	211	212	221
000	002	021	022	100	102	110	121	210	211	212	221
000	010	011	021	102	112	121	122	200	202	210	221
000	010	012	021	110	112	121	122	200	201	202	221
000	012	020	022	100	101	112	120	201	211	212	221
000	020	021	022	100	102	110	112	201	211	212	221
001	002	010	011	102	120	121	122	202	210	211	220
001	002	011	012	101	120	121	122	200	210	212	220
001	002	011	012	111	120	121	122	200	202	210	220

001	002	011	020	101	102	120	122	210	211	212	220
001	002	012	022	100	101	120	121	210	211	212	220
001	002	020	022	101	102	111	120	210	211	212	220
001	010	011	020	102	112	120	122	201	202	211	220
001	011	012	020	111	112	120	122	200	201	202	220
001	012	021	022	100	101	112	121	200	210	212	220
001	020	021	022	101	102	111	112	200	210	212	220
002	010	011	020	102	110	120	122	201	202	211	221
002	010	011	021	102	111	121	122	200	202	210	220
002	010	012	022	110	111	120	121	200	201	202	221
002	010	020	022	102	110	111	120	201	202	211	221
002	011	012	022	110	111	120	121	200	201	202	220
002	011	021	022	102	110	111	121	200	202	210	220
002	012	020	022	100	101	111	120	201	211	212	220
002	012	020	022	101	110	111	120	201	202	211	220
002	012	021	022	100	101	110	121	200	210	212	221
002	012	021	022	100	110	111	121	200	202	210	221
002	020	021	022	100	102	110	111	202	210	211	221
002	020	021	022	101	102	110	111	202	210	211	220
010	011	020	021	102	110	112	122	200	201	202	221
010	011	020	021	102	111	112	122	200	201	202	220
010	012	021	022	100	110	112	121	200	201	202	221
010	020	021	022	100	102	110	112	201	202	211	221
011	012	020	022	101	111	112	120	200	201	202	220
011	020	021	022	101	102	111	112	200	202	210	220
012	020	021	022	100	101	110	112	200	201	212	221
012	020	021	022	100	101	111	112	200	201	212	220

(D)

000	001	010	012	112	120	121	122	201	202	211	220
000	001	010	021	102	112	121	122	202	210	211	220
000	001	011	012	112	120	121	122	200	202	210	221

000	001	011	020	102	112	120	122	202	210	211	221
000	001	012	022	100	112	120	121	201	211	212	220
000	001	012	022	101	112	120	121	200	210	212	221
000	001	020	022	101	102	112	120	210	211	212	221
000	001	021	022	100	102	112	121	210	211	212	220
000	002	010	011	102	120	121	122	201	211	212	220
000	002	010	022	102	110	120	121	201	211	212	221
000	002	012	021	100	101	121	122	210	211	212	220
000	002	012	021	100	110	121	122	202	210	211	221
000	010	011	021	102	112	121	122	200	201	212	220
000	010	012	022	100	112	120	121	201	202	211	221
000	010	021	022	100	102	112	121	202	210	211	221
000	010	021	022	102	110	112	121	200	201	212	221
000	012	020	021	100	101	112	122	201	211	212	220
000	012	020	021	100	110	112	122	201	202	211	221
001	002	010	011	102	120	121	122	200	210	212	221
001	002	011	022	102	111	120	121	200	210	212	220
001	002	012	020	100	101	120	122	210	211	212	221
001	002	012	020	101	111	120	122	202	210	211	220
001	010	011	020	102	112	120	122	200	201	212	221
001	011	012	022	101	112	120	121	200	202	210	220
001	011	020	022	101	102	112	120	202	210	211	220
001	011	020	022	102	111	112	120	200	201	212	220
001	012	020	021	100	101	112	122	200	210	212	221
001	012	020	021	101	111	112	122	200	202	210	220
002	010	011	022	102	110	120	121	201	202	211	220
002	010	011	022	102	111	120	121	200	202	210	221
002	010	012	021	100	110	121	122	200	201	212	221
002	010	012	021	110	111	121	122	200	201	202	220
002	010	020	021	100	102	110	122	201	211	212	221
002	010	020	021	102	110	111	122	201	202	211	220

002	011	012	020	101	111	120	122	200	201	212	220
002	011	012	020	110	111	120	122	200	201	202	221
002	011	020	021	101	102	111	122	200	210	212	220
002	011	020	021	102	110	111	122	200	202	210	221
002	012	020	022	100	101	111	120	202	210	211	221
002	012	020	022	101	110	111	120	200	201	212	221
002	012	021	022	100	101	110	121	202	210	211	220
002	012	021	022	100	110	111	121	200	201	212	220
002	020	021	022	100	102	110	111	201	211	212	220
002	020	021	022	101	102	110	111	200	210	212	221
010	011	020	022	102	111	112	120	200	201	202	221
010	011	021	022	102	110	112	121	200	201	202	220
012	020	021	022	100	101	110	112	201	202	211	220
012	020	021	022	100	101	111	112	200	202	210	221

(E)

000	002	011	012	101	120	121	122	202	210	211	220
000	002	011	012	110	120	121	122	200	201	212	221
000	002	011	021	102	110	121	122	200	210	212	221
000	002	011	021	102	110	121	122	202	210	211	220
000	002	011	022	101	102	120	121	210	211	212	220
000	002	012	020	101	110	120	122	201	211	212	221
000	002	012	022	101	110	120	121	201	211	212	220
000	002	020	021	101	102	110	122	210	211	212	221
000	011	012	020	101	112	120	122	200	201	212	221
000	011	012	020	101	112	120	122	201	202	211	220
000	011	012	022	110	112	120	121	200	201	202	221
000	011	020	021	101	102	112	122	200	210	212	221
000	011	020	021	102	110	112	122	201	202	211	220
000	011	020	022	102	110	112	120	201	202	211	221
000	011	021	022	101	102	112	121	200	210	212	220
000	012	021	022	101	110	112	121	200	201	212	220

000	012	021	022	101	110	112	121	200	202	210	221
000	020	021	022	101	102	110	112	202	210	211	221
001	002	010	012	100	120	121	122	202	210	211	221
001	002	010	012	111	120	121	122	200	201	212	220
001	002	010	020	102	111	120	122	201	211	212	220
001	002	010	020	102	111	120	122	202	210	211	221
001	002	010	022	100	102	120	121	210	211	212	221
001	002	012	021	100	111	121	122	200	210	212	220
001	002	012	022	100	111	120	121	200	210	212	221
001	002	020	021	100	102	111	122	210	211	212	220
001	010	012	021	100	112	121	122	200	201	212	220
001	010	012	021	100	112	121	122	200	202	210	221
001	010	012	022	111	112	120	121	200	201	202	220
001	010	020	021	100	102	112	122	201	211	212	220
001	010	020	021	102	111	112	122	200	202	210	221
001	010	020	022	100	102	112	120	201	211	212	221
001	010	021	022	102	111	112	121	200	202	210	220
001	012	020	022	100	111	112	120	200	201	212	221
001	012	020	022	100	111	112	120	201	202	211	220
001	020	021	022	100	102	111	112	202	210	211	220
002	010	012	020	100	111	120	122	201	202	211	221
002	010	012	022	100	111	120	121	201	202	211	220
002	010	021	022	100	102	111	121	200	210	212	221
002	010	021	022	100	102	111	121	202	210	211	220
002	011	012	021	101	110	121	122	200	202	210	220
002	011	012	022	101	110	120	121	200	202	210	221
002	011	020	022	101	102	110	120	201	211	212	220
002	011	020	022	101	102	110	120	202	210	211	221
010	012	020	021	100	111	112	122	200	201	202	221
010	020	021	022	100	102	111	112	200	201	212	221
011	012	020	021	101	110	112	122	200	201	202	220

011	020	021	022	101	102	110	112	200	201	212	220

(F)

000	001	010	022	102	112	120	121	201	211	212	220
000	001	010	022	102	112	120	121	202	210	211	221
000	001	011	022	102	112	120	121	200	210	212	221
000	001	011	022	102	112	120	121	202	210	211	220
000	001	012	020	101	112	120	122	202	210	211	221
000	001	012	021	100	112	121	122	202	210	211	220
000	001	012	022	100	112	120	121	202	210	211	221
000	001	012	022	101	112	120	121	202	210	211	220
000	002	010	021	102	110	121	122	201	211	212	220
000	002	012	021	100	110	121	122	201	211	212	220
000	010	011	022	102	112	120	121	200	201	212	221
000	010	011	022	102	112	120	121	201	202	211	220
000	010	012	021	100	112	121	122	201	202	211	220
000	010	021	022	100	102	112	121	201	211	212	220
000	010	021	022	102	110	112	121	201	202	211	220
000	012	020	021	100	101	112	122	202	210	211	221
000	012	021	022	100	101	112	121	202	210	211	220
000	012	021	022	100	110	112	121	201	202	211	220
001	002	011	020	102	111	120	122	200	210	212	221
001	002	012	020	101	111	120	122	200	210	212	221
001	010	011	022	102	112	120	121	200	201	212	220
001	010	011	022	102	112	120	121	200	202	210	221
001	011	012	020	101	112	120	122	200	202	210	221
001	011	020	022	101	102	112	120	200	210	212	221
001	011	020	022	102	111	112	120	200	202	210	221
001	012	020	021	100	101	112	122	202	210	211	220
001	012	020	022	100	101	112	120	202	210	211	221
001	012	020	022	101	111	112	120	200	202	210	221
002	010	011	020	102	111	120	122	200	201	212	221

002	010	011	021	102	110	121	122	200	201	212	220
002	010	011	022	102	110	120	121	200	201	212	221
002	010	011	022	102	111	120	121	200	201	212	220
002	010	012	021	100	110	121	122	201	202	211	220
002	010	020	021	102	110	111	122	200	201	212	221
002	010	021	022	100	102	110	121	201	211	212	220
002	010	021	022	102	110	111	121	200	201	212	220
002	011	012	020	101	111	120	122	200	202	210	221
002	011	020	021	102	110	111	122	200	201	212	220
002	011	020	022	101	102	111	120	200	210	212	221
002	011	020	022	102	110	111	120	200	201	212	221
002	012	020	021	100	101	110	122	201	211	212	220
002	012	020	021	100	101	110	122	202	210	211	221
002	012	020	021	100	101	111	122	200	210	212	221
002	012	020	021	100	101	111	122	202	210	211	220
002	012	020	021	100	110	111	122	200	201	212	221
002	012	020	021	100	110	111	122	201	202	211	220
002	012	020	021	101	110	111	122	200	201	212	220
002	012	020	021	101	110	111	122	200	202	210	221

(G)

000	002	011	022	102	110	120	121	201	211	212	220
000	002	012	021	101	110	121	122	202	210	211	220
000	011	012	022	101	112	120	121	200	202	210	221
000	011	020	022	101	102	112	120	202	210	211	221
000	011	021	022	102	110	112	121	200	201	212	220
000	012	020	021	101	110	112	122	201	202	211	220
001	002	010	022	102	111	120	121	200	210	212	221
001	002	012	020	100	111	120	122	202	210	211	221
001	010	012	022	100	112	120	121	201	202	211	220
001	010	020	022	102	111	112	120	200	201	212	221
001	010	021	022	100	102	112	121	202	210	211	220

001	012	020	021	100	111	112	122	200	202	210	221
002	010	012	021	100	111	121	122	200	201	212	220
002	010	020	021	100	102	111	122	201	211	212	220
002	011	012	020	101	110	120	122	200	201	212	221
002	011	020	021	101	102	110	122	200	210	212	221

说明：对于读者想到（或在有关材料上找到）的编码称法，例如，在《一百个数学问题》（[波兰] 史坦因豪斯编著，陈銓译，上海教育出版社，1980 年 2 月版，第 29～30 页）上提到的称法：他把钱币排成一列，每个钱币写上一个字母：K，R，Y，P，T，O，N，I，M，D，W，A，然后他称了三次。

	左盘	右盘
第一次称	MYTO	RAKI
第二次称	MODA	WINT
第三次称	WYKA	PION

这该怎么找出它相应的三进数编码呢？

首先，把第一、第二、第三次称的分别作为三进数编码的第一、第二、第三位，当某个钱币放在天平的左盘称时，记为 0，放在天平的右盘称时，记为 1，不放在天平上时，记为 2。可以得到

K（120） R（122） Y（020） P（221） T（012） O（001）

N（211） I（111） M（002） D（202） W（210） A（100）

接着，进行整理（一般按三进数从小到大排列），得到

001 002 012 020 100 111 120 122 202 210 211 221

最后，在“十二珠”游戏编码称法总表上可以找到，它属于（G）。

后　记

退休之后，有了好多充裕的时间可以自行支配。怎么使用呢？除了提携孙辈，搞些家务外，就是：老有所学，老有所为。

首先想到的是：应就自己的兴趣与爱好——数学，发挥余热，奉献社会。

好在时至今日，数学依然是最便宜的科学。不需要花费昂贵的投资，面对扎根于客观世界的数学，只要有兴趣与爱好，对数学有一定的知识基础，以及想象力与探索性，一张纸与一支笔，再加上一个计算器、电脑，就可以上马。

笔者福州师范学校毕业后，留校任教，其间离职进修于福建师范大学数学系，得到了深造提高，此外一直担负着小学教师的培养、培训工作，教龄长达 42 年。笔者在从学与任教期间，都对数学情有独钟，自诩是一名忠实的数学爱好者，酷爱数学研究、数学教学以及数学材料的编写。

解未解之谜，证未证之明，编未编之书，办未办之事，是热爱数学的人近乎固执的天性。沧桑的是岁月，不老的是精神。退休之后，笔者从师范教育的需要出发，热衷于编写数学游戏的书。然而，数学游戏形形色色，漫无边际，几经思考，决定独辟蹊径，专门编写与进位制有关的数学游戏。数学游戏是奇妙的，只有锲而不舍才能探求其中的真谛。

中国古典益智玩具已在世界文明之林负有盛名，为几代数学家、智力大师所惊叹。它的魅力源自中国古代文明的博大精深，是中国古代人民勤劳智慧的结晶。

好动、爱玩是儿童的天性，模仿、联想是少年的潜能，会猜、能试是青年的特色，求解、求证是人类的追求。玩数学，爱数学，讲数学，做数学，用数学，品数学，前途无量，大有可为。

然而，数学枯燥乏味、艰深难懂，学起来困难，常常让人望而生畏。游戏轻松愉快、趣味盎然，人人乐于参与。数学游戏可以化枯燥为有趣，在有趣中提升思维能力。

数学需要直观，数学游戏提供了人们学习数学知识、理解数学概念、掌握数学思维方法的直观。几乎所有的数学游戏的名题都十分耐人寻味。有的，富有哲理内涵，让人“为伊消得人憔悴”，且“衣带渐宽终不悔”；有的，让名家难堪一时一世，而解开疑结却来得那样轻巧，叫人拍案惊起而又萌生妒意。它们题题有机巧，巧巧不重蹈。在各不同的方位给人的思维以启迪、以敏慧。数学游戏的思维有的灵活得近乎诙谐；有的喜欢从另一条幽径走进“数学圣庙”，许多纷繁难题，变得优美而显然。数学是离不开方法的迁移、知识的交融和思维的灵活，任何僵化的、线性的、传统的思维都是它的所忌。特别是当我们屡攻不克或异常烦琐时，应当考虑变换方向、变更方法、改进思路。用巧妙的方法解有趣的问题，许多题的解法匠心独具，思路巧妙。为此，拙作力求融知识性、趣味性、启发性、技巧性于一炉。这是笔者有必要在“后记”中，加以记载，以告读者的。

最后，笔者要感谢科学出版社，感谢编辑同志，没有他们的鼓励支持，认真审阅，这本书是不会问世的。

在此，还要对勤劳贤惠的爱妻在工作上、生活上给予笔者的关怀备至与体贴入微，对两位儿子、两位儿媳以及孙辈的照顾与支持，包括在电脑写作、邮寄等方面的帮助，深深表示感谢。没有家人的理解与关照，笔者将会增加许多困难，也不会有愉快的写作心境。

由于笔者水平有限，书中错误、疏漏之处，恳请读者批评指正！

李友耕

2014 年 11 月 20 日　于福州